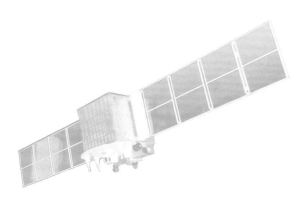

多源卫星遥感
全球主要气象灾害
定量监测关键技术研究

韩秀珍 任素玲 徐榕焓 房世波 刘清华 武胜利 耿维成 等◎著

U0336318

气象出版社
China Meteorological Press

内 容 简 介

本书展示国家卫星气象卫星中心承担的科技部国家重点研发计划"全球气象卫星遥感动态监测、分析技术及定量应用方法及平台研究"项目的课题"多源卫星遥感全球主要气象灾害定量监测关键技术"的研发成果,研究针对暴雨、高温、干旱、沙尘、雪灾等全球主要气象灾害,建立了适用于不同地区、不同地理气候特点的气象灾害监测模型和方法。分析全球主要气象灾害时空分布特点,建立了风云气象卫星全球主要气象灾害监测参数体系,研发和改进了风云气象卫星气象灾害致灾因子的提取方法,提出了气象卫星遥感气象灾害危险指数,建立了基于气象卫星遥感的气象灾害成灾指标。

图书在版编目（ＣＩＰ）数据

多源卫星遥感全球主要气象灾害定量监测关键技术研
究 / 韩秀珍等著. -- 北京 ：气象出版社，2024.2
ISBN 978-7-5029-7813-6

Ⅰ．①多… Ⅱ．①韩… Ⅲ.①卫星遥感－应用－气象
灾害－监测 Ⅳ.①P429

中国版本图书馆CIP数据核字(2022)第172818号

审图号:GS京(2024)0429号

多源卫星遥感全球主要气象灾害定量监测关键技术研究

Duoyuan Weixing Yaogan Quanqiu Zhuyao Qixiang Zaihai Dingliang Jiance Guanjian Jishu Yanjiu

出版发行：气象出版社	
地　　址：北京市海淀区中关村南大街 46 号	邮政编码：100081
电　　话：010-68407112(总编室)　010-68408042(发行部)	
网　　址：http://www.qxcbs.com	E - m a i l：qxcbs@cma.gov.cn
责任编辑：邵　华　王鸿雁	终　审：吴晓鹏
责任校对：张硕杰	责任技编：赵相宁
封面设计：艺点设计	
印　　刷：北京地大彩印有限公司	
开　　本：889 mm×1194 mm　1/16	印　张：13.25
字　　数：438.8 千字	
版　　次：2024 年 2 月第 1 版	印　次：2024 年 2 月第 1 次印刷
定　　价：160.00 元	

《多源卫星遥感全球主要气象灾害定量监测关键技术研究》编委会

序

　　我们的地球正面临着一项严峻的挑战：气候变暖。近半个世纪以来，由于气候变暖及其导致的极端天气气候现象，全球自然灾害发生的频率增加了 5 倍。温度升高、海平面上升、极端气候事件频发给人类生存和发展带来严峻挑战，对全球粮食、水、生态、能源、基础设施以及民众生命财产安全构成长期重大威胁。气候变化带来最大的影响就是让极端天气变得更极端，气象灾害的频率上升，强度变大，危害增加。然而，世界各地的极端天气灾害揭示了这样的事实：全球还没有完全准备好应对气候变化带来的冲击。世界各国和社会各界需要采取更有力的行动来减缓和应对气候变化，防御极端气象灾害。尤其要更加重视和加强气象灾害的监测和早期预警工作，为防灾减灾救灾行动提供信息支撑，减轻气象灾害带来的影响。

　　风云气象卫星在全球气象灾害监测方面发挥了重要作用。气象灾害发生的频次多，时空变化快，影响范围大，危害面广，传统的站点观测越来越表现出局限性。气象卫星具有高频次、大范围观测等优点，是持续监测全球气象灾害最为有效和不可替代的手段。自 1988 年 9 月 7 日发射第一颗风云气象卫星以来，我国已经发射了 21 颗风云气象卫星，是目前世界上在轨数量最多、种类最全的气象卫星星座，并与美国、欧盟一起是目前世界上少数几个同时具有极轨和静止两个系列气象业务卫星的国家和地区。风云气象卫星被世界气象组织纳入全球业务应用气象卫星序列，是全球综合地球观测系统的重要成员，空间与重大灾害国际宪章机制下的值班卫星，在国际气象灾害预警和应急救援方案形成和实施方面起到了重要作用。

　　为提高风云气象卫星对全球气象灾害的实时监测能力，国家卫星气象中心在科技部重点研发计划"全球气象卫星遥感动态监测、分析技术及定量应用方法及平台研究"项目支持下，开展了全球主要气象灾害定量监测关键技术的研究。课题组旨在解决以往气象灾害卫星监测方法存在较强的区域性局限的问题，针对暴雨、干旱、高温、雪灾、沙尘等全球主要气象灾害，研究建立了适用于不同地区、不同地理气候特点的气象灾害监测模型和方法。该书详细总结了项目研究取得的主要创新性成果。我认为在这些成果中，有关气象灾害的地理条件适应性和灾害监测定量性等方面的研究成果特色鲜明，在一定程度上具有开创性和启迪性意义。

　　在地理条件适应性方面，作者提出了适用于全球不同地区的暴雨、干旱、高温、雪灾、沙尘等气象灾害监测参数的获取方法，提高了风云气象卫星对全球气象灾害监测的适应性。这些新方法包括：适用于不同地区暴雨灾害监测的全球动态暴雨强度指数；考虑不同植被覆盖影响的风云三号微波土壤水分监测方法；适用于不同地区地理条件差异的风云三号微波积雪深度和雪水当量估算方法；适用于闷热型高温天气的闷热指数；可获取不同类型下垫面沙尘信息的风云四号红外多光谱沙尘指数和多波段沙尘监测方法等。

在灾害监测定量性方面,作者考虑了导致气象灾害发生的致灾因子、承灾体和孕灾环境因素,提出了气象卫星灾害危险指数,能够从像元级反映气象灾情信息,弥补了以往气象灾害监测主要反映遥感信息物理量(降水、温度、土壤湿度、积雪深度等),而未充分考虑实际灾害影响因素(承灾体、孕灾环境)的不足。这对于在全球许多缺少灾情实况信息的地区开展气象灾害定量监测具有开创性意义。此外,作者提出了基于气象卫星遥感构建全球重点地区气象灾害成灾指标的方法,利用气象卫星灾害危险指数和长时间序列致灾因子信息,结合灾情实况,建立气象卫星遥感致灾因子成灾条件阈值。该方法可以有效提高全球气象灾害监测响应时效,为将气象卫星全球气象灾害监测由被动响应转变为主动预警提供了新思路。

本书作者均是常年从事气象卫星遥感灾害监测业务的科技人员,在气象卫星灾情监测应用和研究方面积累了丰富的经验,对灾情监测服务的定量性和高时效需求有很深的体会。书中内容体现了作者在气象卫星遥感灾害应用从灾情监测延伸到风险评估预警。全球气象灾害监测从被动响应到主动预警等方面进行的有意义的探讨,相信可以为全球气象灾害监测预警提供有益的参考和借鉴。很高兴应作者的邀请,为本书作序,希望这本书的内容有助于促进应对气候变化和气象防灾减灾等相关问题的讨论。

许健民

2023 年 10 月

前　言

全球主要气象灾害分布范围广,影响面积大,破坏性严重。气象卫星在监测全球气象灾害方面具有不可替代的作用。我国第一代风云气象卫星(包括风云一号极轨气象卫星和风云二号静止气象卫星)从 20 世纪 90 年代即应用于台风、洪涝、干旱、雪灾等气象灾害监测,受卫星载荷能力限制,当时定量产品较少,且监测范围主要位于中国及邻近地区,未形成全球气象灾害的业务化监测能力。我国近年来发射的新一代气象卫星(风云三号极轨气象卫星和风云四号静止气象卫星)时空分辨率、探测光谱和观测范围都有显著提高,已具有对全球的业务观测能力。然而,相对于国家经济建设和社会发展日益增长的需求,风云气象卫星在全球气象灾害监测能力方面还存在差距。

为提高风云气象卫星全球主要气象灾害的定量和动态监测能力,国家卫星气象中心在科技部重点研发计划"全球气象卫星遥感动态监测、分析技术及定量应用方法及平台研究"项目的"多源卫星遥感全球主要气象灾害定量监测关键技术"课题支持下,开展了以下多方面的研究:

一、分析全球主要气象灾害时空分布特点。通过多种途径收集全球气象灾害信息,生成了全球台风、暴雨、高温、干旱、沙尘、雪灾等主要气象灾害分布数据集(栅格图像),基于此分析了全球主要气象灾害时空分布特点,并研究用于暴雨洪涝监测的流域边界提取方法。

二、建立了风云气象卫星全球主要气象灾害监测参数体系。气象部门已确立了对各类气象灾害的致灾因子,根据气象灾害致灾因子定义和气象卫星遥感信息,建立了包括主要气象灾害致灾因子、承灾体和孕灾环境的气象卫星遥感气象灾害参数体系。

三、研发和改进了风云气象卫星气象灾害致灾因子的提取方法,并提出了适用风云气象卫星的新方法。如:利用红外亮温差异结合观测频次的风云静止气象卫星暴雨云团识别方法,考虑植被、地域影响的风云三号微波土壤湿度估算方法,适应不同地区地理条件的风云三号微波积雪深度和雪水当量估算方法,适合于闷热型高温监测的温湿指数,可昼夜连续提取沙尘信息的风云气象卫星红外多光谱沙尘指数,基于对近地面沙尘浓度反演物理机理的近地面沙尘浓度机器学习反演算法等,提高了致灾因子的反演精度。

四、提出了气象卫星遥感气象灾害危险指数。通过对气象卫星遥感致灾因子结合承灾体和孕灾环境信息的研究,建立了反映灾害风险程度的像元级气象灾害危险指数,该指数综合反映了气象灾害的成灾条件因素。

五、建立了基于气象卫星遥感的气象灾害成灾指标。利用气象卫星长序列致灾因子数据集统计信息,以及利用气象卫星遥感气象灾害危险指数并结合灾害事件个例,建立基于气象卫星遥感的重点地区气象灾害成灾指标,为判断成灾风险提供依据。

本书共分 7 章。第 1 章介绍风云气象卫星全球主要气象灾害监测方法的研究内容,包括风云三号和风云四号气象卫星数据特点,风云气象卫星全球主要气象灾害监测参数体系,全球主要气象灾害定量监测模型的主要组成部分,由韩秀珍、张海真、刘诚撰写完成;第 2 章介绍全球主要气象灾害分布特点分析以及江河流域范围提取方法,由耿维成、张旸撰写完成;第 3 章介绍暴雨灾害的监测模型与方法,由任素玲撰写完成;第 4 章介绍高温灾害的监测模型与方法,由徐榕焓撰写完成;第 5 章介绍干旱灾害的监测模型与方法,由房世波、裴志方、王蕾撰写完成;第 6 章介绍沙尘暴灾害的监测模型与方法,由刘清华、田林撰写完成;第 7 章介绍雪灾的监测模型与方法,由武胜利、蒋玲梅撰写完成。

我国新一代气象卫星发射和运行以来,遥感界科技人员在研发新一代气象卫星应用产品方面做了大量卓越工作,本书仅反映"多源卫星遥感全球主要气象灾害定量监测关键技术"的主要研究成果。由于撰写者的水平和时间有限,书中难免存在许多不足之处,恳请读者提出宝贵意见。

本书邀请到许健民院士作序,得到了李亚春研究员、李云鹏研究员的悉心指导和帮助,邵华老师和王鸿雁编辑对书稿文字和图像进行了仔细审改,在此表示诚挚感谢!

作者

2023 年 10 月

目　　录

第 1 章 风云气象卫星全球主要气象灾害监测方法研究简述

1.1 背景

在气候变化的大背景下,全球范围内气象灾害发生的地域明显增多,频率和强度显著增加。2000—2016 年间,全球气象灾害数量上升了 46%,人类经济社会可持续发展面临严峻的挑战。全球各类主要气象灾害具有分布范围广、影响面积大、破坏严重等特点,对我国全球经济活动和"一带一路"倡议的影响日益加重。气象卫星大范围、高频次、多光谱的观测能力在快速捕捉全球气象灾害发生、连续跟踪灾害动态发展、预测全球气象灾害时空范围和强度变化等方面具有不可替代的作用。

国外从 20 世纪 70 年代开始利用气象卫星监测台风等气象灾害。国内从 20 世纪 80 年代开展利用气象卫星数字资料监测气象灾害的研究和应用。我国第一代风云气象卫星(包括风云一号极轨气象卫星和风云二号静止气象卫星)从 20 世纪 90 年代开始即应用于台风、洪涝、干旱、雪灾等气象灾害的监测,在 1991 年江淮洪涝等重大灾害监测中发挥了重要作用。受卫星载荷能力限制,当时产品大多是单种仪器数据获取的信息,以观测图像为主,定量产品较少,全天候监测能力弱,监测范围主要在中国及邻近地区,未形成全球气象灾害的业务化监测能力。

我国近年来发射的新一代风云气象卫星(风云三号极轨气象卫星和风云四号静止气象卫星)具有丰富的观测内容,包括光学、微波等多源遥感信息,时空分辨率显著提高,探测光谱和观测范围都有明显扩大,已具有对全球的业务观测能力,可以为提取全球各种气象灾害信息提供多源(多光谱)数据。国家卫星气象中心利用风云三号和风云四号气象卫星数据研发了多种定量产品,生成了多个时间序列达十多年的专题数据集,开展了全球重大气象灾害事件监测的研究和应用,多次监测到南亚和中亚洪涝和高温、中东沙尘暴、欧洲雪灾、美国飓风和干旱等重大气象灾害信息。

目前,以风云气象卫星为主要数据源的全球气象灾害监测数据环境已初步形成,内容包括全球卫星观测数据、全球主要气象灾害定量监测模型方法、长序列卫星遥感专题数据集和辅助信息数据集等。其中,全球卫星观测数据包括由风云三号极轨气象卫星和风云四号静止气象卫星组网的全球多源实时观测数据;全球主要气象灾害定量监测模型包括利用风云气象卫星提取台风、暴雨、高温、干旱、沙尘、雪灾等主要气象灾害信息的模型方法;长序列卫星遥感专题数据集内容包括地表温度、植被指数、土壤湿度、积雪覆盖和积雪厚度等;辅助数据集包括土地覆盖和土地利用类型数据集、高程、水系、人口密度、GDP(国内生产总值)等数据集。

然而,相对于国家经济建设和社会发展日益增长的需求,风云气象卫星在全球气象灾害监测能力方面还存在差距,例如:监测信息的定量性程度不够高,反映气象灾害的灾害影响内容较少,对灾害事件的响应时效较低,未能充分体现气象卫星高观测频次的动态监测能力等。这些不足限制了风云气象卫星对全球气象灾害监测作用的充分发挥。为提高风云气象卫星全球气象灾害的定量和动态监测能力,国家卫星气象中心在科技部重点研发计划"全球气象卫星遥感动态监测、分析技术及定量应用方法及平台研究"项目的"多源卫星遥感全球主要气象灾害定量监测关键技术"课题支持下,开展了以下方面的研究:

- 收集整理了全球主要气象灾害数据和信息,分析了全球主要气象灾害时空分布特点;
- 建立了风云气象卫星全球主要气象灾害监测参数体系,包括致灾因子、承灾体和孕灾环境;
- 研究和改进了基于风云气象卫星数据的气象灾害致灾因子反演方法;
- 研究并提出了基于卫星遥感致灾因子,结合承灾体、孕灾环境的气象灾害危险(或风险)指数;

- 研究并建立基于卫星遥感的重点地区气象灾害成灾指标。
- 建立了风云气象卫星全球主要气象灾害定量监测模型。

本章简要介绍风云气象卫星用于全球主要气象灾害监测研究的卫星数据特点、参数体系、方法和模型等内容,包括:新一代风云气象卫星数据特点;气象卫星遥感全球气象灾害参数体系;风云气象卫星全球暴雨、高温、干旱、沙尘、雪灾等主要气象灾害定量监测模型的主要组成部分,包括致灾因子提取、灾害危险指数计算、灾害时空、强度影响范围估算,以及基于气象卫星遥感的灾害风险判断和指标设置等,以期使读者对利用风云气象卫星监测全球主要气象灾害技术方法研究有一个简要了解。

1.2 风云气象卫星数据

自 1988 年发射第一颗风云气象卫星以来,截至 2023 年 8 月,我国共发射了 21 颗风云气象卫星,其中静止卫星 10 颗、极轨卫星 11 颗。风云气象卫星具有光学、微波等多种仪器,可满足不同时空尺度特点的气象灾害监测的多源数据要求。本章仅简要介绍新一代风云气象卫星观测仪器中用于全球气象灾害监测的主要仪器数据特点,包括光谱特性、覆盖范围、观测频次、空间分辨率等,并展示通道原始数据图像。

1.2.1 风云三号(FY-3)极轨气象卫星数据特点

风云三号(FY-3)极轨气象卫星装载了可用于气象灾害监测的观测仪器,主要包括可见光红外扫描辐射计(Visible and Infra-Red Radiometer,VIRR)、中分辨率光谱成像仪(Medium Resolution Spectral Imager,MERSI)和微波辐射成像仪(Micro-Wave Radiation Imager,MWRI)。

(1)FY-3A/B/C 可见光红外扫描辐射计

可见光红外扫描辐射计(VIRR)具有 10 个通道,包括可见光、近红外、短波红外、中红外、远红外波段,可提取云参数、地表温度、海面温度、植被指数、积雪、海冰、沙尘、气溶胶、地面反照率等多种信息,用于多种气象灾害监测。VIRR 单颗星重访周期一日两次(白天/夜间),双星一日四次(上午、下午、前半夜、凌晨)。表 1.1 列出了 FY-3A/B/C 装载的可见光红外扫描辐射计(VIRR)的各通道参数,图 1.1 展示 FY-3B/VIRR 各通道原始数据图像(2011 年 5 月 5 日 13 时 20 分(北京时))。

表 1.1 FY-3A/B/C 极轨气象卫星可见光红外扫描辐射计(VIRR)通道参数

通道	中心波长 /μm	波长范围 /μm	波段	星下点分辨率 /km
1	0.630	0.580~0.680	可见光(Visible)	1.1
2	0.865	0.840~0.890	近红外(Near infrared)	1.1
3	3.74	3.55~3.93	中红外(Mid-infrared)	1.1
4	10.8	10.3~11.3	远红外(Far infrared)	1.1
5	12.0	11.5~12.5	远红外(Far infrared)	1.1
6	1.600	1.550~1.640	短波红外(Short infrared)	1.1
7	0.455	0.430~0.480	可见光(Visible)	1.1
8	0.505	0.480~0.530	可见光(Visible)	1.1
9	0.555	0.530~0.580	可见光(Visible)	1.1
10	1.360	1.325~1.395	短波红外(Short infrared)	1.1

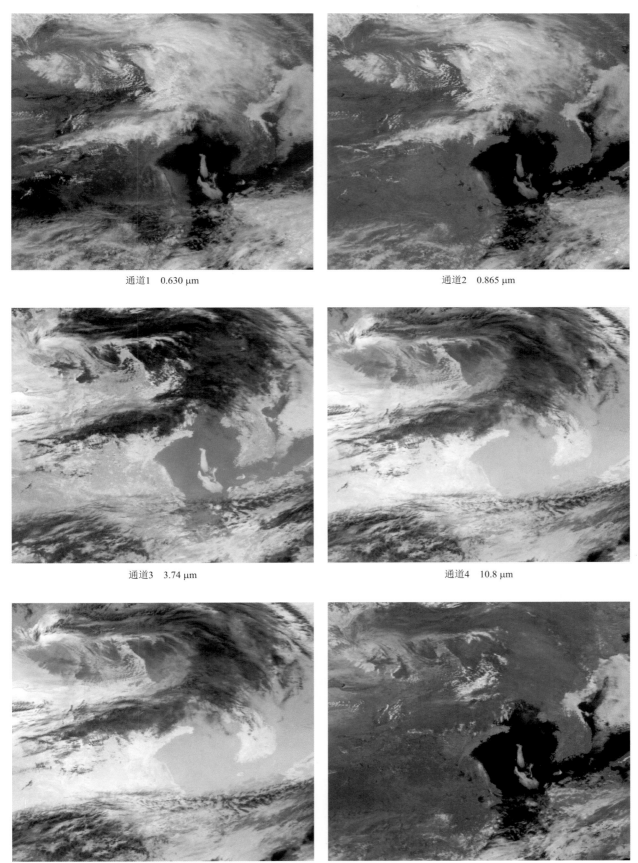

通道1　0.630 μm　　　　　　　　　　通道2　0.865 μm

通道3　3.74 μm　　　　　　　　　　通道4　10.8 μm

通道5　12.0 μm　　　　　　　　　　通道6　1.600 μm

通道7 0.455 μm

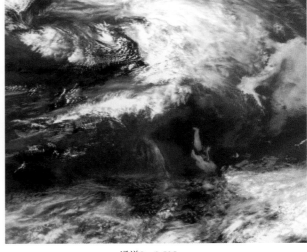

通道8 0.505 μm

通道9 0.555 μm

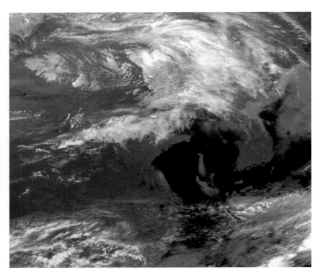

通道10 1.360 μm

图 1.1 FY-3B/VIRR 各通道图像(2011 年 5 月 5 日 13 时 20 分(北京时))

(2)中分辨率光谱成像仪

中分辨率成像光谱仪(MERSI)是新一代气象和地球环境探测卫星中的一种主要遥感器,具有非常先进的技术,FY-3A/B/C 上装载的 MERSI 在可见光、近红外、短波红外、中红外和远红外波段设有 20 个通道(FY-3D 有 25 个通道),光谱分辨率大大提高,可提取云参数、地表温度、海面温度、植被指数、积雪、海冰、沙尘、气溶胶、地面反照率等多种信息,具有云、地表、海表和大气多种参数的综合探测能力。其中 5 个通道(FY-3D 有 6 个通道)的星下点分辨率达 250 m,因而大大提高了对气象灾害的监测能力。表 1.2 列出了 FY3A/B/C 装载的中分辨率光谱成像仪 MERSI 的各通道参数,表 1.3 列出了 FY-3D/MERSI-Ⅱ各通道参数,图 1.2 展示了 MERSI 仪器中常用于气象灾情监测的 10 个通道原始图像。包括:0.47 μm,0.55 μm,0.65 μm,0.865 μm,1.64 μm,2.13 μm,3.80 μm,4.05 μm,10.8 μm,12.0 μm 通道,图 1.3 为利用 FY-3D/MERSI-Ⅱ 2021 年 3 月 15 日 13 时 00 分(北京时)资料制作的真彩色合成图,图中可见华北地区有大范围沙尘,图 1.4 为利用 FY-3D/MERSI-Ⅱ单日的全球白天数据制作的真彩色全球拼图,从中可见当日全球各地天气系统和云系的空间分布。

表 1.2　FY-3A/B/C 极轨气象卫星中分辨率光谱成像仪(MERSI)通道参数表

通道	中心波长 /μm	光谱带宽 /μm	波段	星下点分辨率 /km
1	0.470	0.05	可见光(Visible)	0.25
2	0.550	0.05	可见光(Visible)	0.25
3	0.650	0.05	可见光(Visible)	0.25
4	0.865	0.05	近红外(Near infrared)	0.25
5	11.25	2.50	远红外(Far infrared)	0.25
6	0.412	0.02	可见光(Visible)	1
7	0.443	0.02	可见光(Visible)	1
8	0.490	0.02	可见光(Visible)	1
9	0.520	0.02	可见光(Visible)	1
10	0.565	0.02	可见光(Visible)	1
11	0.650	0.02	可见光(Visible)	1
12	0.685	0.02	可见光(Visible)	1
13	0.765	0.02	可见光(Visible)	1
14	0.865	0.02	近红外(Near infrared)	1
15	0.905	0.02	近红外(Near infrared)	1
16	0.940	0.02	近红外(Near infrared)	1
17	0.980	0.02	近红外(Near infrared)	1
18	1.030	0.02	近红外(Near infrared)	1
19	1.640	0.05	短波红外(Short infrared)	1
20	2.130	0.05	短波红外(Short infrared)	1

表 1.3　FY-3D 极轨气象卫星中分辨率光谱成像仪(MERSI-Ⅱ)通道参数

通道	中心波长 /μm	波段宽度 /μm	波段	星下点分辨率 /km
1	0.470	0.05	可见光(Visible)	0.25
2	0.550	0.05	可见光(Visible)	0.25
3	0.650	0.05	可见光(Visible)	0.25
4	0.865	0.05	近红外(Near infrared)	0.25
5	1.030	0.02	近红外(Near infrared)	1
6	1.640	0.02	短波红外(Short infrared)	1
7	2.130	0.02	短波红外(Short infrared)	1
8	0.412	0.02	可见光(Visible)	1
9	0.443	0.02	可见光(Visible)	1
10	0.490	0.02	可见光(Visible)	1
11	0.555	0.02	可见光(Visible)	1
12	0.670	0.02	可见光(Visible)	1
13	0.709	0.02	近红外(Near infrared)	1

续表

通道	中心波长/μm	波段宽度/μm	波段	星下点分辨率/km
14	0.746	0.02	近红外(Near infrared)	1
15	0.865	0.02	近红外(Near infrared)	1
16	0.905	0.02	近红外(Near infrared)	1
17	0.936	0.02	近红外(Near infrared)	1
18	0.940	0.05	近红外(Near infrared)	1
19	1.380	0.02	短波红外(Short infrared)	1
20	3.80	0.18	中红外(Mid-infrared)	1
21	4.05	0.155	中红外(Mid-infrared)	1
22	7.20	0.5	远红外(Far infrared)	1
23	8.55	0.3	远红外(Far infrared)	1
24	10.8	1	远红外(Far infrared)	0.25
25	12.0	1	远红外(Far infrared)	0.25

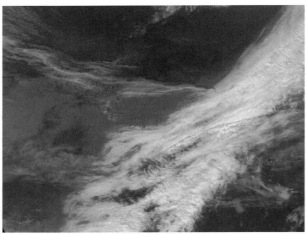

通道1 0.470 μm

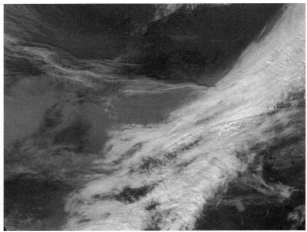

通道2 0.550 μm

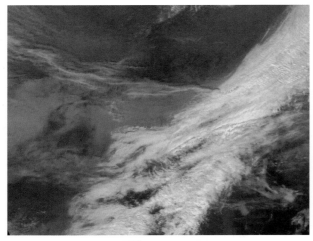

通道3 0.650 μm

通道4 0.865 μm

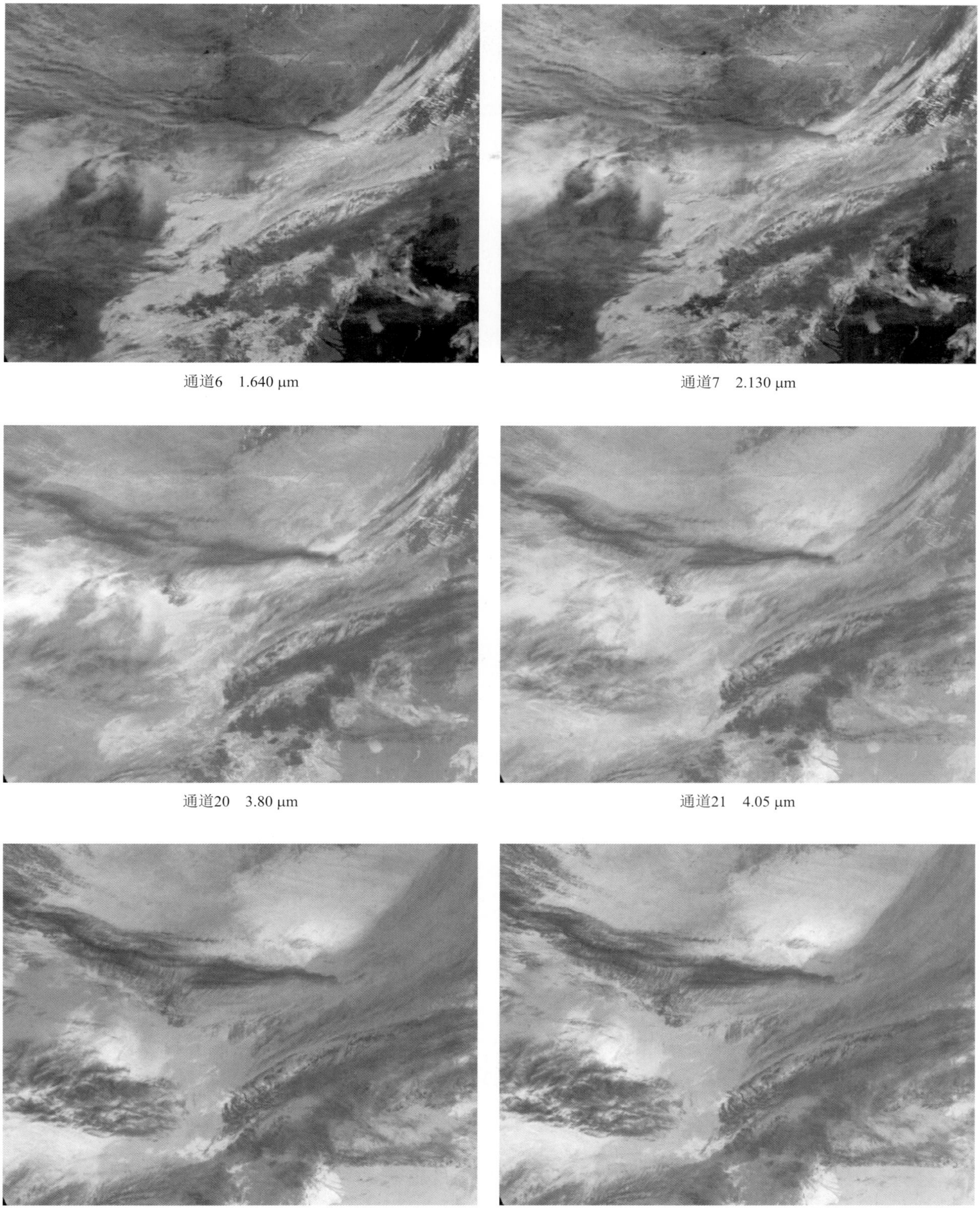

通道6　1.640 μm

通道7　2.130 μm

通道20　3.80 μm

通道21　4.05 μm

通道24　10.8 μm

通道25　12.0 μm

图 1.2　FY-3D/MERSI-Ⅱ仪器中常用于气象灾情监测的 10 个通道原始图像

（3）微波辐射成像仪

风云三号系列气象卫星搭载的微波辐射成像仪（MWRI）共有 6 个通道,可探测大气和地球表面放射的微波辐射,从中反演出土壤湿度、云中液态水含量、降水强度、水汽含量、积雪厚度、雪水当量、海冰和洋

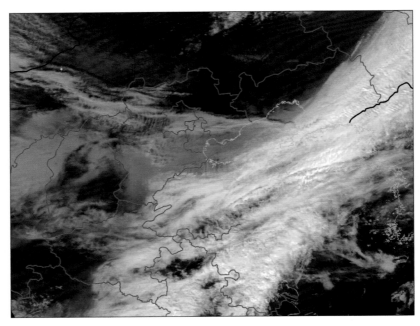

图 1.3　FY-3D/MERSI-Ⅱ华北地区真彩色合成图(2021 年 3 月 15 日 13 时 00 分(北京时))

图 1.4　FY-3D/MERSI-Ⅱ全球真彩色合成图(2021 年 9 月 30 日)

面风速、洋面温度等气象和地球物理参数。可用于干旱、雪灾等气象灾害监测。表 1.4 列出了微波辐射成像仪(MWRI)各通道参数,图 1.5 展示了 FY-3D/MWRI 各通道图像(2021 年 9 月 29 日 05 时 06 分、06 时 47 分、08 时 29 分(世界时)轨道部分数据),图 1.6 和图 1.7 分别为 FY-3D/MWRI 全球升轨拼图和降轨拼图(2021 年 9 月 29 日)。

表 1.4　极轨气象卫星微波辐射成像仪(MWRI)通道参数

频率/GHz	带宽/MHz	灵敏度/K	定标精度/K	地面分辨率/(km×km)
10.65	180	0.5	1.0	51×85
18.7	200	0.5	2.0	30×50
23.8	400	0.8	2.0	27×45
36.5	900	0.5	2.0	18×30
89	2300	1.0	2.0	9×15

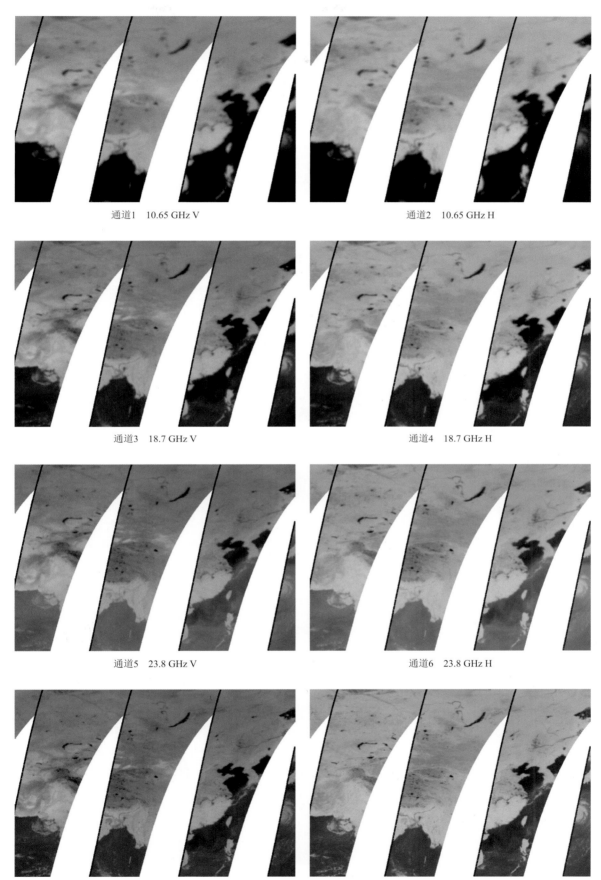

通道1　10.65 GHz V

通道2　10.65 GHz H

通道3　18.7 GHz V

通道4　18.7 GHz H

通道5　23.8 GHz V

通道6　23.8 GHz H

通道7　36.5 GHz V

通道8　36.5 GHz H

通道9　89 GHz V　　　　　　　　　　　　　通道10　89 GHz H

图 1.5　FY-3D/MWRI 各通道图像（2021 年 9 月 29 日 05 时 06 分、06 时 47 分、08 时 29 分（世界时）
轨道部分数据）（注：V 表示垂直极化；H 表示水平极化）

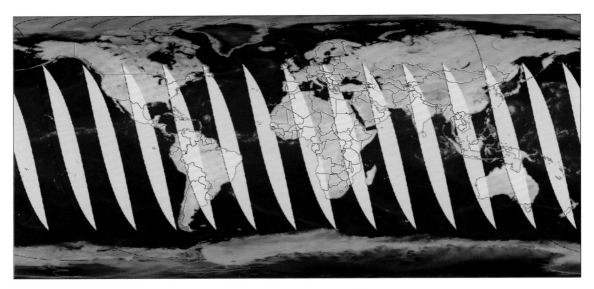

图 1.6　FY-3D/MWRI 全球拼图（升轨）（2021 年 9 月 29 日）

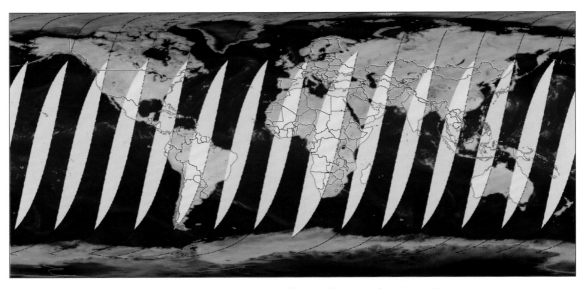

图 1.7　FY-3D/MWRI 全球拼图（降轨）（2021 年 9 月 29 日）

1.2.2　风云四号(FY-4A)静止气象卫星数据特点

风云四号(FY-4A)静止气象卫星搭载了可用于气象灾害监测的观测仪器,主要为先进的静止轨道辐射成像仪(Advanced Geostationary Radiation Imager,AGRI),另外还搭载有干涉式大气垂直探测仪、闪电成像仪等仪器。其中干涉式大气垂直探测仪可获取大气温湿度三维结构,开展大气垂直探测,实现静止轨道三维遥感,为天气预报特别是数值天气预报提供大气探测参数,对实现大气高精度定量观测具有重大意义;闪电成像仪首次实现了对亚洲、大洋洲区域静止轨道闪电的持续观测,可对我国及周边区域闪电进行探测,进而实现对强对流天气的监测和跟踪,提供闪电灾害预警。下面主要介绍 FY-4A/AGRI 数据特点。

FY-4A/AGRI 共有 14 个通道,包括可见光、近红外、短波红外、中红外、远红外波段,可提取云参数、地表温度、沙尘、积雪、气溶胶、地面反照率等多种信息,用于对台风、暴雨、洪涝、沙尘暴、高温、寒潮、积雪等气象灾害进行多要素动态监测,观测区域覆盖亚洲、太平洋中西部和印度洋地区。表 1.5 列出了 FY-4A/AGRI 的通道参数,图 1.8 展示了 FY-4A/AGRI 各通道图像(2021 年 7 月 20 日 14 时(世界时),图 1.9 为利用 FY-4A/AGRI 2021 年 7 月 20 日 06 时 00 分(世界时)1.61 μm,0.865 μm,0.65 μm 通道数据制作的三通道合成图。

表 1.5　FY-4A 先进的静止轨道辐射成像仪(AGRI)通道参数

通道	中心波长 /μm	波长范围 /μm	波段	星下点分辨率 /km
1	0.47	0.45~0.49	可见光(Visible)	1
2	0.65	0.55~0.75	可见光(Visible)	0.5
3	0.825	0.75~0.90	近红外(Near infrared)	1
4	1.375	1.36~1.39	短波红外(Short infrared)	2
5	1.61	1.58~1.64	短波红外(Short infrared)	2
6	2.22	2.05~2.35	短波红外(Short infrared)	2
7	3.75	3.5~4.0	中红外(Mid-infrared)	2
8	3.75	3.5~4.0	中红外(Mid-infrared)	4
9	6.25	5.8~6.7	中红外(Mid-infrared)	4
10	7.1	6.9~7.3	远红外(Far infrared)	4
11	8.5	8.0~9.0	远红外(Far infrared)	4
12	10.7	10.3~11.1	远红外(Far infrared)	4
13	12.0	11.5~12.5	远红外(Far infrared)	4
14	13.5	13.2~13.8	远红外(Far infrared)	4

通道1　0.47 μm　　　　　　　　　　　　　　通道2　0.65 μm

通道3　0.825 μm

通道4　1.375 μm

通道5　1.61 μm

通道6　2.22 μm

通道7　3.75 μm高

通道8　3.75 μm低

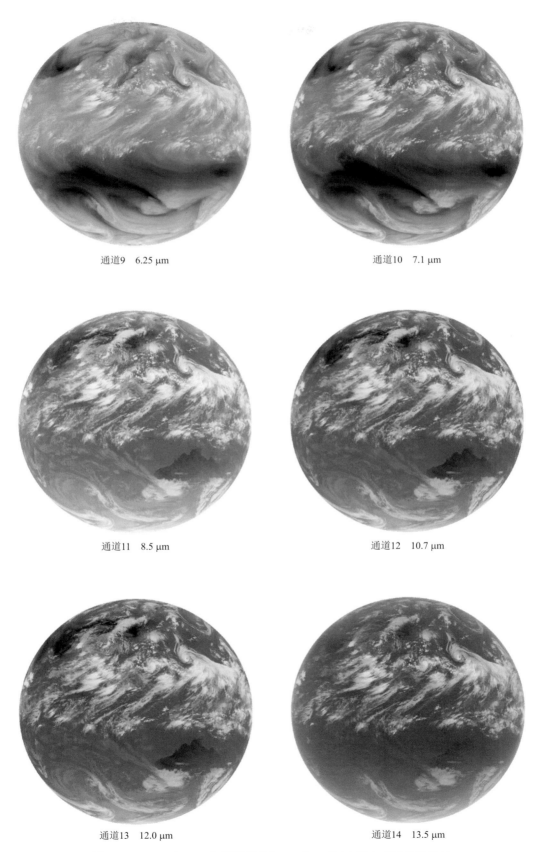

图 1.8　FY-4A/AGRI 各通道图像(2021 年 7 月 20 日 14 时(世界时))

图 1.9　FY-4A/AGRI 1.61 μm,0.825 μm,0.65 μm 通道合成图(2021 年 7 月 20 日 06 时 00 分(世界时))

1.3　风云气象卫星全球主要气象灾害监测参数体系

气象灾害是由气象因素造成人民生命财产损失、社会经济破坏的自然灾害。气象部门对气象灾害的成因做了大量的研究。气象灾害损失与风险大小取决于气象致灾因子危险性、承灾体脆弱性、自然与人为防控在孕灾环境中时空配置格局及交互作用。其中,致灾因子是造成气象灾害发生的气象因素;承灾体是因承受灾害性天气作用造成人员伤亡、社会经济损失的人类和社会经济资源的总称;孕灾环境是使气象灾害得以发生的地理环境及当地的人文社会背景等因素。

以往气象卫星遥感气象灾害监测研究主要侧重于气象致灾因子的提取,而对造成灾害发生的承灾体及孕灾环境因素考虑不多,因而与灾害影响的联系较少。

为从整体上发挥风云气象卫星遥感全球气象灾害监测作用,需要建立风云气象卫星监测全球主要气象灾害的参数体系,内容包括各类气象灾害的致灾因子、承灾体和孕灾环境参数。气象致灾因子可从气象卫星遥感信息中直接提取,承灾体参数可利用遥感信息结合社会经济数据获取,孕灾环境参数可利用遥感信息结合地理信息获取。气象灾害致灾因子、承灾体和孕灾环境的参数都具有时空变化特点,但对于一定区域与时段而言,气象致灾因子多变,承灾体和孕灾环境参数相对稳定。根据气象部门对气象致灾因子定义,结合已有的风云气象卫星监测气象灾害信息,初步提出了风云气象卫星监测全球主要气象灾害的参数体系。

1.3.1　气象卫星遥感气象灾害致灾因子

不同种类的气象灾害其致灾因子也不同。致灾因子本身并不是灾害,只有在致灾因子的时空范围和强度达到一定程度、且具有承灾体和适当的孕灾环境时,才会形成灾害。

气象部门已经建立了可由地面气象观测仪器观测到的各种气象灾害的致灾因子(许小峰,2012),包括降雨/降雪、降水强度、降水距平、蒸发、风速、土壤水分、气温、地表温度、路面温度、相对湿度、能见度、雾、沙尘、雪、雪盖、降雪强度、雪持续时间、积雪深度、冰冻厚度、叶面积指数、日照、雷电、连续无有效降水日数、相对湿润度指数、土壤相对湿润度干旱指数等。这些致灾因子分别与暴雨洪涝、干旱、雪灾、冰冻、沙尘暴、农业气象灾害等灾害有关。

表 1.6 列出了风云气象卫星对全球主要气象灾害致灾因子的观测能力。表中的"√"标记表示风云气象卫星具有对某种气象灾害相应致灾因子的观测能力。

表 1.6　风云气象卫星对全球主要气象灾害致灾因子的观测能力

致灾气象因子	台风灾害	暴雨灾害	高温灾害	干旱灾害	雪灾灾害	沙尘暴灾害
降雨/降雪	√	√		√	√	
降水强度	√	√				
降水距平		√		√		
蒸发				√		√
风速	√					√
土壤水分		√		√		√
近地面气温			√			
地表温度			√	√		
相对湿度				√	√	√
能见度						√
沙尘						√
雪、雪盖					√	
降雪强度					√	
雪持续时间					√	
积雪深度					√	
叶面积指数				√		
日照				√		√
雷电	√					
连续无有效降水日数			√	√		
相对湿润度指数			√	√		
土壤相对湿润度干旱指数				√		

风云气象卫星具有丰富的观测资料,通过对其卫星数据的反演,可以获取很多与全球气象灾害有关的致灾因子信息,如暴雨洪涝灾害的降雨/降雪、降水强度、降水距平等致灾因子;干旱灾害的相对湿度、土壤水分、降雨/降雪、降水强度、降水距平等致灾因子;雪灾的雪、雪盖、降雪强度、雪持续时间、积雪深度等致灾因子;高温灾害的地表温度、温湿指数、高温强度、高温时长等致灾因子。

根据风云气象卫星观测仪器特点,选择主要气象灾害的部分气象致灾因子作为风云气象卫星遥感气象灾害监测的致灾因子,并研究从风云气象卫星资料中定量提取这些气象致灾因子的方法。表 1.7 列出了风云气象卫星遥感全球主要气象灾害致灾因子。

表 1.7　风云气象卫星遥感全球主要气象灾害致灾因子

灾种	致灾因子
台风	台风移速、强度、7级大风风圈面积、过程总雨量、日累计雨量、小时雨量、雨量极值
暴雨	暴雨云团、降水强度、降水持续时间、暴雨影响范围、暴雨强度指数
高温	地表温度、温湿指数、高温强度、高温时长、高温面积
干旱	土壤水分、干旱指数、干旱持续时间、干旱范围
沙尘	沙尘、沙尘高度、地面能见度、载沙量、面积、移动速度等
雪灾	积雪覆盖、积雪持续时间、积雪深度、雪水当量

1.3.2 气象灾害承灾体与孕灾环境

不同种类气象灾害的承灾体不同。在致灾因子作用于同一种承灾体情况下,承灾体脆弱性不同所产生的损失也可能不同。在气象卫星全球气象灾害监测中,需要了解全球各地的承灾体特性,目前已有多种数据集可供了解具有一定空间分辨率的部分承灾体信息,包括土地覆盖和土地利用数据集、人口密度数据集和 GDP 数据集。

孕灾环境包括地理环境、生态环境和人文社会背景等因素(姜彤 等,2018)。例如,暴雨山洪灾害一般发生在山地和中小河流流域,暴雪引发的雪崩灾害发生在山地,高温天气灾害严重影响的地区在有大量建筑物的城镇,沙尘暴主要发生在沙漠、荒漠地带及其周边地区。全球各地的孕灾环境不同,对相同气象灾害的影响也不同。目前有多种数据集可供了解全球气象灾害部分孕灾环境参数,如,利用高程数据判断山地地形,利用河网数据了解水系分布,利用土地利用分布数据了解城镇密度等信息。表 1.8 列出了不同气象灾害的主要承灾体和孕灾环境。

表 1.8　不同气象灾害的主要承灾体和孕灾环境

灾种	承灾体	孕灾环境
台风灾害	人口、社会经济、农作物	海洋和沿海地区
暴雨灾害	人口、社会经济、农田	地形、水系等
高温灾害	人口、社会经济	城镇、植被、水体等
干旱灾害	人口、农田、草原、社会经济	土壤类型等
沙尘暴灾害	人口、交通	沙漠、荒漠区及周边地区等
雪灾	人口、牧区、社会经济	山区、草原等

1.4　气象灾害定量监测模型

气象卫星遥感全球气象灾害监测不仅提取气象致灾因子信息,还需监测气象灾害影响的时空范围和强度。因此,气象卫星全球气象灾害定量监测模型一般由提取气象致灾因子、计算气象灾害危险指数或灾害风险指数、统计气象灾害危险指数时空范围和强度信息、判断成灾风险这四部分组成,大致步骤如下。

(1)提取气象致灾因子

利用风云气象卫星数据和相应算法,逐像元提取监测区域的气象灾害致灾因子信息。

(2)计算气象灾害危险指数或灾害风险指数

利用卫星遥感气象灾害致灾因子,结合气象灾害孕灾环境、承灾体信息,逐像元计算监测区域的气象灾害危险指数或灾害风险指数。

(3)统计气象灾害危险指数的时空范围和强度信息

利用气象卫星遥感气象致灾因子、灾害危险指数或灾害风险指数信息,统计监测区域的气象灾害危险指数的影响范围、面积、程度、持续时间等定量信息。

(4)判断成灾风险

根据统计的卫星遥感气象灾害危险指数时空范围和强度信息,判断是否有成灾风险。

这四部分在数据处理方面具有先后顺序。其中第一部分,即利用气象卫星数据提取气象灾害致灾因子,是气象灾害定量监测模型的基础。

以下简要介绍各部分内容。

1.4.1 气象灾害致灾因子提取的技术方法和模型

利用风云气象卫星数据,根据各类气象灾害致灾因子的物理特性和时空特点,逐像元提取监测区域内相关气象灾害致灾因子信息,生成致灾因子图像数据。

卫星遥感提取气象灾害致灾因子的方法已有多种,这些方法大都适用于风云气象卫星。为适应全球不同地域气象灾害特点,本课题研究并改进了卫星遥感全球气象灾害致灾因子的提取方法,或提出了新的提取方法,主要包括以下方面:

① 提出利用红外波段亮温差异结合观测频次的暴雨云团识别方法,精度较仅用亮温差异方法的暴雨云团判识精度明显提高;

② 提出基于卫星遥感地表温度,结合站点观测湿度,并考虑地形、地理位置、土地覆盖类型、时间等要素影响的温湿指数,可用于闷热型高温天气监测;

③ 提出基于卫星遥感土壤水分产品,结合光学植被信息、高程和位置信息等多源数据和神经网络模型的风云气象卫星微波土壤水分反演方法,提高风云气象卫星土壤水分产品精度;

④ 提出利用风云四号静止气象卫星 $8.5~\mu m$ 等红外通道的红外多光谱沙尘判识方法,提高了在不同类型下垫面条件下对沙尘的昼夜连续动态监测能力;

⑤ 提出考虑气候特点,降雪类型,积雪分布等特点并适用于我国三大稳定积雪区的风云气象卫星微波积雪深度和雪水当量反演方法,提高了微波仪器积雪厚度反演产品精度;

⑥ 提出基于卫星遥感沙尘指数并结合地面常规气象资料(温度、压强、相对湿度、风速和风向)以及位置信息,利用随机森林模型建立的地面能见度反演方法。

1.4.2　气象灾害危险指数的计算方法

气象灾害是气象致灾因子、承灾体和孕灾环境综合作用的产物,是在一定自然环境背景下产生,超出人类社会控制和承受能力,对人类社会造成危害和损失的事件,是自然与社会综合作用的结果。气象灾害的发生不仅与气象致灾因子有关,而且与人类社会所处的自然地理环境条件以及防灾减灾设施的能力有关(章国材,2010)。以往卫星遥感气象灾害监测主要侧重于提取致灾因子信息,而对灾害影响的监测涉及较少。研究表明,可以建立反映灾害风险程度的像元级气象灾害危险指数,该指数综合反映了各种气象灾害的成灾条件因素,包括致灾因子、孕灾环境和承灾体。通过逐像元估算监测区域内气象灾害危险指数,生成卫星遥感气象灾害危险指数图像数据。通过对监测区域卫星遥感气象灾害危险指数的统计分析,可以获取气象灾害危险指数的时空影响范围及强度变化。

气象灾害危险指数估算的一般公式为:

$$HZ\_tp1 = F(f(DZ1,DZ2,\cdots),b(BR1,BR2,\cdots),e(EN1,EN2,\cdots))$$

式中:HZ_tp1 为某种灾害的像元级灾害危险指数;$f(DZ1,DZ2,\cdots)$ 为致灾因子时空、强度信息的函数;$b(BR1,BR2,\cdots)$ 为承灾体参数的函数;$e(EN1,EN2,\cdots)$ 为孕灾环境参数的函数。

以面状形式显示卫星遥感灾害危险指数,可反映灾害影响范围及灾害危险程度的空间分布;对监测区域各像元灾害危险指数及其参数的统计,可得到灾害影响时空和强度的定量信息,如灾害影响面积、程度、持续时间等。

例如,暴雨灾害的卫星遥感灾害危险指数估算公式简述如下:

暴雨灾害危险指数考虑降水等暴雨致灾因子,高程、水系等孕灾环境因素,人口、GDP 等承灾体因素。下式给出暴雨灾害危险指数计估算公式:

$$I_{rain} = I_f \times (1 + I_e') \times (1 + I_b')$$

式中:I_{rain} 为暴雨灾害危险指数;I_f 为卫星遥感暴雨强度指数,包括卫星遥感降水量估计等;I_e' 为暴雨孕灾环境影响参数,由高程、水系因子确定;I_b' 为承灾体影响参数,由人口、GDP 因子确定。

1.4.3　气象灾害影响的时空范围及强度定量分析方法

对提取的气象灾害致灾因子和危险指数进行统计和空间展示,获得监测区域内致灾因子及其灾害危险程度的时空范围和强度分布定量信息,如致灾因子和不同灾害危险程度的影响范围、面积、持续时间等。

对于已发生的气象灾害,可利用卫星遥感提取的气象灾害致灾因子和气象灾害危险指数图像,反映灾害的影响范围和不同影响程度的空间分布。也可利用多时次的致灾因子和气象灾害危险指数反映灾情影响的持续时间和动态变化。

由于各种气象灾害的时空特点不同,气象卫星对灾害监测的频次、时效也有所不同。

1.4.4 成灾风险的判断方法

在气象卫星全球气象灾害监测中,及时发现灾害天气的成灾风险对提高灾害监测时效,增强服务的主动性有重要意义。一些地区的气象灾害标准可以作为判断成灾风险的依据,但全球很多地区,尤其是"一带一路"沿线国家和地区的灾害标准很少。对于没有建立灾害标准的地区,需要利用气象卫星遥感信息设置灾害风险指标。通过研究表明,利用气象卫星长序列致灾因子数据集的统计信息,或利用气象卫星遥感气象灾害危险指数并结合灾害事件个例,可以设置基于气象卫星遥感的灾害成灾风险指标,作为判断成灾风险的依据。

利用气象卫星遥感判断成灾风险的过程可以分为两步,首先利用卫星遥感致灾因子和灾害危险指数获取气象灾害致灾因子的状态信息,即致灾因子的时空范围和强度;其次判断致灾因子的状态是否达到成灾风险指标。基于气象卫星遥感致灾因子的成灾风险指标设置可以有三种方式,包括:利用已有的气象灾害标准;利用长序列气象卫星遥感致灾因子数据集的统计信息;利用气象卫星遥感灾害危险指数统计数据结合气象灾害实况信息。由于全球很多地区没有建立气象灾害标准,因而可以利用后两种方式为没有建立成灾标准的地区设置基于气象卫星遥感的成灾风险指标。

(1)利用已有的气象灾害标准设置成灾风险指标

我国气象部门根据一些地区的灾害性天气成灾规律,制定了适合当地的气象灾害标准,即当该种气象灾害的致灾因子在强度、范围、持续时间达到一定程度时,灾害将发生。这些标准一般根据对该种灾害性天气在当地造成灾害损失与相应地面气象观测致灾因子数据之间的统计规律而建立。当气象卫星遥感可以获取这些致灾因子信息时,可以参照这些标准,利用气象卫星监测的致灾因子状态,判断是否有成灾风险。如西藏自治区牧区雪灾的标准包括草原积雪深度、持续时间等(假拉 等,2008),在利用气象卫星遥感信息判断成灾风险时,可以参照这一标准利用气象卫星积雪深度和持续时间等信息,判断该地区的雪灾致灾因子状态是否达到雪灾的成灾标准。

(2)利用长序列气象卫星遥感致灾因子数据集统计信息设置成灾风险指标

利用长序列气象卫星遥感致灾因子或灾害危险指数数据集的统计信息,可获得监测地区像元级的致灾因子异常状态信息,如温度异常偏高,土壤湿度异常偏低,积雪厚度异常偏大等,进而通过对各像元致灾因子信息统计,估算监测地区致灾因子的面积、持续时间和强度的异常程度。风云三号极轨气象卫星自2008年发射以来,已积累了十多年的观测数据,并生成了多种与气象灾害致灾因子有关的长时间序列专题数据集,如LST(地表温度)、NDVI(归一化植被指数)、积雪覆盖、微波土壤湿度、微波积雪厚度和雪水当量等。通过对风云气象卫星长序列致灾因子数据集的统计分析,可建立像元级反映小概率事件的分位数,并根据对监测区域各像元分位数统计,设置灾害风险指标。

如:基于长序列气象卫星致灾因子数据集统计信息的高温灾害风险指标设置可由以下公式给出:

高温灾害风险指标计算式

$$\text{HTDZ} = F(I(T_{\text{surface}}, \text{THI}), T, S, N(\text{landtype}, \text{population} \cdots))$$

式中:HTDZ 为高温灾害风险指标;F 为高温灾害风险指标模型函数;I 为高温强度;T_{surface} 为地表温度分位数,由长序列 LST 数据集统计给出;THI 为温湿指数分位数,由长序列温湿指数数据集统计给出;T 为高温时长,与出现高温的累计时间有关;S 为高温范围,与高温阈值、高温面积有关;N 为与高温监测模型中与孕灾环境相关的影响因子,如地表覆盖类型、人口密度信息等。

(3)利用气象卫星遥感灾害危险指数统计信息,结合气象灾害实况设置成灾风险指标

气象灾害风险指标也可称为致灾临界气象条件。气象部门对建立气象灾害致灾临界气象条件有多种方法(许小峰,2012),其中个例分析法即利用灾害个例发生时的地面气象观测有关致灾因子资料,设置该种灾害在该地区的致灾临界气象条件。对于没有建立灾害标准的地区,气象卫星遥感也可作为致灾因子的监测信息,当某一气象灾害事件发生时,卫星遥感监测区域的各像元灾害危险指数累加值(即该区域各

像元灾害危险指数值的总和)可作为气象卫星对当地该种气象灾害监测的成灾风险指标(或称为气象卫星遥感灾害风险指标),即:当监测区域的气象卫星灾害危险指数像元累加值达到这一指标时,当地有可能发生该种气象灾害。

例如,暴雨灾害的卫星遥感灾害风险指标可按以下方法设置:

假定某一地区(可以是某一流域或地理区划)发生暴雨洪涝灾害时,气象卫星遥感该区域灾害危险指数累加值为 $RNDZ_{rkid}$,则 $RNDZ_{rkid}$ 可作为该地区的暴雨成灾风险指标。$RNDZ_{rkid}$ 的计算公式为:

$$RNDZ_{rkid} = \sum_{\lambda, \phi \in D} RNST_{\lambda, \phi}$$

式中:$RNDZ_{rkid}$ 为暴雨灾害风险指标;$RNST_{\lambda, \phi}$ 为位于经纬度(λ, ϕ)像元的暴雨灾害危险指数;D 为暴雨灾害监测区域范围,可以是某个行政区域,也可以是某个河流流域等地理范围。

参考文献

假拉,杜军,边巴扎西,2008. 西藏气象灾害区划研究[M]. 北京:气象出版社:21.

姜彤,王艳君,翟建青,2018. 气象灾害风险评估技术指南[M]. 北京:气象出版社:14-15.

许小峰,2012. 气象防灾减灾[M]. 北京:气象出版社:150-151.

章国材,2010. 气象灾害风险评估与区划方法[M]. 北京:气象出版社:33.

第 2 章　全球主要气象灾害分布特点以及
江河流域范围提取

　　气象灾害在全球分布广泛,但不同种类气象灾害的时空分布特点有所不同。为从浩瀚的风云气象卫星全球观测数据中有针对性地开展对气象灾害影响区域的监测应用,需要了解全球主要气象灾害的时空分布特点,及其致灾因子、承灾体和孕灾环境。已有国外机构发布了部分全球气象灾害的历史信息,如美国纽约哥伦比亚大学灾害与风险研究中心发布了全球洪涝、干旱、热带气旋等多种灾害分布信息,比利时鲁汶大学灾害流行病学研究中心的世界灾害数据库,收集了从 1900 年至今全球超过 22000 例灾害核心数据,但对于气象卫星全球气象灾害监测应用,缺乏完整、统一、覆盖灾害种类全面的数据集。同时,以往有关全球气象灾害时空分布信息均是文字描述或大尺度示意图,其空间信息无法用作气象卫星全球气象灾害监测数据处理的空间位置参考。

　　为获取适合于气象卫星分辨率的全球气象灾害时空分布数据,我们开展了全球主要气象灾害时空分布收集和整理。通过多种途径(国内外灾害研究机构网站发布、互联网、媒体、风云气象卫星全球灾害监测,以及《中国气象灾害年鉴》等)收集全球主要气象灾害信息。经过对各种收集信息的整理,初步生成了全球主要气象灾害分布数据集。该数据集内容包括各主要气象灾害分布栅格图像数据。另外,流域边界是气象卫星遥感流域性暴雨洪涝的重要参考,利用高程数据及有关水文模型,可以提取江河流域边界信息。

2.1　全球气象灾害信息的收集与整理

2.1.1　哥伦比亚大学全球自然灾害网站

　　哥伦比亚大学全球自然灾害网站基于美国纽约哥伦比亚大学灾害与风险研究中心牵头开展的一项新的灾害和风险管理研究计划,由哥伦比亚大学的社会和物理学家们以对减少自然和人为灾害对社会的灾难性影响的迫切需求为动机,强调提高对风险的预测能力,将核心科学与危害评估和风险管理技术相结合。哥伦比亚大学灾害和风险研究中心(CHRR)汇集了哥伦比亚大学在地球和环境科学、工程学、社会科学、公共政策、公共卫生和商业方面公认的专业知识。该项计划基于对发展中国家以及发达国家的社会、政治和经济现实的深刻理解,融入了关于灾害的科学和技术观点。我们从该网站上收集了全球多种灾害时空分布数据集的洪涝、干旱、热带气旋三种灾害信息。

　　数据集名称为全球多种灾害时空分布数据集(v1(2000)),由哥伦比亚大学灾害和风险研究中心,国际复兴开发银行和哥伦比亚大学国际地球科学信息网络中心(CIESIN)合作整理。三类灾害信息来源如下。

　　洪涝:数据来自达特茅斯洪涝观测中心地图集,汇集 1985—2003 年间各种来源的特大洪涝灾害。数据表明,全球超过三分之一面积发生过洪涝灾害。

　　干旱:数据集使用标准化降水加权异常(WASP)参数评估了 1980—2000 年三个月以上降水不足的地区。研究表明,世界上 38% 的陆地区域经历过不同程度的旱灾。

　　热带气旋:数据集源自 1980—2000 年从大西洋、太平洋、和印度洋收集到的超过 1600 个风暴路径。数据表明,世界上至少 6.7% 的陆地曾受到过台风或飓风等热带气旋的影响。

2.1.2　比利时鲁汶大学网站 EM-DAT 数据库

　　比利时鲁汶大学网站 EM-DAT 数据库是由世界卫生组织、比利时政府协助,比利时鲁汶大学灾害流行病学研究中心创建的世界灾害数据库,收集了 1900 年至今全球超过 22000 例灾害核心数据,数据来源于多家机构,包括联合国机构、非政府组织、保险公司、研究机构和新闻机构。本课题从该网站下载并整理 2015 年以来的全球主要气象灾害共计约 500 余条信息,其中洪涝信息 434 余条,热带气旋信息 35 条,雪灾 10 条,沙尘暴 2 条,干旱 35 条,高温 15 条。

2.1.3　媒体全球气象灾害信息

通过新华网、国际在线、旅泊网等网站以及央视新闻、《人民日报》等媒体,收集全球重大气象灾害信息,逐条摘录灾害发生时间、地点、气象条件、灾情等,按照灾情种类、地点(大洲、国家及地区)、时间(月、季)进行整理。

2.1.4　风云气象卫星全球重大灾害监测信息

自风云三号极轨气象卫星发射以来,多次监测到全球范围的重大气象灾害事件,可为获得部分灾种在有关地区的时空分布信息提供参考。具体见表 2.1。

表 2.1　风云三号卫星监测到的部分全球重大气象灾害事件

灾种	监测时间	灾害地点	灾情范围
沙尘暴	2019 年 4 月 25 日	巴基斯坦、阿富汗	阿富汗南部、巴基斯坦
洪涝	2019 年 3 月 26 日	莫桑比克	莫桑比克中部
高温	2019 年 1 月 1 日	澳大利亚	维多利亚州等地
干旱	2018 年 6 月 21 日	阿富汗	阿富汗东部和北部
雪灾	2017 年 2 月 6 日	阿富汗	约 36 万 km^2

2.1.5　《中国气象灾害年鉴》

从《中国气象灾害年鉴》中摘录 2010 年以来中国主要气象灾害事件发生时间和影响范围信息,见表 2.2。

表 2.2　近 10 年中国主要灾害事件信息

灾种	时间	地点	灾情
干旱	2010 年 10 月—2011 年 2 月	华北、黄淮	出现近 41 年最严重秋冬连旱
干旱	2011 年 1—5 月	江淮江汉、江南	近 50 年最重冬春连旱
干旱	2011 年 6—9 月	西南地区	出现近 60 年最重夏秋旱
雪融性洪涝	2011 年 4 月	新疆北部	2010—2011 年冬季新疆北部降雪偏多,春季气温上升
洪涝	2011 年 6 月	江南、江淮	6 月以来降水明显偏多
洪涝	2011 年 9 月秋季	华西(四川等地)	

2.2　全球主要气象灾害数据集生成和时空分布特点分析

全球主要气象灾害分布数据集包括台风、暴雨(洪涝)、高温、干旱、沙尘暴、雪灾 6 种气象灾害的分布信息。每种灾害数据包括该灾种的全球分布栅格图像数据。

全球主要气象灾害分布栅格数据图像制作方法有两种,一种是对哥伦比亚大学灾害和风险研究中心下载的全球热带气旋、洪涝、干旱分布图进行投影和插值,生成与气象卫星分辨率(0.01°)相适应的栅格图像。另一种是利用收集整理后的全球雪灾、沙尘暴、高温信息,在等经纬度投影全球行政区划栅格图像上,对发生过灾情的国家及地区作标记。由于从媒体等途径收集的灾害信息有限,对于面积较小的国家,若该国发生过某种灾情,即将该国标记为发生过灾情的国家,如西欧等国家。对于面积大的国家,如中国、俄罗斯、美国等,将根据收集整理灾情信息中有关灾情具体位置(如国家的某个地区),在栅格图像上该国家的相关地区标记为发生过灾情,如美国发生过雪灾的中东部相关地区。若收集的灾情信息空间覆盖在某些国家或地区间有空白,将酌情对标记为发生过灾情国家或地区邻近的空白国家或地区进行灾情标记填补。

2.2.1 全球热带气旋分布栅格图像制作

利用哥伦比亚大学灾害和风险研究中心全球热带气旋灾害分布图数据,经投影和插值后生成分辨率为0.01°的等经纬度全球热带气旋灾害分布栅格图像(图2.1)。图中可见,受热带气旋灾害影响的地区(蓝色区域)主要分布在中低纬度的沿海地区。

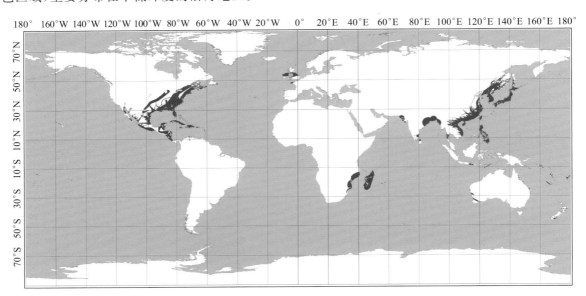

图2.1 哥伦比亚大学灾害和风险研究中心(CHRR)全球热带气旋灾害分布图

2.2.2 全球暴雨(洪涝)分布栅格图像制作

利用哥伦比亚大学灾害和风险研究中心全球洪涝灾害分布图数据,经投影和插值后生成分辨率为0.01°的等经纬度全球洪涝灾害分布栅格图像(图2.2)。图中黄色区域为发生过暴雨洪涝灾害的地区,图中可见,暴雨洪涝灾害影响区域在全球范围分布广泛。

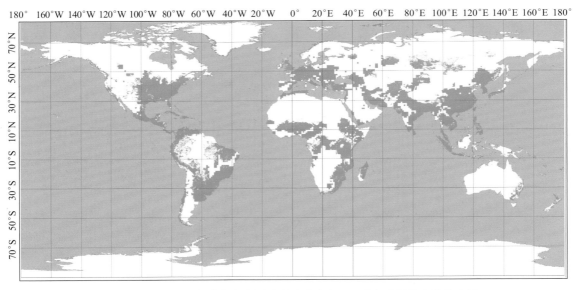

图2.2 哥伦比亚大学灾害和风险研究中心(CHRR)全球洪涝灾害分布图

2.2.3　全球高温灾害分布栅格图像制作

利用从各种途径收集的全球高温灾害信息,制作分辨率为 0.01°的等经纬度全球高温灾害分布图(图 2.3)。图中红色区域为发生过高温天气的地区,图中可见,高温灾害影响区域在全球范围分布较广泛。

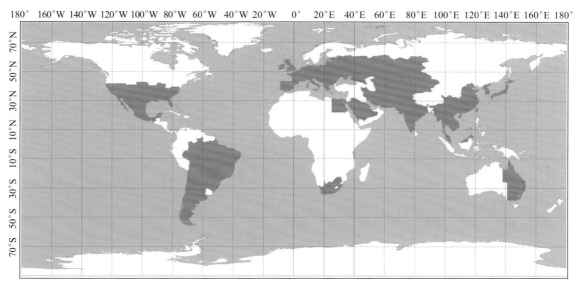

图 2.3　全球高温灾害分布图

2.2.4　全球干旱灾害分布栅格图像制作

利用哥伦比亚大学灾害和风险研究中心全球旱灾分布图数据,经投影和插值后生成分辨率为 0.01°的等经纬度全球旱灾分布栅格图像(图 2.4)。图中绿色区域为发生过干旱灾害的区域,图中可见,干旱灾害影响区域在全球范围分布广泛。

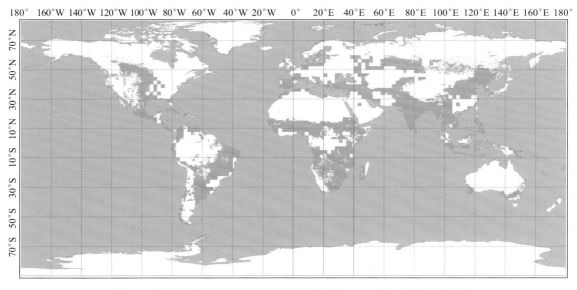

图 2.4　哥伦比亚大学灾害和风险研究中心(CHRR)全球旱灾分布图

2.2.5　全球沙尘暴分布栅格图像制作

利用从各种途径收集的全球沙尘暴灾害信息,制作分辨率为 0.01°的等经纬度全球沙尘暴灾害分布图

（图 2.5）。图中黄色区域为发生过沙尘暴的地区，图中可见，沙尘暴灾害主要发生在沙漠、荒漠地带及其周边地区。

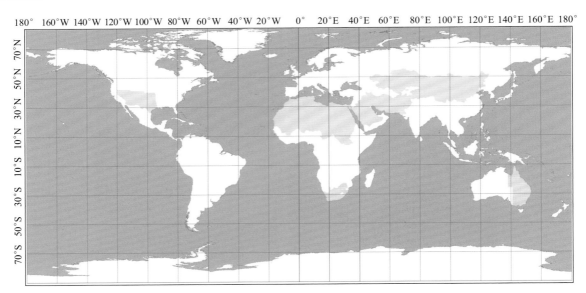

图 2.5　全球沙尘灾害分布图

2.2.6　全球雪灾分布栅格图像制作

利用从各种途径收集的全球雪灾信息，制作分辨率为 0.01°的等经纬度全球雪灾分布图（图 2.6）。图中蓝色区域为发生过雪灾的地区，图中可见，雪灾主要发生在北半球中高纬度和南半球少部分地区。

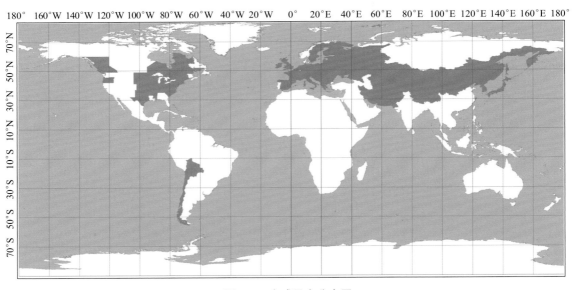

图 2.6　全球雪灾分布图

2.3　江河流域范围提取

在气象卫星全球暴雨灾害监测中，流域范围边界以及河网信息是暴雨洪涝灾害孕灾环境的重要组成部分。利用高程数据及有关水文模型，可以提取江河流域边界信息。这里介绍利用半分布式水文模型 HEC-HMS 软件和 SRTM（Shuttle Radar Topography Mission）DEM 数据提取印度河流域范围及其河网数据的方法,以及生成的印度河流域范围示意图。风云三号极轨气象卫星监测到该流域在巴基斯坦境内发生特大洪涝的泛滥水体信息。

2.3.1　使用数据

以美国航空航天局(NASA)和国防部国家测绘局(NIMA)联合测量的 SRTM(Shuttle Radar Topography Mission)产品作为数字流域提取基础的 DEM(Digital Elevation Model)数据。该数据覆盖了地球 80%以上的陆地表面,空间分辨率为 90 m。根据印度河流域基本情况,下载了覆盖大致流域范围(24°~37°N,66°~82°E)的 19 景数据(条带号 49/05、49/06、49/07、50/05、50/06、50/07、50/08、51/05、51/06、51/07、51/08、52/05、52/06、52/07、52/08、53/05、53/06、53/07、53/08),并将其进行拼接(图 2.7)。

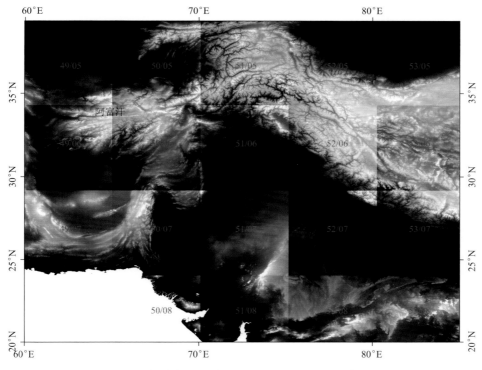

图 2.7　中国青藏高原、巴基斯坦、阿富汗、印度西部高程示意图

2.3.2　印度河流域范围和河网信息提取使用软件

通过 HEC-GeoHMS 模块对 DEM 数据进行流域范围及其河网信息的自动提取处理,该模块为美国陆军工程团(U S Army Corps of Engineers)水文工程中心(Hydrologic Engineering Center)开发的半分布式水文模型 HEC-HMS 软件系统中用于构建河流数字流域的模块。通过对初始获取的 DEM 数据进行填注处理,去除数据中错误栅格,然后基于 D8 算法计算出栅格流向,依据流向进一步计算得到单元集水面积并划分流域分水线,最终通过阈值设定提取河道信息,构建印度河数字流域,获取其流域范围及其河网数据。

2.3.3　印度河流域范围及其河网栅格图像生成

图 2.8 为利用印度河流域范围及其河网数据制作的印度河流域范围及其河网信息示意图,图中蓝色线条为河流,不同颜色表示不同的高程。图中可见,印度河上游在海拔 4000 m 以上的青藏高原,下游为海拔数百米或数十米的宽广平原,上下游之间有巨大的落差。该流域覆盖了阿富汗、中国、印度和巴基斯坦四国(包括克什米尔地区),其中巴基斯坦范围内的覆盖面积最大,约为总流域面积的 56%,占巴基斯坦总面积的三分之二。巴基斯坦的主要城市和工业中心位于这一地区,约有 95%人口居住在这一区域,是

巴基斯坦人口最稠密的地区,同时该区域也是巴基斯坦主要的农业生产区。流域范围内有世界最大的水坝塔贝拉大坝,以及除南北极以外最大的冰川。该流域是巴基斯坦主要的洪水易发区,北部和西部山区经常受到山洪暴发的影响,而印度河平原和低洼三角洲地区广阔的洪泛平原则容易受到来自上游强降水引发洪水的影响。

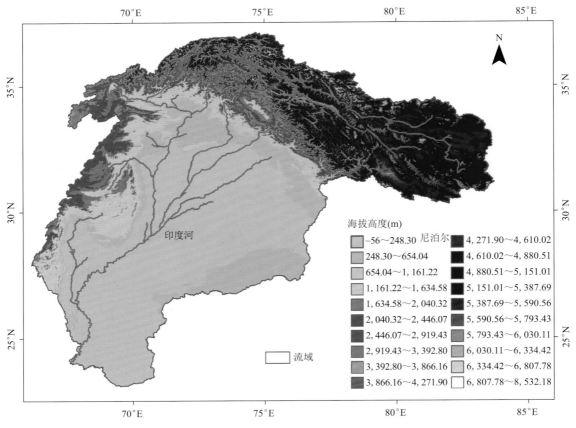

图 2.8　依据 DEM 数据提取的印度河流域范围及其河网信息示意图

第 3 章　暴雨灾害监测方法及其应用

暴雨灾害是由于强降水引发的社会经济损失、人员伤亡等后果的灾害。利用卫星遥感对暴雨灾害的监测不仅要获取暴雨云团信息,还需要监测暴雨致灾危险性程度。由于全球暴雨灾害区域差异性较强,暴雨灾害不仅受地理位置、地形和河流的影响,还受气候事件的影响,因而对全球暴雨灾害监测需依据降水和暴雨灾害气候分布特征,选取全球重要暴雨灾害区域,利用多源卫星资料及其他数据提取暴雨致灾因子,建立暴雨灾害监测模型和精细化成灾指标,以满足全球暴雨灾害业务服务需求。根据气象部门已有的气象灾害致灾因子定义,以近 30 年全球暴雨灾害历史数据为基础,创建风云气象卫星遥感暴雨灾害的致灾因子提取方法和过程暴雨强度指数;利用地形和水系信息,建立高精度暴雨孕灾环境影响因子;利用人口和 GDP 等社会经济信息,建立暴雨承灾体影响因子,从而建立以暴雨强度、孕灾环境和承灾体为参数的综合灾害监测模型;以历史暴雨灾害信息为依据,建立暴雨致灾临界条件和等级划分,形成全球不同区域动态暴雨灾害危险性指数模型;依据高程数据提取的全球 7 个重点河流流域信息,开展了精细化暴雨灾害监测。利用基于风云气象卫星遥感的暴雨灾害危险指数,实现卫星遥感全球重点区域暴雨灾害的实时动态监测,改变以往全球暴雨气象灾害启动的被动模式(以往是在得知媒体报道或有关部门提出要求时才开始监测处理),为提高气象卫星全球气象灾害监测响应时效和产品质量提供技术支撑。

3.1　暴雨致灾因子提取方法

本章研究目标之一为提供在全球范围内造成重大影响和损失的暴雨灾害过程的实时监测评估方法。暴雨引发的常见灾害包括洪涝、滑坡、泥石流、暴雨伴随的雷暴大风、城市内涝等。区域性洪涝灾害一般具有影响范围广、持续时间长、造成损失严重的特点,因此,在提取暴雨灾害致灾因子时,以全球历史洪涝灾害信息为背景数据,通过分析洪涝灾害发生时降水分布特征,并综合全球重点洪涝灾害发生区域国家的洪涝灾害监测要素,确定致灾因子参数和阈值。

3.1.1　全球暴雨引发洪涝灾害特征分析

根据美国达特茅斯洪水观测中心(DFO)1985—2019 年全球洪水灾害数据,挑选出由强降水引发的洪涝灾害过程,制作了全球暴雨洪涝灾害频次分布图(图 3.1)。从图中可以看到,全球暴雨洪涝频发的区域包括:日本和朝鲜半岛、中国中东部、菲律宾、南亚和东南亚、非洲东部、澳大利亚东部、欧洲中南部、北美洲中南部、南美洲西北部和东南部等地。从 1985—2019 年逐年全球暴雨洪涝灾害次数时间序列图(图 3.2)可以看出,这期间全球由暴雨引发的洪涝灾害平均每年发生约 135 次,其中 2001—2010 年暴雨洪涝灾害频发,暴雨洪涝灾害高于平均值,之后几年则和平均值相当。

暴雨灾害监测需要高时间分辨率的观测数据,根据全球暴雨灾害服务需求,结合我国静止气象卫星覆盖空间范围和暴雨洪涝灾害气候分布特征,选取了 6 个区域(图 3.3)作为重点研究区域,通过分析这 6 个暴雨重点区域气候月平均降水量和暴雨洪涝时间序列(图 3.4),得到各区域暴雨灾害易发时间段,表 3.1 列出了这 6 个重点区域的名称、范围及暴雨灾害易发时间段。区域 1 包括中国中东部,暴雨灾害易发时间段为 3—9 月;区域 2 包括日本、朝鲜和韩国,暴雨灾害易发时间段为 3—9 月;区域 3 位于东南亚,包括的国家有越南、泰国、缅甸、柬埔寨和老挝,暴雨灾害易发时间段为 5—10 月;区域 4 为南亚,包括的国家有印度、巴基斯坦、孟加拉国、斯里兰卡、尼泊尔、阿富汗,暴雨灾害易发时间段为 6—9 月;区域 5 为非洲中东部,包括的国家有马达加斯加、南非、莫桑比克、津巴布韦、博茨瓦纳、赞比亚、马拉维、坦桑尼亚、刚果民主共和国、卢旺达、布隆迪、乌干达、肯尼亚、索马里、苏丹和埃塞俄比亚,暴雨灾害易发时间段为 12 月和 1—

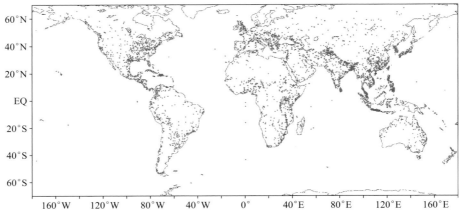

图 3.1 1985—2019 年全球暴雨洪涝灾害分布

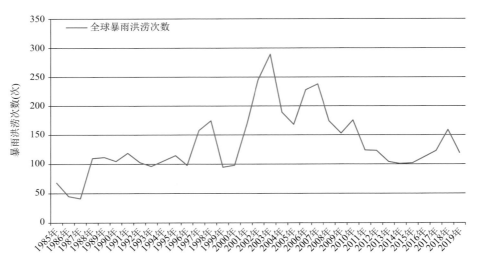

图 3.2 1985—2019 年全球暴雨洪涝灾害次数时间序列

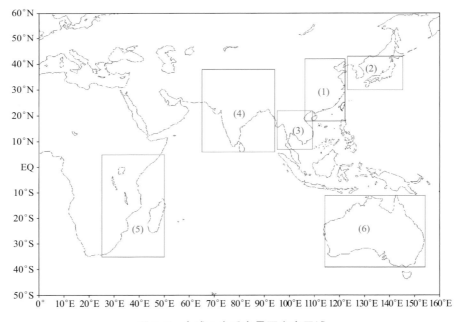

图 3.3 全球 6 个重点暴雨灾害区域

3 月;区域 6 为澳大利亚,暴雨灾害易发时间段为 12 月和 1—3 月。6 个暴雨区 1985—2019 年暴雨洪涝灾害分布详见图 3.5 所示。

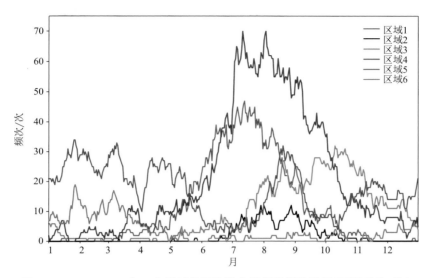

图 3.4 1985—2019 年 6 个区域暴雨洪涝灾害累计频次时间序列(单位:次)

表 3.1 全球 6 个暴雨重点研究区域

区域号	暴雨重点区域	区域范围	暴雨灾害易发时段
1	中国中东部	18°N~43°N;106°E~122°E	3—9 月
2	日本、朝鲜和韩国	30°N~43°N;123°E~145°E	3—9 月
3	东南亚(越南、泰国、缅甸、柬埔寨,老挝)	7°N~22°N;95°E~109°E	5—10 月
4	南亚(印度、巴基斯坦、孟加拉国、斯里兰卡、尼泊尔、阿富汗)	6°N~38°N;65°E~94°E	6—9 月
5	东非	35°S~5°N;25°E~50°E	12 月,1—3 月
6	澳大利亚	39°S~11°S;114°E~154°E	12 月,1—3 月

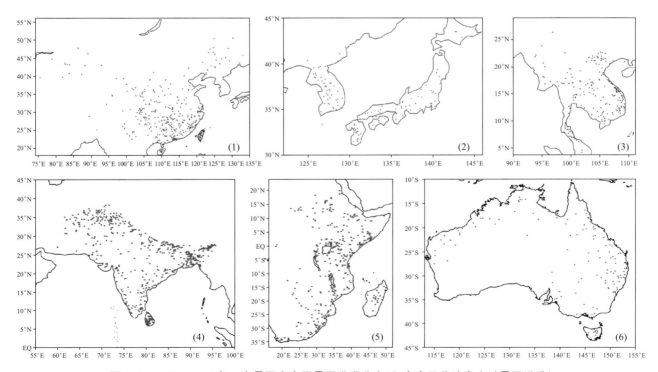

图 3.5 1985—2019 年 6 个暴雨灾害区暴雨洪涝分布(红点表示此地发生过暴雨洪涝)

3.1.2 暴雨致灾因子提取方法

暴雨灾害致灾因子的提取是在近 30 年暴雨灾害数据集分析的基础上,对暴雨灾害个例进行分析,查找引起暴雨灾害的气象卫星参数。同时,参考了多个和暴雨灾害相关的国家标准、行业标准、地方标准等,包括:《暴雨灾害等级国家标准》《持续性暴雨事件(气象行业标准)》《不同区域致灾暴雨临界雨强(青海省地方标准)》《暴雨天气过程强度评估方法(吉林省地方标准)》《暴雨过程危险性等级评估技术规范(浙江省地方标准)》等,另外还参考了国外气象、水利相关业务单位和科研机构等关于暴雨洪涝灾害的业务和科研成果,包括澳大利亚洪水预警方法(http://www. bom. gov. au/australia/flood/),巴基斯坦(http://www. pmd. gov. pk/FFD/cp/floodpage. htm),美国马里兰大学全球洪水监测系统(http://flood. umd. edu/)等,最终确定了气象卫星监测暴雨灾害的致灾因子,包括:暴雨阈值、前 7 日累计降水量、3 h 累计降水量、12 h 累计降水量、24 h 累计降水量和前 7 日日降水量超过降水阈值的天数。具体计算方法和参考信息如下。

3.1.2.1 全球暴雨阈值计算方法

在参考的暴雨灾害评估模型原型中,暴雨阈值为常数 50 mm/24 h,为中国东部典型的 24 h 降水量的暴雨标准。然而,暴雨灾害受地理位置、地形、河流、气候事件等多种因素的影响,导致暴雨灾害的降雨阈值存在明显的区域差异。本节将根据 2000—2020 年洪水灾害,分析不同地区降雨阈值的分布特征,为建立暴雨灾害监测模型提供降水动态参数。

利用 2000—2020 全球 3319 次暴雨引发的洪涝信息计算暴雨阈值。选择洪涝发生第一天的 24 h 降水量作为降水量,计算受灾区域的平均降水量,并将平均降水量分配给受灾区域的网格点,而其他格点被设定为缺省值,通过计算每个网格点的累积降水量和洪灾次数,得到暴雨灾害的平均降水量。由于降水的分散性强,当洪涝发生时,离洪涝中心位置稍远的地方可能会出现较强的降水,而有时洪涝中心附近某些网格的降水量却较低,因此区域平均值和多个例(3319)平均值会使降水量变小,因而,平均降水量仅给出暴雨引发洪涝灾害当天 24 h 降水阈值的相对值分布,为获得合理的阈值,需要对数据进行修正,然后将其用于暴雨灾害模型。将中国东南部和西北部的暴雨灾害阈值分别设置为 50 mm/24 h 和 25 mm/24 h,通过线性变换对暴雨阈值进行修正。

全球暴雨灾害的降雨阈值分布如图 3.6 所示。可以看出,降雨阈值高的地区主要出现在朝鲜半岛、日本、菲律宾、马来西亚、印度、马达加斯加、澳大利亚西部和东部、美国西海岸、墨西哥西北部等地。当热带气旋降雨引起的洪涝灾害在一个地区占比较大时,由于热带气旋登陆时一般伴随强降雨,因此暴雨阈值一般较大。印度西南部、澳大利亚西部、美国西部和马达加斯加北部,暴雨阈值与热带风暴强降水有关。如果由持续锋面降水引起的洪水占多数,则更有可能出现相对较小的暴雨阈值,如在巴基斯坦、阿富汗、中非和澳大利亚东部。

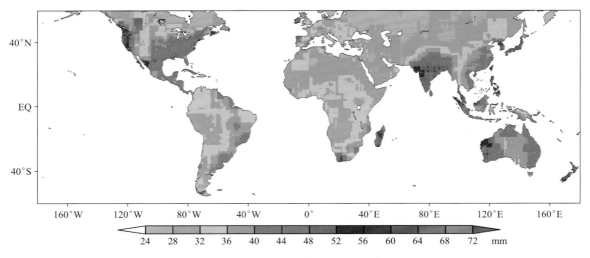

图 3.6 暴雨灾害的降雨阈值分布

3.1.2.2　暴雨洪涝灾害个例分析

在研究暴雨致灾因子提取方法时,参考了暴雨洪涝灾害历史数据。为此详细分析了 2015—2019 年全球 6 个重点区域暴雨灾害个例共计 224 个,其中 2015—2019 年分别为 35、44、45、55 和 45 个,内容包括:灾害总体情况、灾情信息、卫星遥感监测图像、过程降水概况和影响天气系统分析(图 3.7 和图 3.8)。

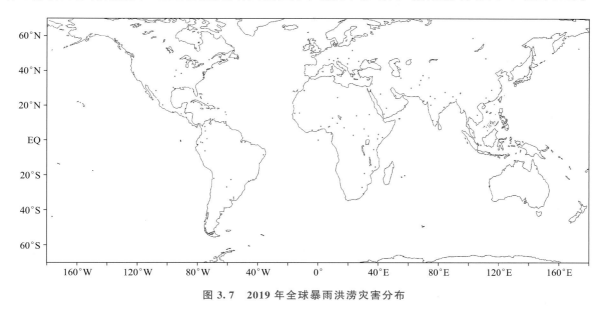

图 3.7　2019 年全球暴雨洪涝灾害分布

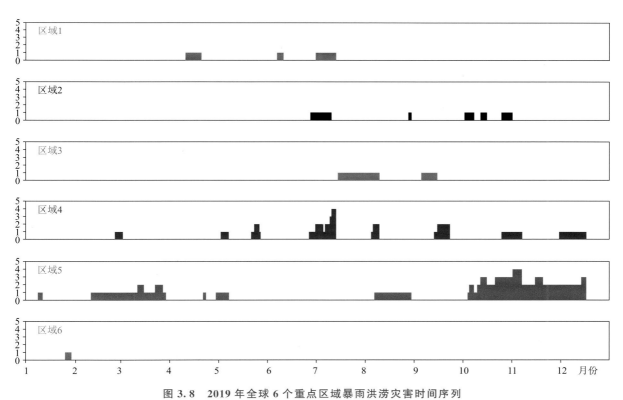

图 3.8　2019 年全球 6 个重点区域暴雨洪涝灾害时间序列

3.1.2.3　暴雨灾害相关标准

在研究暴雨致灾因子提取中,参考了多个国家标准、气象行业标准和地方标准。其中,国家气候中心 2017 年编制的《暴雨灾害等级》国家标准中,暴雨致灾气象因子指标包括:降水强度、降水持续时间、强降水持续时间。暴雨灾害等级评估综合指标包含暴雨持续天数指标和暴雨影响范围指标两个变量,暴雨灾害等级划分为轻度、中度、严重和特大共 4 个等级。在《不同区域致灾暴雨临界雨强》(青海省地方标准)中,给出了不同区县暴雨临界雨强。《暴雨过程危险性等级评估技术规范》(浙江省地方标准)给出了适合本地区的暴雨过程危险性评估方法,指数中的暴雨过程强度指数包含暴雨过程降雨量、降雨强度、暴雨日数等。

3.1.2.4 国外暴雨洪涝灾害监测的致灾因子

澳大利亚洪水监测预警业务中,选择 24 h 累计降水量和河流径流作为主要监测参数(图 3.9),马里兰大学全球洪水监测系统以降水资料作为水文模型的输入,同时监测 7 日累计降水量(图 3.10)。

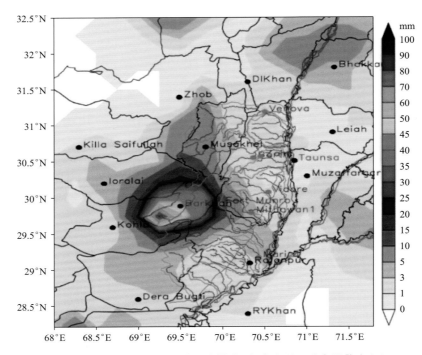

图 3.9 巴基斯坦 24 h 累计降水量监测(澳大利亚洪水预警中心)

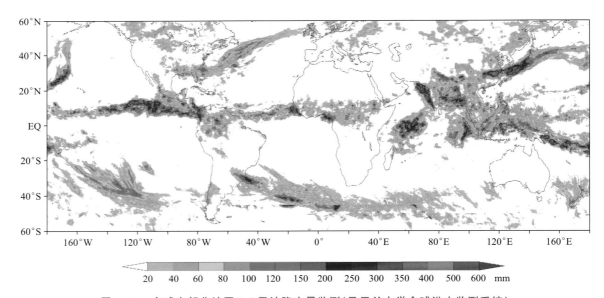

图 3.10 全球大部分地区 7 d 累计降水量监测(马里兰大学全球洪水监测系统)

3.2 暴雨灾害监测方法

风云四号静止气象卫星暴雨识别利用红外通道的亮温差异并结合暴雨云团出现频次,提高了暴雨云团识别精度。在全球暴雨灾害监测方法建立过程中,既考虑了不同区域造成暴雨灾害的降水强度差异,也考虑了不同下垫面地形和水系等孕灾环境的影响,同时还考虑了人口和社会经济承灾体在不同暴雨过程的受灾影响。构建的暴雨灾害危险性监测模型,能够实现实时业务运行,对全球重点暴雨灾害易发区开展实时监测预警。

3.2.1 风云静止气象卫星暴雨云团识别方法

卫星遥感暴雨云团识别方法一般可利用红外通道的亮温差异,如:利用风云四号气象卫星红外通道和水汽通道亮温数据,本节选用深对流云团的判识公式为:

$$\mathrm{TBB_{ir1}} \leqslant -52\ ℃ \text{且 } \mathrm{TBB_{ir1}} - \mathrm{TBB_{wv}} \leqslant -1\ ℃ \tag{3.1}$$

式中:$\mathrm{TBB_{ir1}}$ 为红外 1 通道亮温,$\mathrm{TBB_{wv}}$ 为水汽通道亮温,红外通道和水汽通道波长分别为 $10.3\sim11.3\ \mu m$ 和 $6.3\sim7.6\ \mu m$。

根据暴雨定义,24 h 的降水量超过 50 mm 为暴雨。在实际应用中可见,部分利用式(3.1)计算的暴雨云团像元所在位置的实际 24 h 降水量未达到 50 mm。通过对风云四号静止气象卫星 24 h 暴雨云团逐小时频次和 24 h 累计降水量数据的对比分析可见,利用式(3.1)的红外通道和水汽通道亮温差异,并结合暴雨频次信息,可以明显提高对暴雨云团的判识精度。

下面通过一个例子来说明这一方法的判识效果。图 3.11a 为 FY-4A/AGRI 2020 年 8 月 26 日 03 时(世界时)印度东北部暴雨云团监测多通道合成图,图 3.11b 为 FY-4A/AGRI 2020 年 8 月 25 日 15 时—8 月 26 日 14 时印度东北部暴雨云团频次图,图 3.11c 为 FY-4A/AGRI 2020 年 8 月 25 日 15 时—8 月 26 日 14 时印度东北部 24 h 降水量分布图,图 3.11d 为 FY-4A/AGRI 2020 年 8 月 25 日 15 时—8 月 26 日 14 时印度东北部暴雨云团频次图(2 次以上)。对比图 3.11b 和图 3.11c 可见,仅用式(3.1)计算的暴雨云团范围明显大于实际的暴雨降水区(图 3.11c 中深蓝色为达到暴雨降水量级的区域)。而对比图 3.11b 和图 3.11d 可见,利用红外通道和水汽通道亮温差异结合暴雨频次(2 次以上)信息判识的暴雨云团区域与实际的暴雨降水区较为接近,判识效果明显好于仅用红外通道亮温差异的情况。在使用式(3.1)计算暴雨云团像元时,对式中阈值"$-1\ ℃$"调整为"$0\ ℃$",以达到更好的判识效果。

由于 FY-4A 观测频次高,使用红外通道亮温差异结合暴雨云团频次的方法可以动态跟踪暴雨云团发展,实时估算和获取达到暴雨降水量级的暴雨云团像元。

3.2.2 卫星遥感暴雨灾害监测模型

在建立全球暴雨灾害监测模型中,主要参考了《暴雨过程危险性等级评估技术规范》(浙江省地方标准),在此基础上对暴雨致灾因子进行了优化,增加了暴雨灾害承灾体信息。暴雨致灾因子降水参数选用风云二号和风云四号气象卫星日降水估计产品。暴雨灾害监测模型为:

$$I = I_{\mathrm{f}} \times (1 + I_{\mathrm{e}}') \times (1 + I_{\mathrm{b}}') \tag{3.2}$$

式中:I 为暴雨灾害危险性指数,I_{f} 为暴雨强度指数,I_{e}' 为暴雨孕灾环境影响系数,I_{b}' 为暴雨承灾体影响系数,以下为各参数的具体计算流程如图 3.12。

卫星遥感暴雨灾害监测模型输入数据见表 3.2,主要包括风云气象卫星通道数据和降水反演产品、地形、水系、人口、经济等辅助信息、长时间降水数据等,其中,卫星通道数据和降水反演产品为实时滚动更新,其他数据为固定的背景数据。

卫星遥感暴雨灾害监测模型输出数据见表 3.3,主要包括暴雨致灾因子类产品、暴雨灾害监测类产品和暴雨灾害大气参数和云参数类产品。其中,暴雨灾害危险性等级分为 4 级,对应的暴雨危险性指数分别为:指数 1～2 为轻度;2～3 为中度;3～4 为严重;大于 4 为特大。

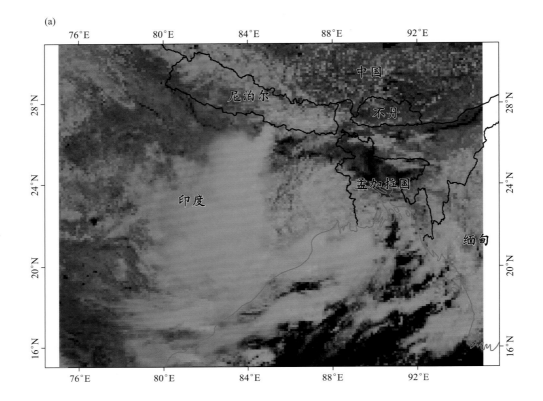

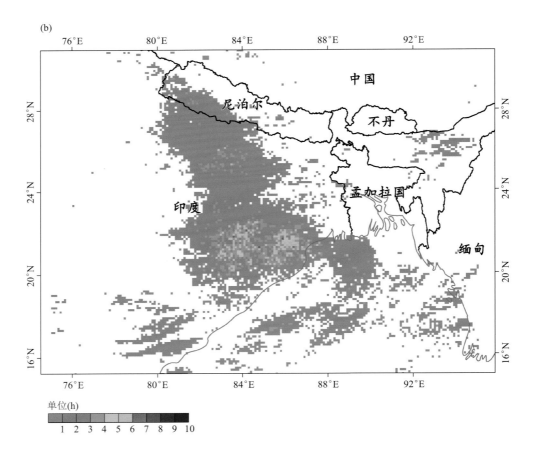

(c)

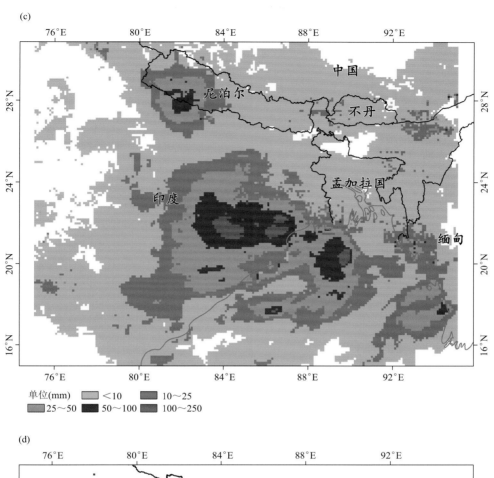

单位(mm)　▨ <10　▨ 10~25
　　　　　▨ 25~50　■ 50~100　▨ 100~250

(d)

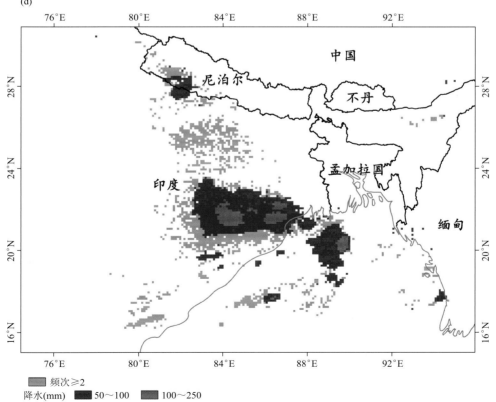

▨ 频次≥2
降水(mm)　■ 50~100　▨ 100~250

图 3.11　FY-4A/AGRI 多通道合成图(a)、FY-4A/AGRI 暴雨云团频次图(b)、24 h 降水量分布(c)和
FY-4A/AGRI 暴雨云团频次(2 次以上)与 24 h 降水量叠加图(d)

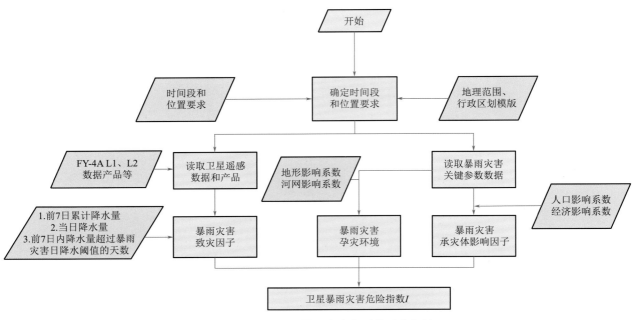

图 3.12　卫星遥感暴雨灾害监测模型流程图

表 3.2　卫星遥感暴雨灾害监测模型输入数据

序号	数据名称
1	FY-2 L2 级降水估计等产品
2	FY-4A L2 级降水估计等产品
3	GSMaP_Gauge 长时间序列降水数据
4	辅助数据:全球地形数据
5	辅助数据:全球水系数据
6	辅助数据:全球人口数据
7	辅助数据:全球经济数据
8	FY-2 L1 级数据
9	FY-4A L1 级数据

表 3.3　卫星遥感暴雨灾害监测模型输出数据

类型	监测产品	格式
暴雨致灾因子产品	7 d 累计降水量	图像和数据
	24 h 累计降水量	图像和数据
	降水超过阈值的天数	图像和数据
灾害监测产品	暴雨影响面积	图像和数据
	暴雨强度	图像和数据
	暴雨持续时间分布产品	图像和数据
	暴雨灾害危险性等级	图像和数据
暴雨灾害大气参数和云参数产品	风场	图像和数据
	云系监测	图像

3.2.3　暴雨强度指数计算方法

暴雨强度指数的计算采用了暴雨致灾因子提取部分的分析研究结果,包含了 6 个致灾因子,分别为:①暴雨阈值 $R_{\text{threshold}}$,②前 7 日累计降水量 R_{all},③3 h 累计降水量 R_3,④12 h 累计降水量 R_{12},⑤24 h 累计降水量 R_{24},⑥前 7 d 日降水量超过降水阈值的天数 R_d,具体为:

$$I_f = a \times \frac{R_{\text{all}}}{2 \times R_{\text{threshold}}} + b \times \frac{R}{R_{\text{threshold}}} + c \times R_d \tag{3.3}$$

$$R = \max\left(\frac{5}{2} \times R_3, \frac{5}{3} \times R_{12}, R_{24}\right) \tag{3.4}$$

式中,a,b 和 c 为需要定义的系数,可根据需求进行调整,依据经验目前设定为以下数值:

当 $R_{24} \geqslant R_{\text{threshold}}$ 时,$a=0.38,b=1.0,c=0.32$;

当 $R_{24} < R_{\text{threshold}}$ 时,$a=0.38,b=0.3,c=0.32$;

R 为日降水强度,考虑了相同 24 h 降水量条件下,在不同降雨强度情况下的暴雨强度指数的差异。即同样的 24 h 日降水量,如果降水集中出现在 1 h 内比 24 h 内缓慢降落更具有危险性。

3.2.4　暴雨孕灾环境影响系数

暴雨孕灾环境影响系数包括两部分,一为地形影响因子,二为水系影响因子。计算方法见公式(3.5)和(3.6)。

$$I_e' = -c + 2c\left(\frac{I_e - I_{e\min}}{I_{e\max} - I_{e\min}}\right) \tag{3.5}$$

$$I_e = w_h p_h + w_r p_r \tag{3.6}$$

式中:p_h 为地形影响因子,w_h 为地形影响系数,p_r 为水系影响因子,w_r 为水系影响系数,c 为常数,根据监测需求设定。在本节中选取,$c=0.3,w_h=0.7,w_r=0.3$。

3.2.4.1　地形影响因子

利用高程标准差和海拔高度确定地形影响因子,高程标准差的计算方法如下:

$$s_h = \sqrt{\frac{\sum_{j=1}^n (h_j - \overline{h})^2}{n}} \tag{3.7}$$

式中:h_j 为邻域点的海拔高度,$\overline{h}$ 为评估点的海拔高度,n 为邻域点的个数,值一般大于等于 9。

地形影响因子和高程标准差和海拔高度的关系见表 3.4。全球重点区域地形图见图 3.13,计算得到的地形影响因子见图 3.14,高程数据的分辨率为 0.01666667°。

表 3.4　地形影响因子和高程标准差及海拔高度的关系

高程标准差	海拔高度/m				
	<100	[100,300)	[300,500)	[500,800)	≥800
<1	0.9	0.8	0.7	0.6	0.5
[1,10)	0.8	0.7	0.6	0.5	0.4
[10,20)	0.7	0.6	0.5	0.4	0.3
≥20	0.5	0.4	0.3	0.2	0.1

3.2.4.2　水系影响因子

水系影响因子 p_r 利用水网密度赋值法获得,其中水网密度 s_r 计算方法如下:

$$s_r = \frac{l_r}{a} \tag{3.8}$$

式中:l_r 为水网长度,a 为区域面积。

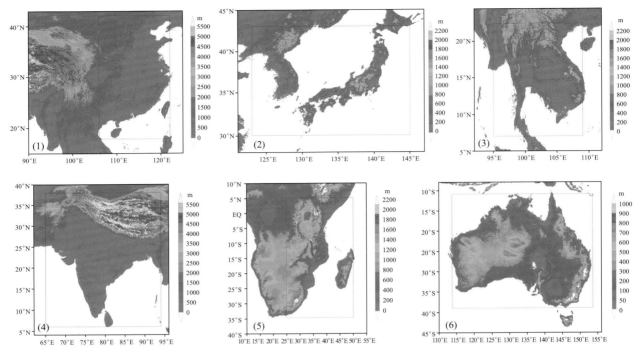

图 3.13 全球 6 个重点暴雨灾害区地形图

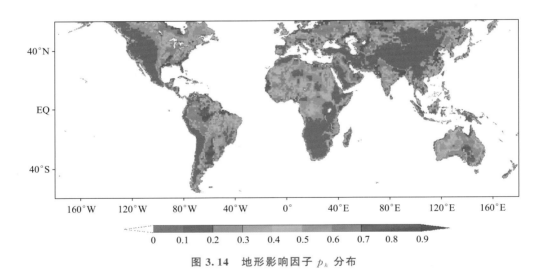

图 3.14 地形影响因子 p_h 分布

水系影响因子 p_r 和水网密度 s_r 的关系见表 3.5。

表 3.5 水系影响因子 p_r 和水网密度 s_r 的关系

水系影响因子 p_r	水网密度 s_r
0	<0.01
0.1	$[0.01,0.24)$
0.2	$[0.24,0.41)$
0.3	$[0.41,0.57)$
0.4	$[0.57,0.74)$

续表

水系影响因子 p_r	水网密度 s_r
0.5	$[0.74,0.91)$
0.6	$[0.91,1.08)$
0.7	$[1.08,1.24)$
0.8	$[1.24,1.41)$
0.9	$\geqslant 1.41$

通过公式(3.8)计算得到的全球水网密度分布如图 3.15,根据水系影响因子和水网密度的对应关系表 3.5 得到的水系影响因子如图 3.16。

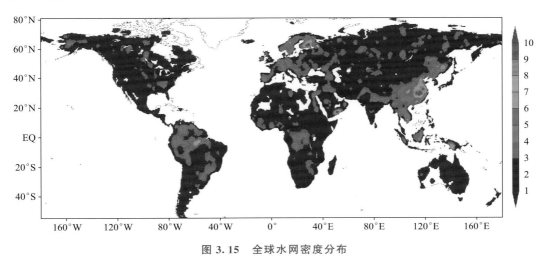

图 3.15 全球水网密度分布

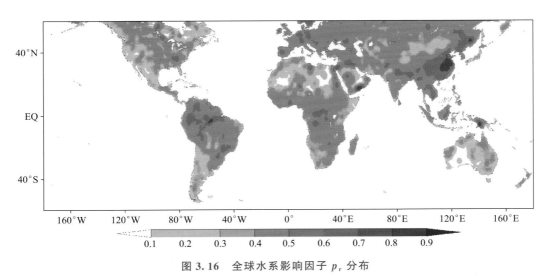

图 3.16 全球水系影响因子 p_r 分布

3.2.5 暴雨灾害承灾体影响系数

严重的暴雨灾害会造成人员伤亡、人口迁移和经济损失。因此,暴雨灾害监测模型考虑了人口和GDP 两个因素。如果不考虑防灾减灾对灾害损失的影响,一般认为,人口密度越高、经济越发达的地区,同一暴雨过程造成的损失越大。据此,本节中暴雨承灾体影响系数包括两部分,一为人口影响因子,二为经济 GDP 影响因子。人口数据为 WordPop(www.worldpop.org)提供的 2020 年全球人口密度数据集,

GDP 数据是根据 2010 年的夜间灯光卫星数据和 LandScan 人口数据估算得到,空间分辨率为 1 km²。暴雨灾害承灾体影响系数计算为:

$$I_b' = w_p p_p + w_g p_g \tag{3.9}$$

式中:

p_p 和 w_p 分别为人口影响因子和系数,

p_g 和 w_g 分别为 GDP 影响因子和系数,本节选用 $w_p = 0.5, w_g = 0.5$。

3.2.5.1 人口影响因子

根据全球人口密度数据,全球人口分布极不均匀,每平方千米最多有数千人,而在人口密度低的地区,每平方千米的人口数量不到 1 人。因此,在计算人口影响因素时,需要处理为 0~1 之间的值。为得到更合理的人口影响系数,本节中人口影响系数与人口密度之间的关系如表 3.6 所示。根据表 3.6,绘制全球人口影响系数分布图(图 3.17)。由图可见,大于 0.6 的人口影响系数主要分布在东亚、东南亚和南亚、西欧、北美东部和南部、非洲中部和东部等地区,尤其是印度北部,南亚的孟加拉国和巴基斯坦东部是人口最密集的地区,人口影响系数大于 0.8。对比全球暴雨引发的洪水灾害近 30 年气候空间分布图(图 3.1)可以看出,这些人口影响系数较大的地区也是暴雨灾害频繁发生的地区。

表 3.6 人口影响因子与人口密度的关系

p_d	<1	[1,5)	[5,10)	[10,20)	[20,30)	[30,50)	[50,100)	[100,300)	[300,500)	[500,800)	≥800
p_p	0	0.1	0.2	0.3	0.4	0.5	0.6	0.7	0.8	0.9	1.0

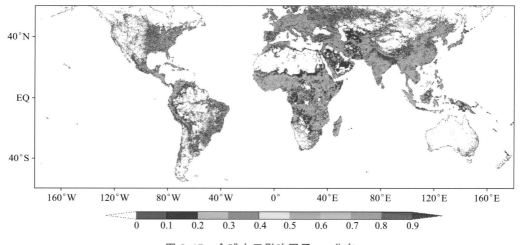

图 3.17 全球人口影响因子 p_p 分布

3.2.5.2 GDP 影响因子

经济发展与人口密度有着密切的关系。经济与人口关系的研究表明,人口密度是经济活动和经济发展的必要条件之一。人口增长产生的需求压力有助于创新行为的产生,从而促进经济发展和技术进步,总体而言,人口密集地区的经济将更加发达。在 GDP 影响系数的分析中,该方法与人口影响系数的分析方法相似。GDP 影响系数与 GDP 的关系如表 3.7 所示,分布如图 3.18 所示。与人口影响系数相比,中欧、西欧和北美东南部地区的 GDP 影响系数较高,而南亚地区的 GDP 影响系数相对较低,表明人口密度与经济发展之间在局部地区存在差异。

表 3.7 GDP 影响因子与 GDP 的关系

GDP	<0.001	[0.001,0.1)	[0.1,1)	[1,1.5)	[1.5,2)	[2,5)	[5,10)	[10,20)	[20,30)	[30,50)	≥50
p_g	0	0.1	0.2	0.3	0.4	0.5	0.6	0.7	0.8	0.9	1.0

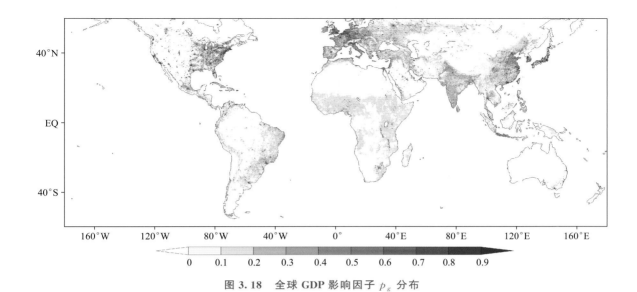

图 3.18　全球 GDP 影响因子 p_g 分布

3.3　暴雨灾害监测方法应用个例

利用全球暴雨灾害监测模型可对暴雨洪涝灾害开展实时监测和预警,监测频次和范围依赖于卫星反演降水数据的时空分辨率和覆盖范围。本节应用了两类卫星反演降水数据,包括 GSMaP_Gauge 降水数据和我国的 FY-4A 降水估计数据。

GSMaP_Gauge 降水数据:该数据为日本全球降水卫星数据(Japanese Global Satellite Mapping of Precipitation,GSMaP),由日本宇宙航空研究开发机构(JAXA)提供。在全球降水测量(GPM)任务下,通过使用 GPM 卫星和其他静止卫星上的双频降水雷达(DPR)综合反演全球降水。其中 GSMaP_Gauge 数据经过了全球地面雨量站数据的校正,降水精度较高。覆盖区域为(60°N~60°S,0~360°E),空间分辨率为 0.1°。

FY-4A 降水估计数据:该数据利用 FY-4A 红外通道反演获得,并且融合了地面观测降水,覆盖区域为(60°N~60°S,44.7°E~164.7°E),星下点空间分辨率为 4 km。

在构建暴雨灾害监测模型时,需要用到长时间序列降水数据,为此,利用了长时间序列的 GSMaP_Gauge 降水数据建立了模型指标,然后通过分析 GSMaP_Gauge 降水数据和 FY-4A 降水估计数据的关系,建立了依据风云气象卫星的暴雨灾害监测模型指数。

利用建立的暴雨灾害监测模型,采用 FY-4A 降水估计数据,对 2020—2021 年全球 6 个重点暴雨灾害区进行了监测,得到 2020 年全球暴雨洪涝灾害的空间分布和强度(图 3.19)。由图可见,区域 2 的中国中东部出现了 3 次暴雨洪涝灾害,区域 4 的南亚出现了 14 次,区域 6 的澳大利亚出现了 2 次。

3.3.1　2020 年南亚暴雨洪涝灾害监测应用

3.3.1.1　2020 年暴雨洪涝过程

根据美国达特茅斯洪水观测中心(DFO)全球洪水灾害数据,2020 年发生在区域 4(南亚)的暴雨洪涝灾害过程共 14 次,其中印度为 8 次、巴基斯坦 2 次、阿富汗 2 次、斯里兰卡 1 次、孟加拉国 1 次(表 3.8)。造成暴雨洪涝灾害的主要影响系统为印度夏季风活动和气旋风暴活动伴随的强降水。其中,2020 年 8 月下旬受夏季风强降水的影响,巴基斯坦和印度都出现了严重的暴雨灾害,为检验风云气象卫星全球暴雨灾害监测模型的应用效果,选取了巴基斯坦和印度两次暴雨洪涝过程开展监测分析(表 3.8 中加粗的红色字体)。图 3.20 给出了 2020 年 8 月 25 日全球暴雨灾害危险性指数分布,可以看出在巴基斯坦南部和印度东北部有两个暴雨灾害危险性指数高值区。

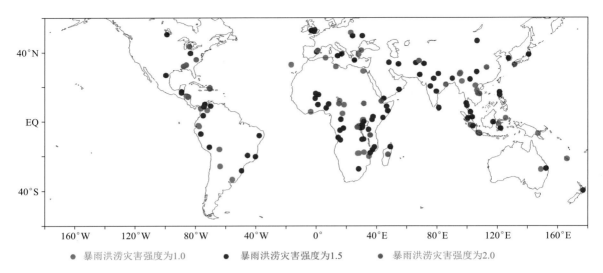

图 3.19   2020 年全球暴雨洪涝灾害分布

表 3.8   2020 年 DFO 暴雨洪涝灾害数据(区域 4)

编号	国家	经度(°E)	纬度(°N)	面积(km²)	开始时间	结束时间	死亡人口数	转移人口数	影响因素	强度
4879	巴基斯坦	71.0365	33.3026	116828.8	2020-03-06	2020-03-17	33	1200	暴雨	1.5
4894	阿富汗	65.6424	33.826	220551.7	2020-03-21	2020-04-03	11	1200	暴雨	1.5
4914	斯里兰卡	80.8597	7.83549	46625.9	2020-05-17	2020-05-20	2	1100	气旋风暴	1.5
4921	印度	85.4517	21.3074	171281.6	2020-05-19	2020-05-20	0	10000	气旋风暴	2
4919	印度	94.7779	27.3406	37966.71	2020-05-23	2020-06-03	30	10000	气旋风暴	2
4927	印度	75.2676	20.3337	199450.8	2020-06-02	2020-06-03	0	0	气旋风暴	1.5
4920	印度	95.3099	27.9475	59427.38	2020-06-20	2020-07-30	0	30000	季风降雨	1
4939	孟加拉国	89.8168	24.7648	44109.91	2020-06-30	2020-07-30	0	30000	季风降雨	1.5
4943	印度	80.538	27.5459	293809.7	2020-07-12	2020-07-18	2	0	季风降雨	1.5
4952	阿富汗	67.7209	34.916	130814.6	2020-08-25	2020-08-27	35	0	大暴雨	2
4953	巴基斯坦	68.2157	26.9573	97006.28	2020-08-24	2020-08-27	0	1300	季风降雨	1.5
4961	印度	77.4698	24.7095	613621.1	2020-08-21	2020-08-27	13	60	季风降雨	1.5
4963	印度	95.0377	27.8486	90592.23	2020-09-13	2020-09-16	1	0	季风降雨	1
4969	印度	79.2266	17.3444	125991.1	2020-10-16	2020-10-25	6	2100	季风降雨	1.5

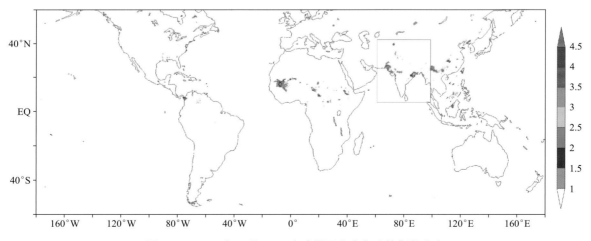

图 3.20   2020 年 8 月 25 日全球暴雨灾害危险性指数分布

3.3.1.2　2020 年 8 月下旬巴基斯坦暴雨洪涝过程分析

DFO 洪水灾害数据显示(表 3.8),2020 年 8 月下旬巴基斯坦暴雨洪涝引发的天气过程为印度夏季风强降水,洪涝出现在 8 月 24—27 日,因灾转移人口约 1300 人,洪涝灾害强度为 1.5 级。此次洪涝灾害主要出现在印度河流域的中下游,由 DEM 数据提取的印度河流域、地形和河流分布可以看出(图 2.8),印度河北部上游起源于喜马拉雅山脉,流域西侧为地形较高的区域,印度河中上游降水会引发中下游平原地区的洪涝灾害。

利用 FY-3D 监测了巴基斯坦南部洪涝前(8 月 5 日)和洪涝后(9 月 6 日)的水情(图 3.21),从洪涝前后的水情变化情况可以看出:受夏季风暴雨影响,9 月 6 日流经巴基斯坦旁遮普省和信德省的印度河河道明显增宽,门切尔湖水体面积增大;信德省南部的米尔布尔哈斯和欧迈尔果德地区的水体增多,海德巴拉等部分地区受到了暴雨洪涝灾害的影响。

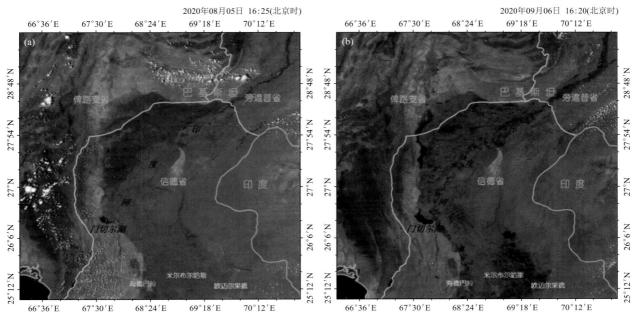

图 3.21　FY-3D 监测巴基斯坦信德省印度河水情:2020 年 8 月 5 日暴雨灾害发生前水位正常(a)和 2020 年 9 月 6 日暴雨灾害发生时河道增宽(b)

图 3.23 和图 3.24 给出了暴雨洪涝灾害发生之前和发生时暴雨致灾因子的分布。由图可见,8 月 24 日,巴基斯坦降水较弱,南部日降水量仅 20mm 左右(图 3.22a),但从前 7 d 累计降水可以看出(图 3.22b),巴基斯坦北部的印度河上游累计降水量和降水范围都较大,强降水中心超过 100 mm,超过暴雨阈值的天数为 1～2 d。印度河上游降水对印度南部洪涝灾害造成了一定影响。8 月 25 日(图 3.23),巴基斯坦南部日降水量增强,出现大范围 100 mm 以上的大暴雨(图 3.23a),暴雨强度指数也随之出现大值(图 3.23d)。

根据暴雨灾害监测模型,增加了孕灾环境和承灾体信息后,暴雨灾害危险性指数监测显示(图 3.24):发生洪涝灾害的巴基斯坦南部暴雨灾害危险性指数较高,最大值超过 4.0,达特大暴雨灾害危险性等级。表明暴雨灾害监测模型很好地反映了此次暴雨引发的洪涝灾害过程。

3.3.1.3　2020 年 8 月下旬印度暴雨洪涝过程分析

DFO 洪水灾害数据显示(表 3.8),造成印度 8 月下旬的洪涝灾害过程同样为夏季风强降水,洪涝出现在 8 月 21—27 日,因灾死亡人口 13 人,转移人口 60 人,洪涝灾害强度为 1.5 级。此次洪涝灾害主要出现在印度东北部的奥里萨邦,位于莫哈讷迪河流域。由 DEM 数据提取的莫哈讷迪河流域、地形和河流分布图可以看出(图 3.25),该河流中上游流域面积较大,支流主要出现在中上游,流域中上游西部、北部和南部地形均为地形较高的山地,河水自西向东最后流入孟加拉湾。

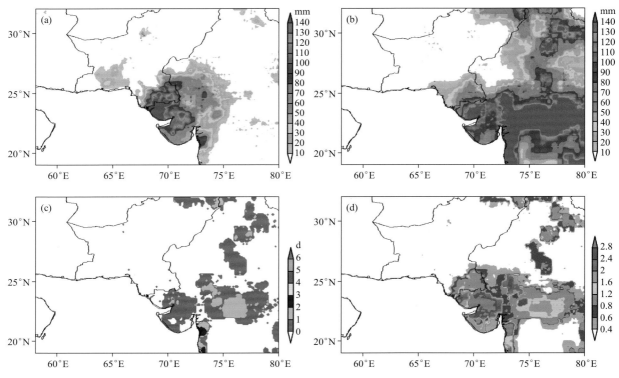

图 3.22　2020 年 8 月 24 日巴基斯坦暴雨洪涝降水参数分布:(a)8 月 24 日的降水量 R;
(b)8 月 17—23 日的累积降水量(R_{all});(c)8 月 17—23 日 24 h 降水量超过暴雨阈值
的天数(R_d);(d)8 月 24 日暴雨强度指数

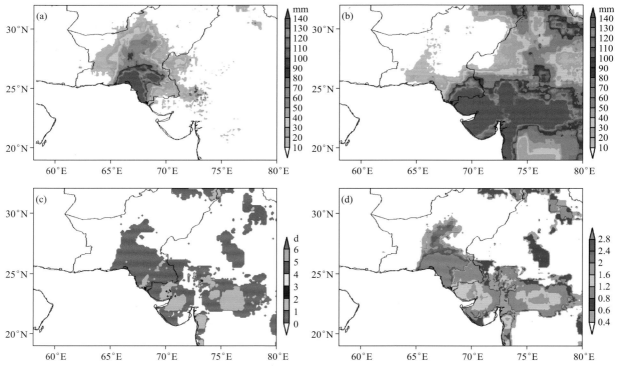

图 3.23　2020 年 8 月 25 日巴基斯坦部分地区暴雨洪涝降水参数分布:(a)8 月 25 日的降水量 R;
(b)8 月 18—24 日的累积降水量(R_{all});(c)8 月 18—24 日 24 h 降水量超过暴雨阈值
的天数(R_d);(d)8 月 25 日暴雨强度指数

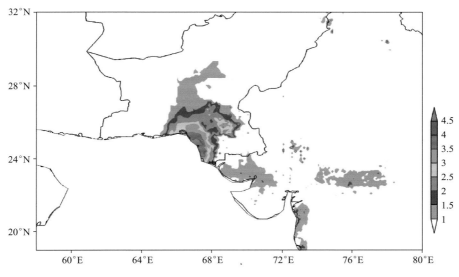

图 3.24 2020 年 8 月 25 日巴基斯坦南部暴雨灾害危险性指数

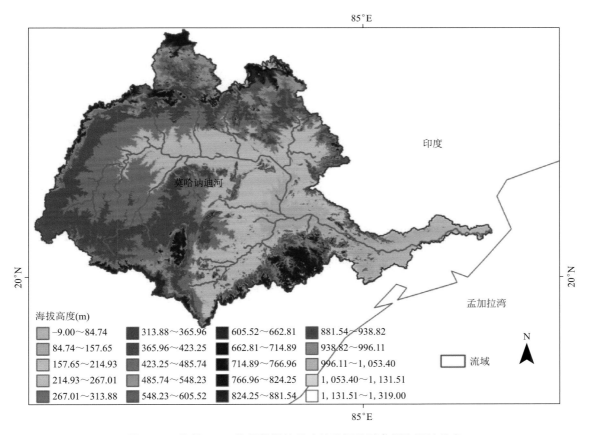

图 3.25 依据 DEM 数据提取的莫哈讷迪河流域范围和河流信息

从 FY-3D 洪涝水体监测图可以看出(图 3.26):受季风降水的影响,莫哈讷迪河下游及附近的地区出现扩大水体(红色),反映了洪涝水体影响的范围。

图 3.28 给出了暴雨洪涝灾害发生时暴雨致灾因子的分布情况。由图 3.27 看出,8 月 27 日,印度东部沿海的持续暴雨略向西移动,暴雨或大暴雨出现在奥里萨邦西南部和中央邦中南部;8 月 20—26 日累计降水量显示,前 7 d 超过 200 mm 的强降水出现在奥里萨邦大部;奥里萨邦前 7 d 内超过暴雨阈值的天数大部分区域为 1~2 d,局地为 3 d,暴雨的持续性不强;受 8 月 27 日暴雨天气以及前 7 日累计强降水的

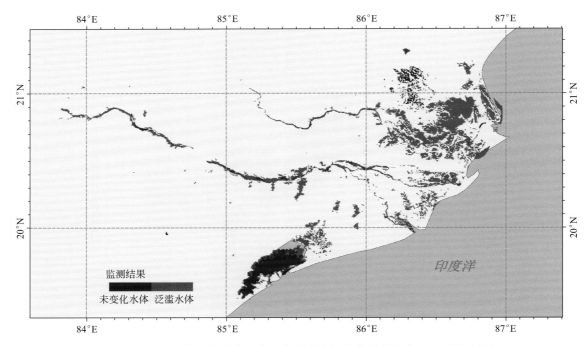

图 3.26　FY-3D 监测印度奥里萨邦莫哈讷迪河及附近水情(红色为泛滥水体)

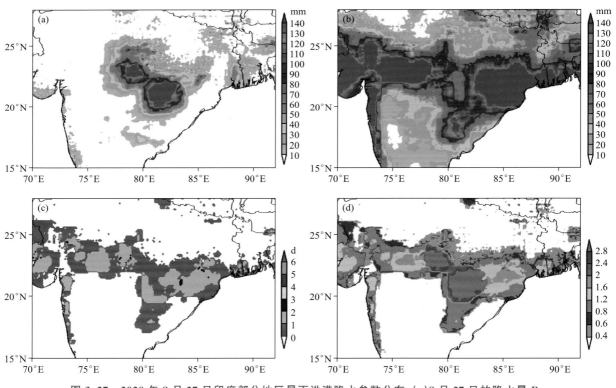

图 3.27　2020 年 8 月 27 日印度部分地区暴雨洪涝降水参数分布:(a)8 月 27 日的降水量 R;
(b)8 月 20—26 日的累积降水量(R_{all});(c)8 月 20—26 日 24 h 降水量超过暴雨
阈值的天数(R_d);(d)8 月 27 日暴雨强度指数

影响,奥里萨邦和中央邦的暴雨强度指数较强。

　　从 8 月 25—27 日的暴雨灾害危险性指数分布图(图 3.28)可以看出:8 月 25 日暴雨灾害危险性指数中到重度的区域主要出现在奥里萨邦东北部沿海,局地出现了超过 4.0 的特大暴雨灾害危险性指数;8 月

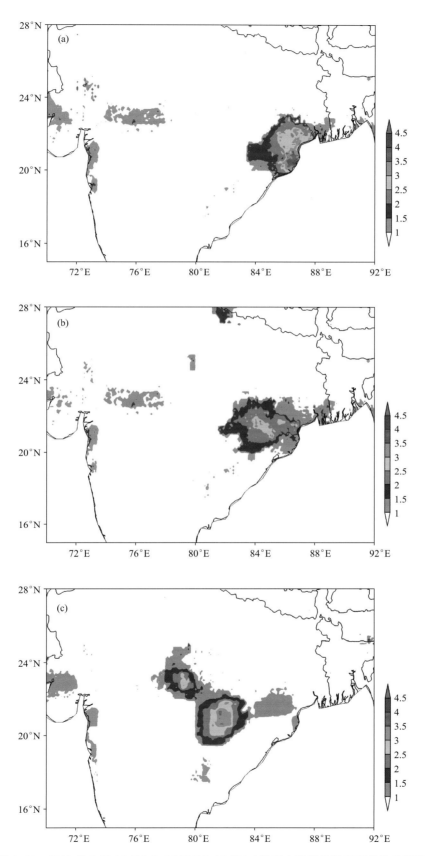

图 3.28　2020 年 8 月 25 日(a)、26 日(b)、27 日(c)印度中东部暴雨灾害危险性指数

26 日受季风强降水云团的西移,暴雨灾害危险指数大值中心向西移动,位于奥里萨邦西部和恰蒂斯加尔邦,以中到重度暴雨灾害危险性为主;8 月 27 日,印度夏季风暴雨进一步西移,暴雨灾害危险指数大值区西移至恰蒂斯加尔邦、马哈拉施特拉邦、中央邦南部,主要位于莫哈讷迪河流域(图 3.25),的中上游暴雨灾害危险性以中到重度为主。

在卫星遥感暴雨灾害监测服务中,还利用气象卫星多通道数据对暴雨云团进行识别,并根据暴雨云团识别结果进行统计分析。图 3.29 和图 3.30 分别给出了 8 月 26—27 日的暴雨洪涝灾害过程中暴雨云团的持续时间和暴雨云团的移动时序图,图中蓝色至红色反映观测时间从 25 日 21 时 30 分—26 日 08 时 30 分(世界时)的时序变化,由图可以看出在此时间段内暴雨云团的持续时间不长,主要从东向西偏北方向移动。

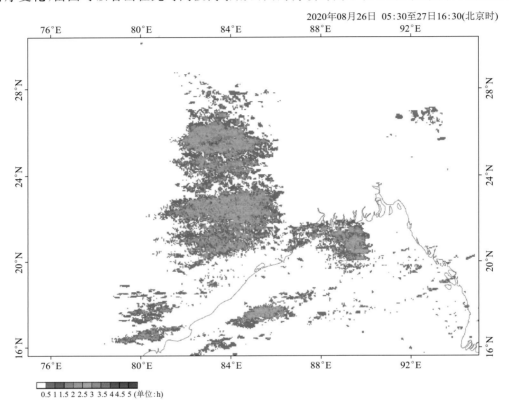

2020年08月26日 05:30至27日16:30(北京时)

0.5 1 1.5 2 2.5 3 3.5 4 4.5 5 5 (单位:h)

图 3.29 2020 年 8 月 26—27 日暴雨云团持续时间

3.3.2 2020 年中国暴雨洪涝灾害监测应用

3.3.2.1 2020 年 7 月上旬暴雨洪涝灾情

2020 年 7 月,长江、淮河流域连续遭遇多轮强降雨袭击,长江流域平均降雨量较常年同期异常偏多,为 1961 年以来同期最多;淮河流域平均降雨量也较常年同期偏多。受强降雨影响,淮河流域和长江中下游流域出现了严重洪涝灾害。灾害造成安徽、江西、湖北、湖南、浙江、江苏、山东、河南、重庆、四川、贵州 11 省(市)3000 多万人受灾,约 300 万人紧急转移安置。针对此次持续强降水引发的暴雨洪涝灾害过程,中国气象局组织国家卫星气象中心和江西、安徽、湖北、江苏等省气象局,利用 2010 年以来近 10 年的卫星遥感监测结果,结合近 60 年气象观测数据,对鄱阳湖、洞庭湖、太湖和长江等主要湖泊河流水体进行了监测评估,为政府防洪抗灾决策提供了科学依据,取得了显著的社会、经济效益。

根据气象资料统计分析,2020 年 6 月 29 日—7 月 8 日,赣北、赣中遭受连续暴雨袭击,赣北平均降水量达 302 mm,比常年同期多 2.7 倍,排历史同期第 2 位,仅次于 1993 年同期的 328 mm。其中,南昌、上饶和九江三市平均降雨量分别达 412 mm、346 mm、337 mm,均创历史同期新高。期间,7 月 7 日 20 时—8 日 20 时江西省大暴雨县市数达 35 个,影响范围之广,为 1961 年有完整气象记录以来之最(原记录为

2020年08月26日05:30至27日16:30(北京时)

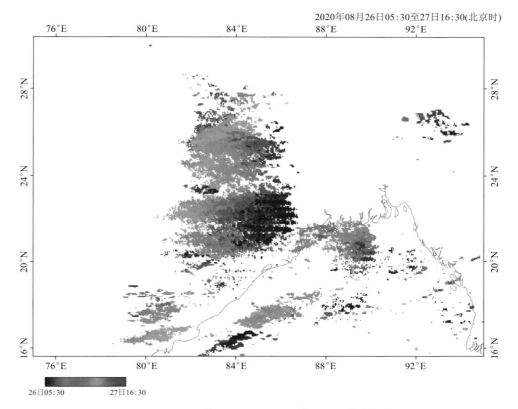

图 3.30　2020 年 8 月 26—27 日暴雨云团移动序列

2010 年 6 月 19 日,大暴雨以上站数为 29 个)。据水文监测,鄱阳湖和长江水位迅猛上涨,7 月 6 日 23 时—8 日 15 时鄱阳湖出现长江水持续倒灌现象,截至 8 日 14 时,鄱阳湖星子站水位达 20.6 m,超警戒水位 1.6 m。

受持续强降水和上游来水共同影响,鄱阳湖主体及附近水域面积迅速增大。根据卫星遥感监测结果,7 月 8 日 18 时,鄱阳湖主体及附近水域面积达 4206 km² (图 3.31),较 7 月 2 日增加了 352 km²,比 5 月 27 日增大 1999 km²,较历史同期平均值(3510 km²)偏大 2 成,为近 10 年最大,五大支流入湖口湿地大面积被淹(图 3.32)。

3.3.2.2　2020 年 7 月上旬暴雨洪涝过程分析

2020 年 6 月底至 7 月中旬,受梅雨锋面系统影响,长江流域和淮河流域出现持续强降水天气,暴雨引发严重洪涝灾害。特别是 7 月上旬,暴雨集中出现在长江中下游地区,7 月 7 日的暴雨洪涝降水参数分布(图 3.33)显示:7 月 7 日贵州、湖北西南部和东部、湖南北部、江西北部、安徽南部和浙江中部出现暴雨或大暴雨天气;前 7 d 累计降水量超过 200 mm 以上的区域出现在湖北南部、安徽中南内部、江苏南部、江西北部和浙江西北部;前 7 日内降水超过暴雨阈值的天数超过 3 d 的区域出现在湖北东部、安徽南部、江西东北部和浙江西北部,其中安徽南部和江西东北部部分地区为 5～6 d,为持续性暴雨或大暴雨天气;受 6 月 30 日—7 月 7 日持续强降水的影响,7 月 7 日的暴雨强度指数监测显示,贵州中部、重庆东南部、湖北南部、湖南中北部、江西中北部、安徽南部、浙江西部暴雨强度指数超过 2.0。

7 月 9 日(图 3.34),长江中下游的持续强降水略有南压,暴雨或大暴雨出现在江西中南部、福建西部和北部等地;受前 7 d 持续暴雨的影响,7 月 2—8 日湖北东部、安徽南部、江西北部超过暴雨阈值的天数为 4～6 d,最大值中心为安徽南部和江西东北部(6 d);受前 7 日和当日强降水影响,9 日的暴雨强度指数超过 2 的区域出现在河北东部、安徽中南部、江西大部、浙江西部、福建西部和北部、贵州东南部、广西北部和湖南西南部等地。

由 7 月 7—9 日的暴雨灾害危险性指数可以看出(图 3.35):7 月 7 日出现中到重度暴雨灾害危险性(暴雨灾害危险性指数为 2～4)的区域位于湖南北部、湖北东南部、江西北部、安徽南部和浙江西部,其中

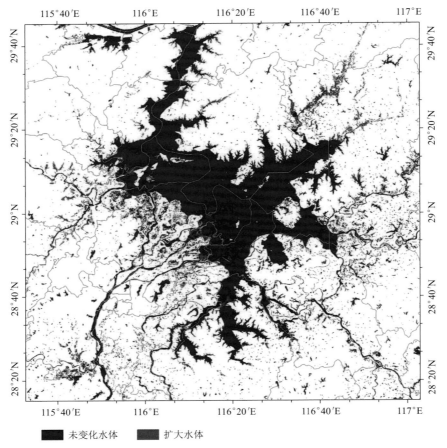

图 3.31　卫星遥感鄱阳湖主体及附近水域变化监测专题图

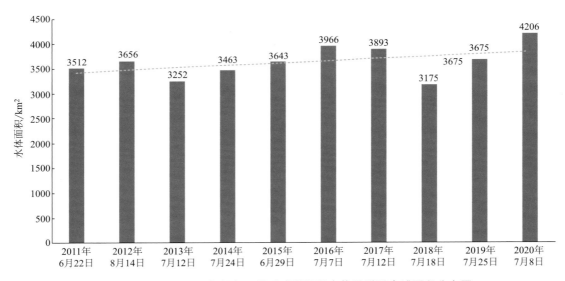

图 3.32　2011—2020 年逐年卫星遥感鄱阳湖主体及附近水域面积分布图

安徽南部和江西北部出现了特大暴雨灾害危险性(暴雨灾害危险性指数大于 4);7 月 9 日随着强降水中心南移,最强暴雨灾害危险性中心南移至江西中部,大部分地区的暴雨灾害危险性指数大于 4,达特大暴雨灾害危险性等级,受前期持续降水的影响,安徽南部、浙江西部的暴雨灾害危险性依然为中到重度;7 月 10日受降水减弱的影响暴雨灾害危险性减弱,中到重度暴雨灾害危险性出现在四川北部、湖北南部、安徽南部、江西北部和广西北部,其中重度仅出现在江西北部和安徽南部。

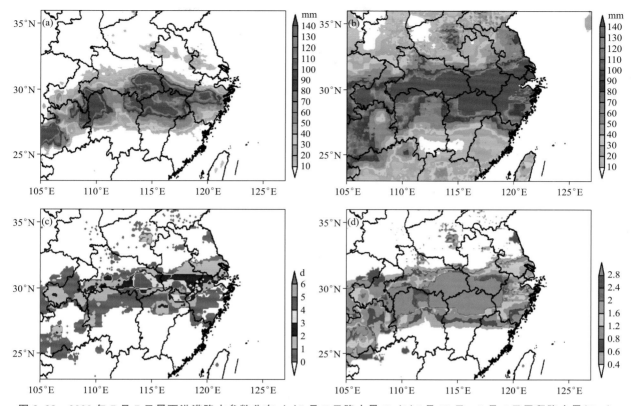

图 3.33　2020 年 7 月 7 日暴雨洪涝降水参数分布：(a)7 月 7 日降水量 R；(b)6 月 30 日—7 月 6 日累积降水量(R_{all})；
(c)6 月 30 日—7 月 6 日 24 h 降水量超过暴雨阈值的天数(R_d)；(d)7 月 7 日暴雨强度指数

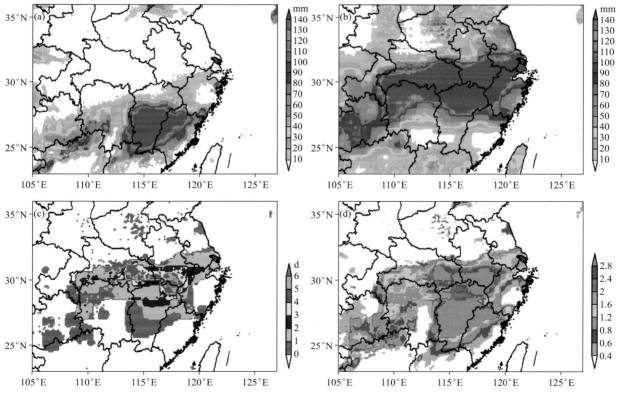

图 3.34　2020 年 7 月 9 日暴雨洪涝降水参数分布：(a)7 月 9 日降水量 R；(b)7 月 2—8 日累积降水量(R_{all})；
(c)7 月 2—8 日 24 h 降水量超过暴雨阈值的天数(R_d)；(d)7 月 9 日暴雨强度指数

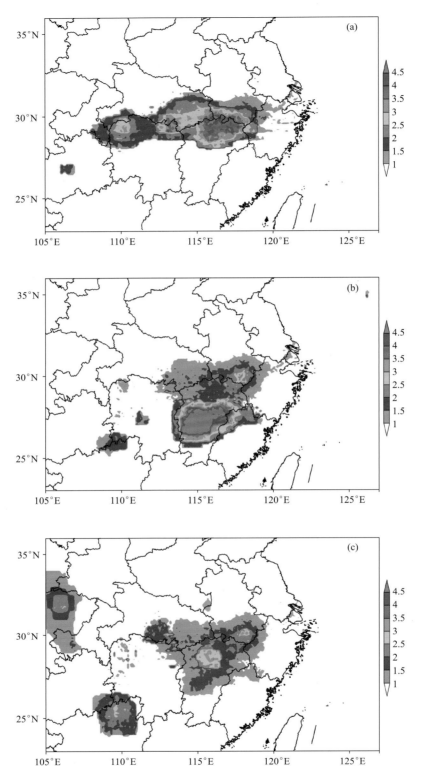

图 3.35　2020 年 7 月 7 日(a)、9 日(b)和 10 日(c)中国东南部暴雨灾害危险性指数

3.3.3　2021 年澳大利亚暴雨洪涝灾害监测应用

3.3.3.1　2021 年 3 月中下旬澳大利亚暴雨洪涝灾情

2021 年 3 月下旬,澳大利亚东南沿海地区多日遭遇极端天气,持续暴雨引发洪涝灾害,近两万人被疏

散,暴雨洪涝主要影响地区为新南威尔士州和与其相邻昆士兰州东南部,其中澳大利亚人口第一大州新南威尔士州有 38 个行政区域宣布进入"自然灾害状态"。这次暴雨洪涝被认为是近 60 年难得一遇的最强洪水,连日强降雨导致道路中断,房屋被淹,多所学校被关闭,直接威胁到了当地民众的安全,澳大利亚三分之一的人口受到了影响。

此次暴雨洪涝灾害主要发生在达令河和墨累河流域,这两个河流系统形成了墨累-达令盆地(图 3.36)。在流域的北侧和东侧,为地势较高的山地,河流自北向南,自东向西流向下游。墨累河是澳大利亚最长、也是最大的一条河流,发源于澳大利亚东南部的大分水岭,注入印度洋的大澳大利亚湾。达令河是澳大利亚墨累-达令河系中的最长河流,由源出大分水岭(东高地)的几条溪流汇成,靠近新南威尔士-昆士兰边界,离东海岸不远,向西南流经新南威尔士州。

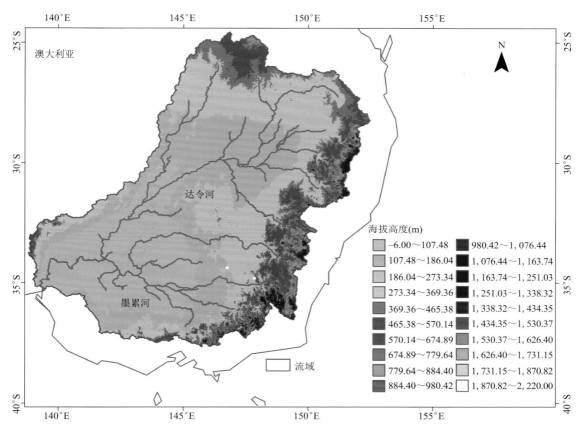

图 3.36　依据 DEM 数据提取的澳大利亚达令河和墨累河流域范围和河流信息

3.3.3.2　2021 年 3 月中下旬澳大利亚暴雨洪涝过程分析

此次的暴雨过程出现在 3 月中下旬,从 3 月 17—24 日的日降水量可以看出(图 3.37):3 月 17—22日,澳大利亚东南部沿海的新南威尔士州和昆士兰州的东南部持续出现暴雨或大暴雨天气,3 月 23 日,降水开始减弱。降水区域位于达令河和墨累河流域的上游。

从 3 月 21 日暴雨洪涝降水参数分布图(图 3.38)可以看出:3 月 21 日降水量较强,新南威尔斯州东北部和昆士兰州东南部沿海出现 24 h 降水量超过 100 mm 的大暴雨,新南威尔士州的中西部也出现中到大雨天气。前 7 d 累计降水量出现大范围超过 100 mm 的区域,特别是在昆士兰州东南部、新南威尔斯州的中部和东部。超过暴雨阈值的天数沿海地区为 3~5 d,新南威尔斯州中部为 1~2 d。3 月 21 日的新南威尔士州的中西部和昆士兰州东南部沿海暴雨强度指数超过 2.0。

3 月 24 日澳大利亚东南部沿海的降水过程虽已基本结束(图 3.39a),但由于前期的持续强降水造成的前 7 d 累计降水量出现了大范围 100 mm 以上的区域(图 3.39b),并且前 7 d 内东南部沿海超过暴雨阈值的天数为 3~5 d(图 3.39c),仍有区域出现较大范围的暴雨强度指数大于 2 的情形(图 3.39d)。

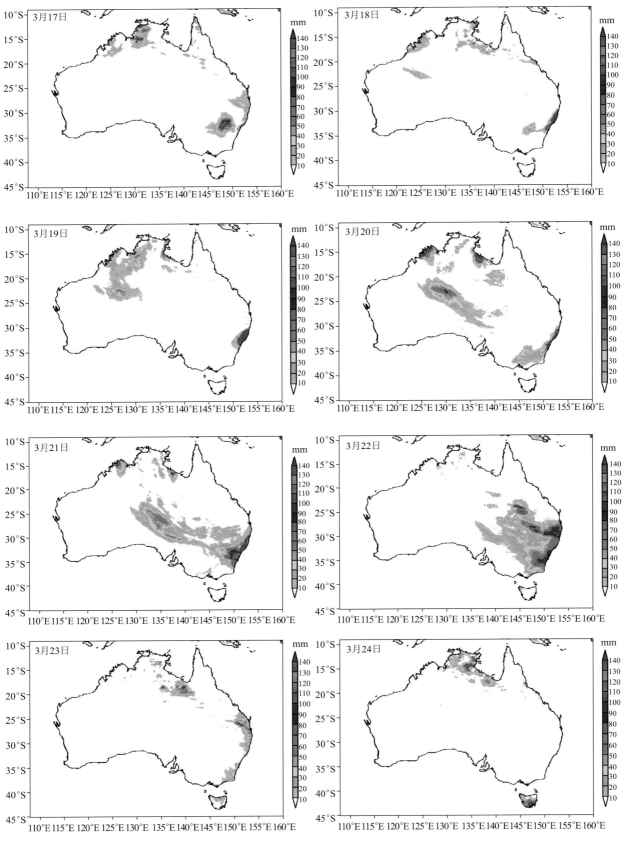

图 3.37　2021 年 3 月 17—24 日卫星反演 24 h 降水量(单位:mm)

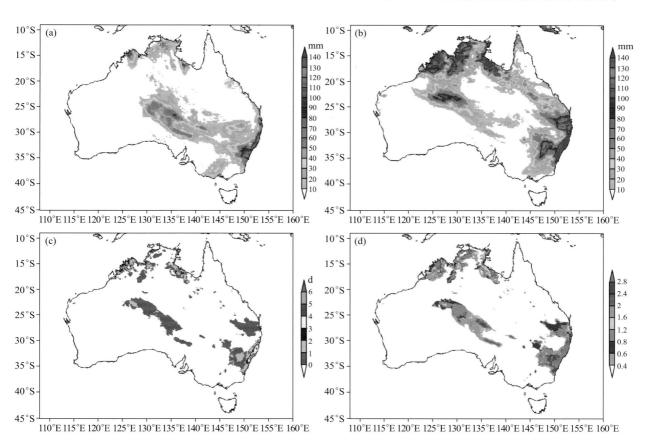

图 3.38　2021 年 3 月 21 日暴雨洪涝降水参数分布：(a)3 月 21 日降水量 R；(b) 3 月 14—20 日累积降水量(R_{all})；(c)3 月 14—20 日 24 h 降水量超过暴雨阈值的天数(R_d)；(d) 3 月 21 日暴雨强度指数

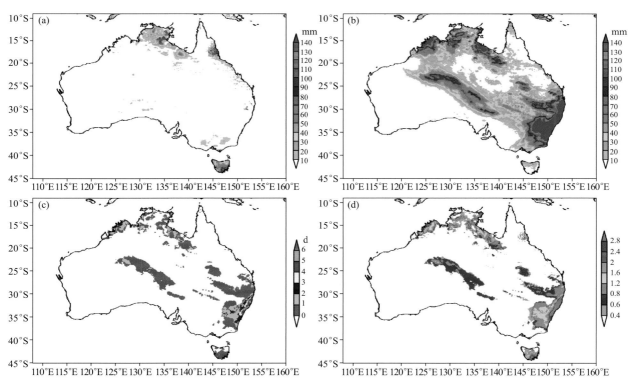

图 3.39　2021 年 3 月 24 日暴雨洪涝降水参数分布：(a)3 月 24 日降水量 R；(b) 3 月 17—23 日累积降水量(R_{all})；(c)3 月 17—23 日 24 h 降水量超过暴雨阈值的天数(R_d)；(d) 3 月 24 日暴雨强度指数

从 3 月 21—24 日的暴雨灾害危险性指数分布图(图 3.40)可以看出,3 月 21 日出现暴雨或大暴雨的新南威尔士东部和昆士兰东南部的暴雨灾害危险性较高,部分地区暴雨灾害危险性指数为 2.5～4.5,达中到特大危险性等级。22 日达中到重度暴雨灾害危险性程度的范围略有减小,昆士兰州南部和新南威尔士州中南部出现了危险性指数为 1～2 的轻度暴雨灾害危险区域,暴雨灾害危险区域范围扩大。3 月 23 日,受降水减弱的影响,暴雨灾害危险性指数强度开始减弱,危险性范围也开始减小。结果表明,卫星遥感暴雨灾害监测模型能够较好地监测此次暴雨洪涝过程。

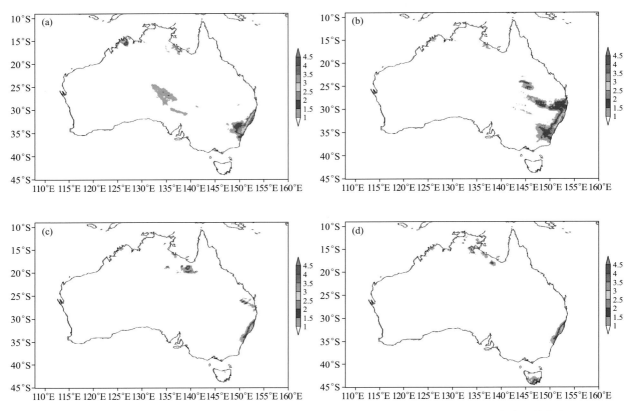

图 3.40　2021 年 3 月 21 日(a)、21 日(b)、23 日(c)、24 日(d)澳大利亚东南部暴雨灾害危险性指数

参考文献

高玥,徐慧,刘国,2019. GSMaP 遥感降水产品对典型极端降水事件监测能力评估[J]. 遥感技术与应用,34
　(5):1121-1132.

李吉顺,徐乃璋,1995. 暴雨洪涝灾害灾情等级划分依据和减灾对策[J]. 中国减灾,5(1):37-39.

刘燕华,1994. 中国自然灾害灾情指标及区域特征探讨[J]. 中国减灾,4(2):29-34.

全国气候与气候变化标准化技术委员会,2017. 暴雨灾害等级:GB/T 33680—2017[S]. 北京:中国标准出
　版社:1-88.

全国气象防灾减灾标准化技术委员会,2018. 暴雨诱发的中小河流洪水气象风险预警等级:QX/T 451-
　2018[S]. 北京:气象出版社:1-16.

王博,崔春光,彭涛,等,2007. 暴雨灾害风险评估与区划的研究现状与进展[J]. 暴雨灾害,26(3):281-286.

王金营,李竞博,2016. 人口与经济增长关系的再检验——基于人口活跃度—经济模型的分析[J]. 中国人
　口科学(3):12-22.

姚俊英,朱红蕊,南极月,等,2012. 基于灰色理论的黑龙江省暴雨洪涝特征分析及灾变预测[J]. 灾害学,
　27(01),59-63.

浙江省气象局,2017. 暴雨过程危险性等级评估技术规范:DB33/T 2025—2017[S]. 杭州:浙江省质量技

术监督局：1-8.

ALMAZROUI M，SAEED S，SAEED F，et al，2020. Projections of precipitation and temperature over the South Asian countries in CMIP6[J]. Earth Systems and Environment，4：297-320.

BARREDO J I，2007. Major flood disasters in Europe：1950-2005[J]. Nat Hazards，42：125-148.

BAO H J，ZHAO L N，HE Y，et al，2011. Coupling ensemble weather predictions based on TIGGE database with Grid-Xinanjiang model for flood forecast[J]. Advances in Geosciences，29(6)：61-67.

CARRINO L，2017. The role of normalisation in building composite indicators，rationale and consequences of different strategies applied to social inclusion[J]. Applied to Social Inclusion，70.

CHOU J S，YANG K H. CHENG M Y，et al，2013. Identification and assessment of heavy rainfall-induced disaster potentials in Taipei City[J]. Natural Hazards，66(2)：167-190.

DENG P X，ZHANG M Y，BING J P，et al，2019. Evaluation of the GSMaP_Gauge products using rain gauge observations and SWAT model in the Upper Hanjiang River Basin[J]. Atmospheric Research，219：153-165.

FU X，MEI Y D，XIAO Z H，2016. Assessing flood risk using reservoir flood control rules[J]. Journal of Earth Science，27(1)：68-73.

FREEZE R A，HANLAN R L，1969. Blueprint for a physical-based，digitally simulated，hydrologic response model[J]. Journal of Hydrology，9(3)：237-258.

HAO L，ZHANG X Y，LIU S D，2012. Risk assessment to China's agricultural drought disaster in county unit[J]. Natural Hazards，61(2)：785-801.

HOU A Y，KAKAR R K，NEECK S，et al，2013. The global precipitation measurement mission[J]. Bulletin of the American Meteorological Society，95：701-722.

JIN J L，WEI Y M，ZOU L L，et al，2012. Risk evaluation of China's natural disaster systems：an approach based on triangular fuzzy numbers and stochastic simulation[J]. Natural Hazards，62(1)：129-139.

KUNDZEWICZ Z W，PINSKWAR I，BRAKENRIDGE G R，2013. Large floods in Europe，1985-2009[J]. Hydrological Sciences Journal，58(1)：1-7.

GHOSH T，POWELL R L，ELVIDGE C D，et al，2010. Shedding light on the global distribution of economic activity[J]. The Open Geography Journal，3(1)：147-160.

REN L L，LI C H，WANG M，et al，2003. Application of radar-measured rain data in hydrological processes modeling during intensified observation period of HUBEX[J]. Advances in Atmospheric Sciences，20(2)：205-211.

SINGH A K，VIRENDRA S，SINGH K K，et al，2018. A case study：Heavy rainfall event comparison between daily satellite rainfall estimation products with IMD gridded rainfall over peninsular India during 2015 Winter Monsoon[J]. Journal of the Indian Society of Remote Sensing，46(6)：927-935.

SKOFRONICK-JACKSON G，PETERSEN W A，BERG W，et al，2016. The global precipitation measurement (GPM) mission for science and society[J]. Bull Amer Meteor Soc，98：1679-1695.

STEVENS F R，GAUGHAN A E，LINARD C，et al，2015. Disaggregating census data for population mapping using random forests with remotely-sensed and ancillary data[J]. PLoS ONE (the Public Library of Science one)，10(2)：e0107042.

VALIPOUR M，BATENI S M，JUN C，2021. Global surface temperature：a new insight[J]. Climate，9(5)：81.

WANG J Z，YANG Y Q，XU X D，et al，2003. A monitoring study of the 1998 rainstorm along the Yangtze River of China by using TIPEX data[J]. Advances in Atmospheric Sciences，20：425-436.

WU H，ADLER R F，HONG Y，et al，2012. Evaluation of Global Flood Detection Using Satellite-Based

Rainfall and a Hydrologic Model[J]. Journal of Hydrometeor,13(4):1268-1284.

WU H,ADLER R F,TIAN Y D,et al,2014. Real-time global flood estimation using satellite-based precipitation and a coupled land surface and routing model[J]. Water Resources Research,50(3):2693-2717.

YUAN W L,FU L,GAO Q Y,et al,2019. Comprehensive assessment and rechecking of rainfall threshold for flash floods based on the disaster information[J]. Water Resources Management,33(12):3547-3562.

ZHAI X Y,GUO L,LIU R H,et al,2018. Rainfall threshold determination for flash flood warning in mountainous catchments with consideration of antecedent soil moisture and rainfall pattern[J]. Natural Hazards,94(2):605-625.

ZHAO Y,GONG Z W,WANG W H,et al,2014. The comprehensive risk evaluation on rainstorm and flood disaster losses in China mainland from 2004 to 2009:based on the triangular gray correlation theory[J]. Natural Hazards,71(2):1001-1016.

第 4 章　高温灾害监测方法及其应用

在气候变化背景下,全球气温不断升高,极端天气气候事件的强度、范围和发生频次等都将发生变化,对人类社会和自然生态系统造成了严重的影响和危害(Fischer et al.,2015)。高温灾害通常是指由于高温天气,以及高温持续时间较长,引起人、动物以及植物不能适应并且产生不利影响的一种气象灾害。近年来随着全球气候变暖加剧,高温灾害在全球许多地区频繁出现,且影响日趋严重,同时城市化进程也会加剧其影响。城市化过程是人类活动剧烈影响地球系统最具代表性的现象之一(周淑贞 等,1994),全球正在经历并将持续保持快速的城市化进程。在气候变暖和快速城市化的背景下,高温危害的严重性日益凸现,越来越多国内外学者对高温时空分布特征、高温指标、形成机制、高温影响评估及缓解对策进行了广泛研究和分析。近 20 年来高温热浪的发生频率、强度和持续时间均呈现加强态势,在全球的影响范围也逐渐扩大。高温热浪频发将会导致供电能源、居民健康和粮食安全等受到严重影响。如 1995 年美国芝加哥和 2003 年法国巴黎的高温热浪灾害都导致了大量的超额死亡(Stott et al.,2004);2019 年 1 月澳大利亚南部遭遇高温热浪天气,引发当地多处森林大火。

高温灾害监测中首要考虑的影响因子是温度。虽然气象站点能够提供较为精确且时间连续的温度数据,但是站点不仅无法描述温度在空间上的连续性,尤其是在站点稀疏并且具有复杂地形地貌和景观条件下的地区,单个站点温度能够代表的空间范围十分有限。相比传统观测,卫星遥感可以获取大范围空间连续观测,具有实时性、区域性、经济适用性等无可替代的优势。卫星遥感作为一种具有空间分辨率高、覆盖范围广、直观定量等优点的分析手段(肖荣波 等,2005),在高温灾害和城市热岛的监测和评估研究中正发挥越来越重要的作用。

本章针对风云气象卫星全球高温灾害定量监测应用的需求,从高温致灾因子提取方法、高温灾害监测方法与模型、高温灾害监测应用等方面,介绍了基于风云三号极轨气象卫星和风云四号静止气象卫星的多源卫星全球高温灾害定量监测关键技术和方法,为开展风云气象卫星全球重点区域高温灾害的动态监测和评估提供技术支撑。

4.1　我国和"一带一路"沿线地区高温灾害时空分布特征

大量研究表明,高温热浪天气出现的主要原因包括大气环流异常、海温异常和陆面过程等。这些因素并不是孤立存在的,而是相互联系,相互耦合的,共同影响高温热浪的发生和发展。对流层中上层位势高度的异常、平流层温度的输送是影响温度变化的主要大气环流因子。高温热浪期间大陆通常受到异常高压系统的控制(Perkins,2015)。高压系统产生下沉气流输送暖空气到关键区域产生高温热浪。在海温异常方面,海表温度对于调节地球气候系统具有重要的作用。在陆面过程方面,陆-气相互作用对高温热浪的发生和发展十分重要(Miralles et al.,2014)。在较低的土壤水分限制条件下,潜热通量下降,感热通量上升,进而对地表产生加热作用,而近地面温度的升高使得土壤湿度进一步降低,从而形成大气加热与土壤干燥之间的正反馈作用。此外,快速城市化过程也会对高温热浪产生影响(Jia et al.,2015;Xu et al.,2017)。

高温也是一种较常见的气象灾害。据历史资料显示,自 21 世纪初以来,我国夏季高温热浪天气就频繁出现。我国除青藏高原等部分地区以外,几乎绝大多数地方都出现过高温天气,包括最北端的漠河(2010 年 6 月 5 次出现高温天气)。我国高温天气时空分布主要集中在 5—10 月,华北、黄淮、江南、华南、西南及新疆都是高温的频发地,如 2019 年我国多地出现过高温天气(图 4.1)。盛夏季节,受西太平洋副热带高压控制的地区经常出现高温热浪天气,长江中下游地区是我国夏季高温热浪袭击的重灾区,梅雨季节过后的 7、8 月份,一般年份都会出现 20～30 d 的高温天气,梅雨期短的年份高温日数可超过 40 d。我国高温天气根据不同特点通常分为干热型和闷热型天气,干热型高温天气温度极高、太阳辐射强而且空气湿度小,闷热型高温天气温度较高、太阳辐射不太强、空气湿度较大、温度日较差小。针对京津冀地区,一般在5—6月份开展干热型高温监测,7—8月开展闷热型高温监测。基于中国气象局气象灾害管理系统,可对我国2015—2020年高温热浪灾害进行统计,获取受灾次数、受灾人口、经济损失、死亡人口等灾情信息。"一带一路"沿线地区高温监测重点区域为印度、巴基斯坦、阿富汗(图4.2)。根据2010—2020年"一带一路"沿线地区高温天气时空分布,印度高温主要集中在中部和西北部,巴基斯坦、阿富汗高温主要集中在西部和南部。

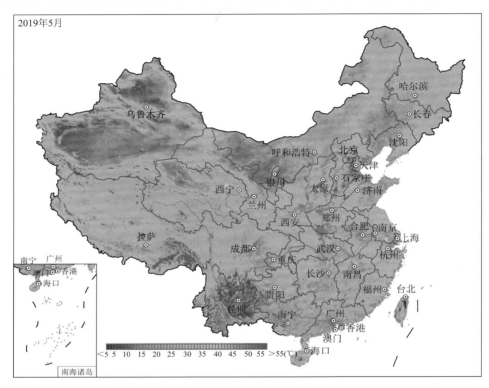

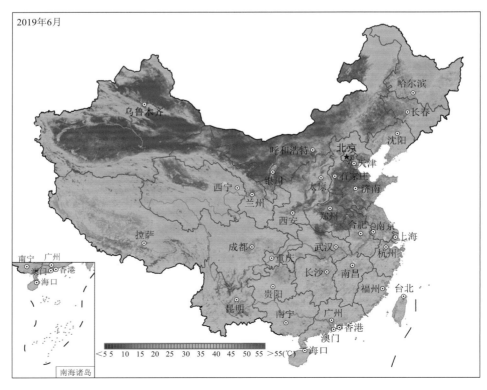

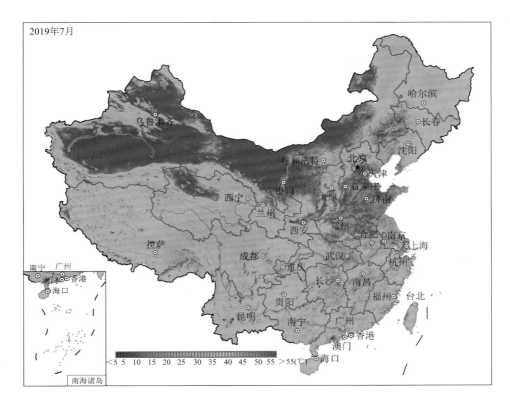

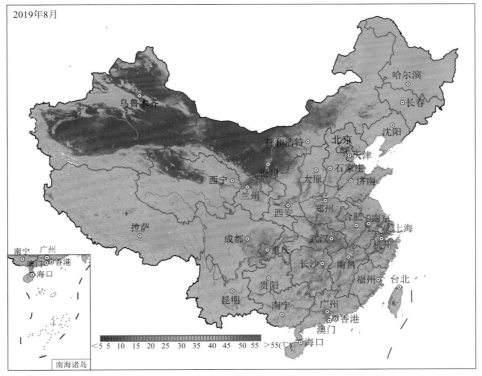

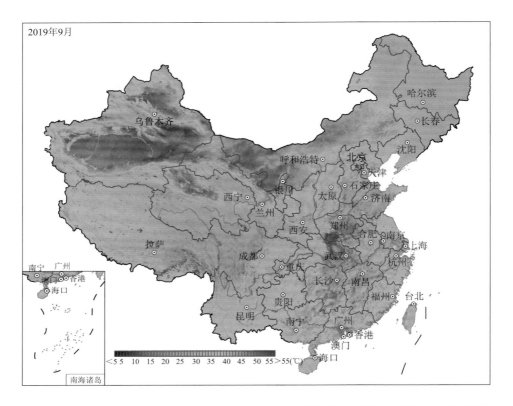

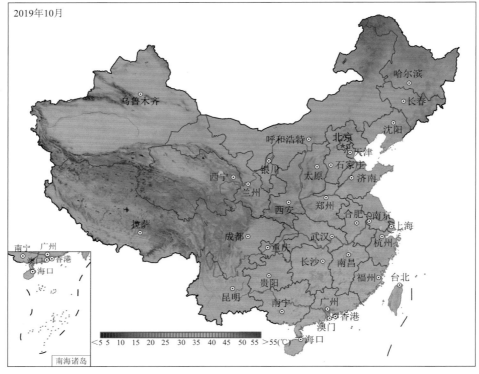

图 4.1 风云气象卫星监测我国高温天气时空分布图(2019 年 5—10 月)

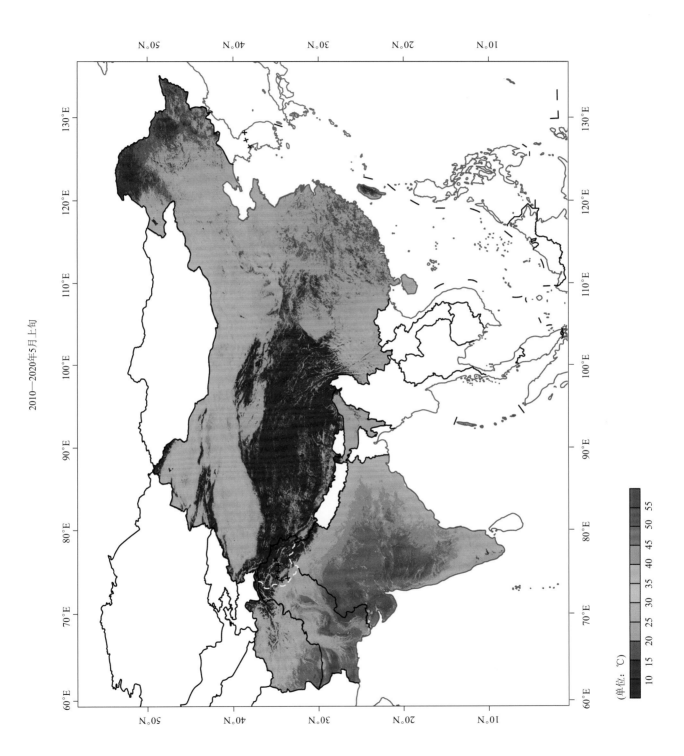

2010—2020年5月上旬

(单位：℃)

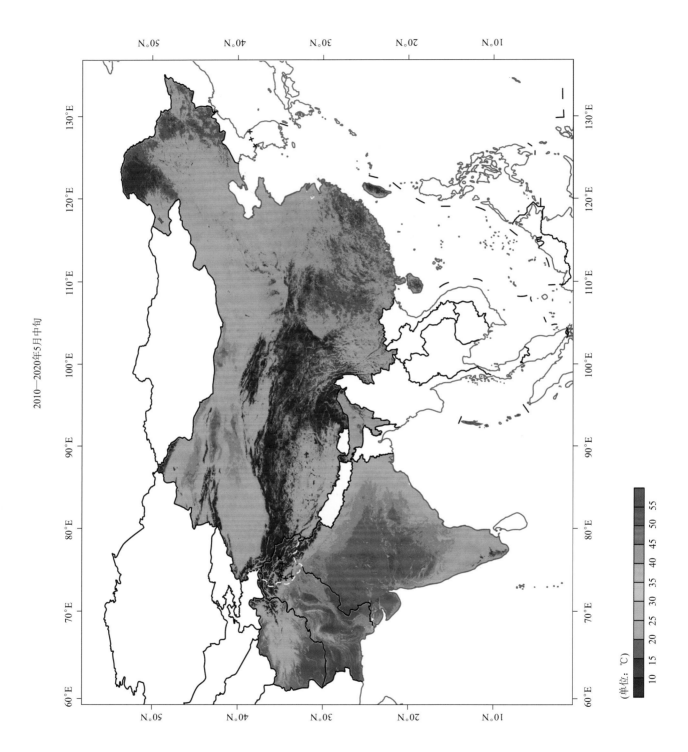

2010—2020年5月中旬

(单位：℃)

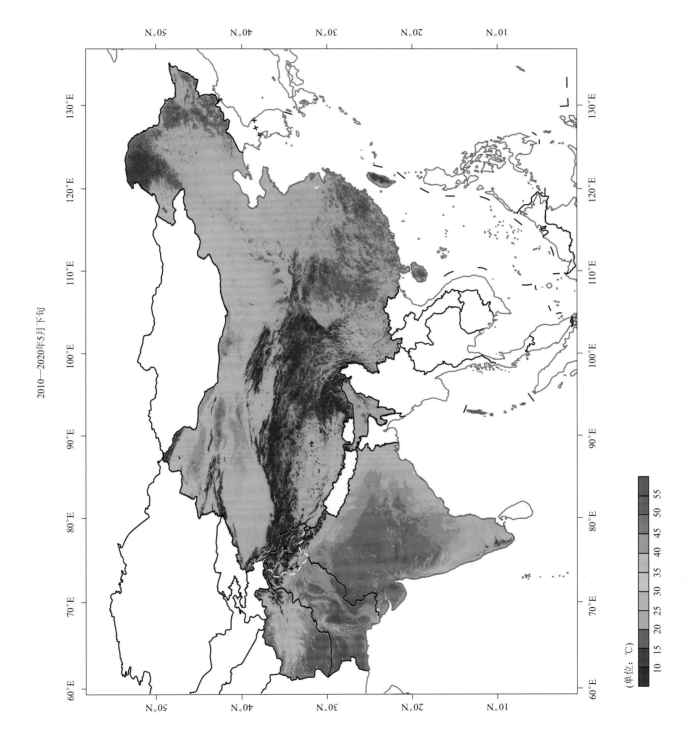

2010—2020年5月下旬

(单位：℃)

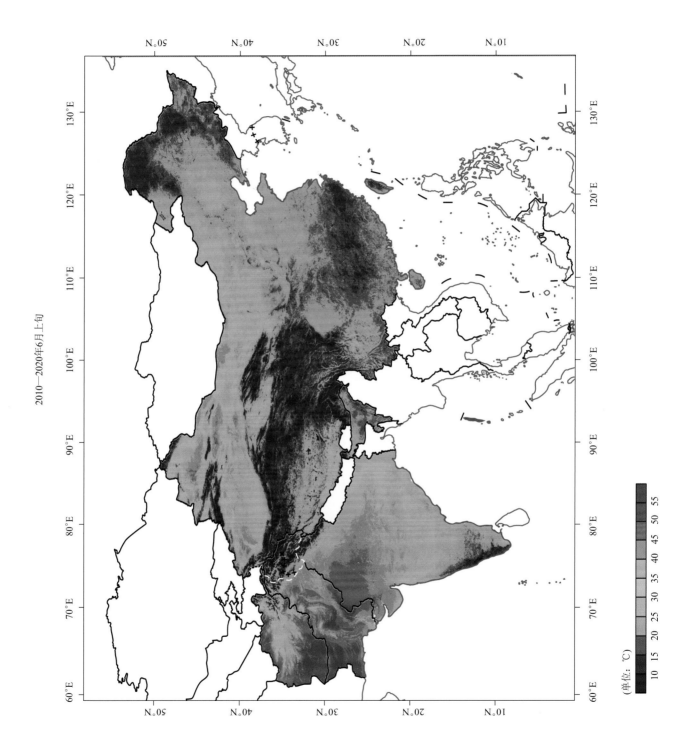

2010—2020年6月上旬

(单位：℃)

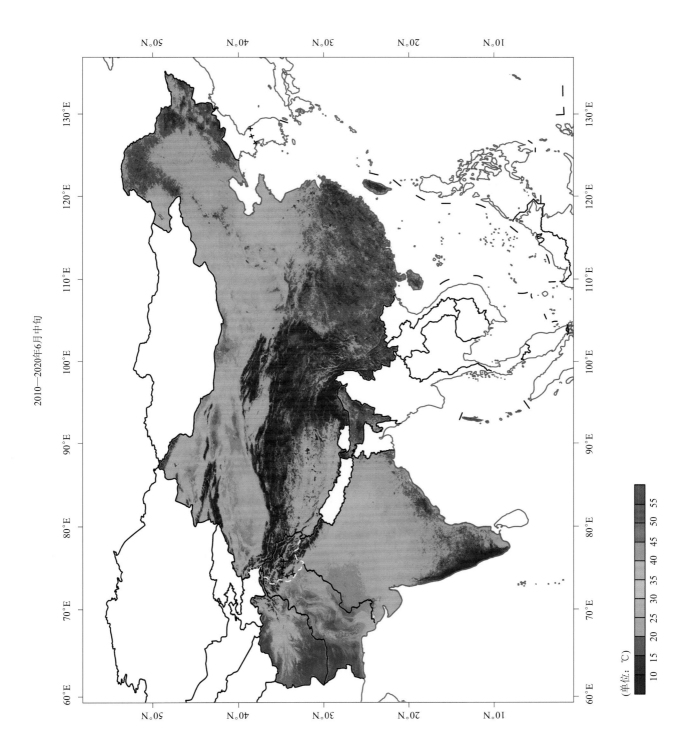

2010—2020年6月中旬

(单位: ℃)

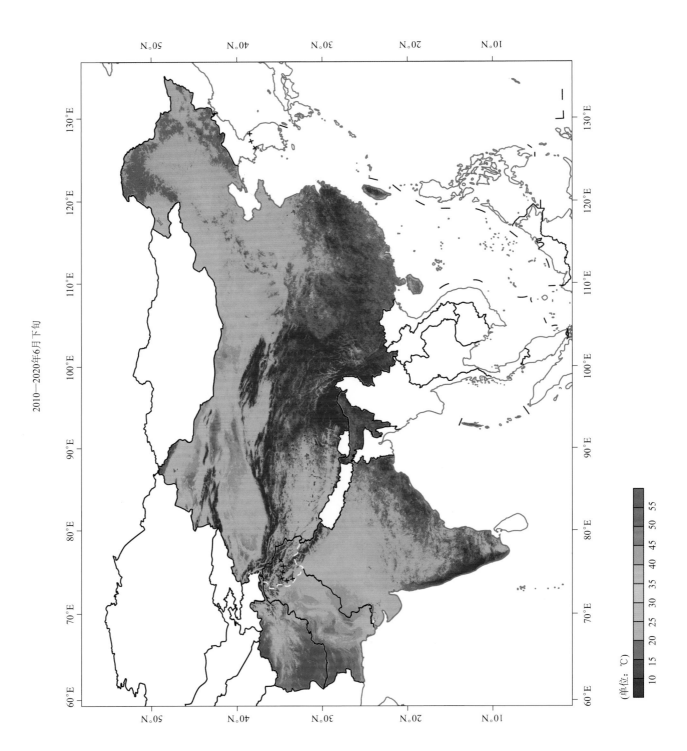

2010—2020年6月下旬

(单位：℃)

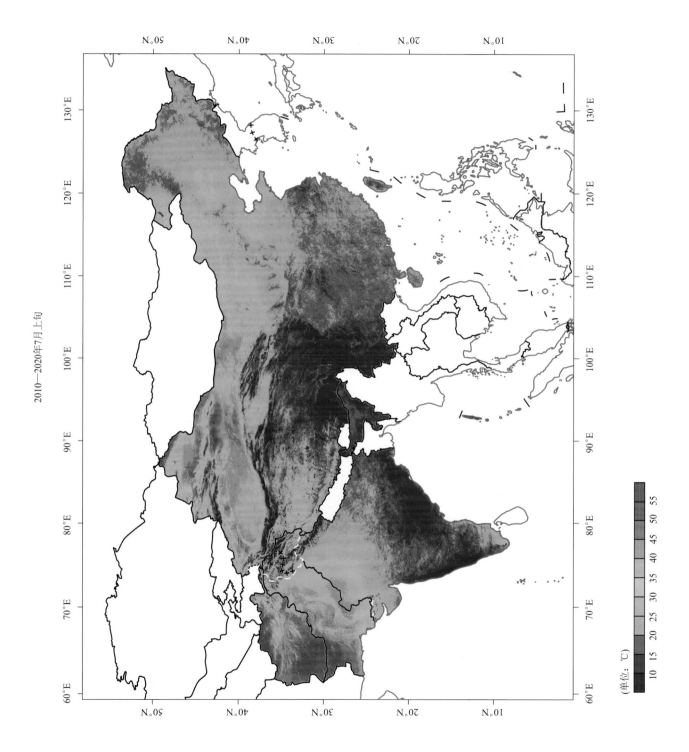

2010—2020年7月上旬

(单位：℃)

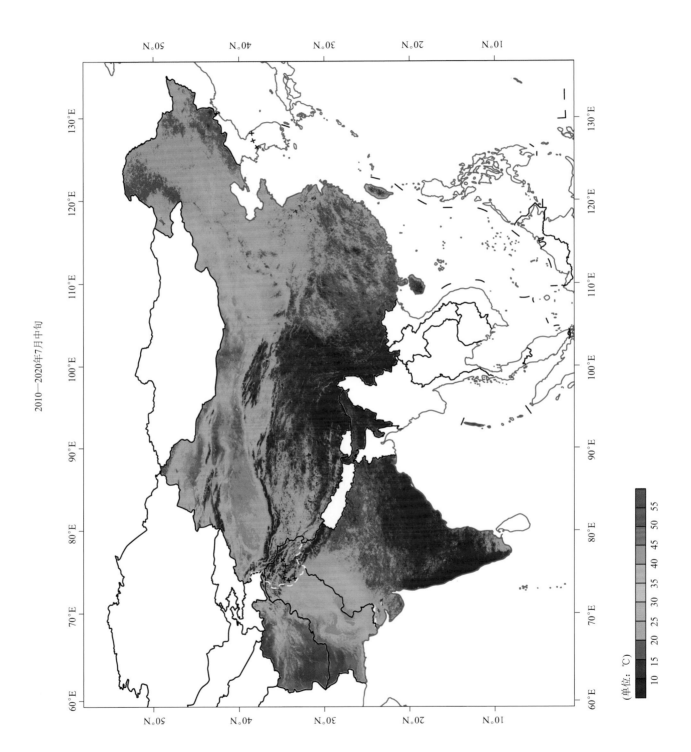

2010—2020年7月中旬

(单位：℃)

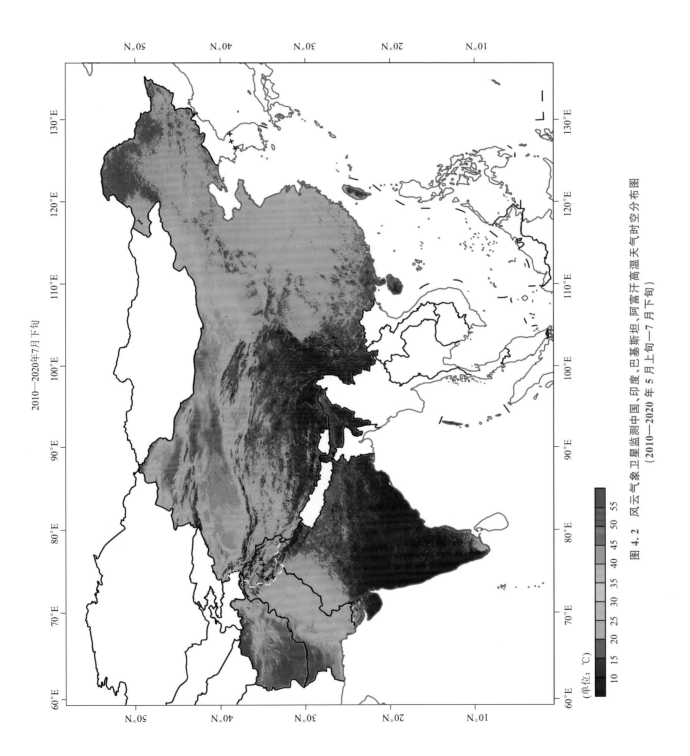

图 4.2　风云气象卫星监测中国、印度、巴基斯坦、阿富汗高温天气时空分布图
（2010—2020 年 5 月上旬—7 月下旬）

4.2　高温致灾因子提取方法

根据灾害学基本原理,高温灾害是在高温致灾因子、承灾体和孕灾环境共同作用下产生的一种自然灾害。根据高温灾害的含义,高温致灾因子主要包括最高温度、高温持续时间、高温范围。由于各国地理位置、气候背景、人口密度、城市规划、经济发展水平等不同,目前还没有一个通用的定义来表征高温热浪。然而有两个特点是各国及国际组织共同认同的,即温度异常偏高或高温闷热,以及高温天气持续一段时间。因此将极端温度、高温时长、高温范围作为高温致灾因子(Tan et al.,2015)。卫星遥感可以获取空间大范围的连续观测数据,具有实时性、区域性、经济适用性等无可替代的优势。将基于多源卫星遥感数据获取的地表温度、近地面气温以及温湿指数作为表征高温的指标,将基于气象站点观测的温度和基于长时间序列历史数据集的相对温度来计算高温阈值,结合高温出现频次、持续时间及高温范围统计来提取高温致灾因子。

4.2.1　地表温度反演方法

地表温度(Land Surface Temperature,LST)是描述区域和全球尺度上陆地表层的热动力学温度,它表征陆地表层系统过程、陆地-大气系统相互作用及能量交换的关键参数(Anderson et al.,2008)。在气候、水文、生态学和生物化学等诸多研究领域中,地表温度都是研究过程中不可或缺的模型输入参量,是反映地球表面能量流和物质流时空变化最敏感的综合指标。地表温度的精度直接影响着其他各类以地表温度为基础的研究工作结论的可靠性。因此,研究地表温度的空间分布变化和时间演变规律,实时准确地获取地表温度数据,对全球气候变化、农业、生态、水文、环境等领域的研究工作具有非常重要的意义。

在自然地表环境中,由于影响地表温度的地表状态参数,如地表反照率、土壤湿度、土壤的物理特性和热传导特性以及地表植被覆盖状况等都具有较强的空间和时间差异性(Li et al.,2013),导致地表温度无论是在时间域,还是在空间域内都表现出明显的异质性,这给大范围的温度监测带来了困难,也导致了利用地面有限观测点的观测数据来分析大范围区域内地表温度的空间分布和时间变化的方法难以得到准确可靠的结果。随着卫星技术和传感器设计技术的迅速发展,星载遥感观测技术成为了获取长时间、大范围地表温度时空分布及变化信息的有效手段。

4.2.1.1　热红外遥感辐射传输方程

从20世纪60年代初期以来,国内外已有很多学者在利用星载传感器热红外遥感数据反演地表温度方面开展了大量的研究工作,并取得了显著的研究成果。热红外星载传感器接收的是经大气作用后到达其高度的地表辐射能量。如何从这个辐射能中定量反演获得高精度地表温度是遥感科学界研究的重要问题。

星载热红外辐射计所接收的波谱信息,不仅受地球表面状况参数的影响,而且还受到从地球表面到传感器之间电磁波传输路径上大气成分和热结构的影响(张佳华 等,2009)。一方面,由于大气对热红外辐射既有吸收和散射作用,又有自身发射作用,大气辐射校正是一项十分复杂的工作。另一方面,在地表自身发射辐射和反射辐射的共同作用下,地表温度、地表发射率和大气下行辐射三者之间存在特定的耦合关系,即使在大气辐射精确校正的情况下,N 个波段观测值总是对应着 N 个波段的地表发射率和 1 个地表温度,因此地表温度反演方程的未知数个数总是比方程的个数多 1 个。

根据普朗克定律,绝对温度大于 0 K 的任何物体都会向外以电磁波的形式辐射能量。处于热平衡状态下的黑体在温度 T 和波长 λ 处的辐射能量可以通过公式(4.1)用普朗克定律表示:

$$B_\lambda(T) = \frac{C_1}{\lambda^5[\exp(C_2/\lambda T)-1]} \tag{4.1}$$

式中:

$B_\lambda(T)$ 为黑体在温度 T(K)和波长 λ(μm)处的光谱辐亮度;

C_1 和 C_2 为物理常量($C_1=1.191\times10^8 W \cdot \mu m^{-4} \cdot Sr^{-1} \cdot m^{-2}$,$C_2=1.439\times10^4 \mu m \cdot K$)。

由于绝大多数自然地物都是非黑体,它们的热辐射需要在上式中加入地表发射率 ε 的影响。地表发射率可定义为地物的实际热辐射与同温同波长下黑体热辐射的比值。自然地物的热辐射可以用地表发射率乘以上式的普朗克函数得到。

卫星红外传感器接收到来自地表经大气传输的信息。处于局地热力平衡的晴空大气,热红外谱段大气的散射效应可以忽略,这种情况下,根据辐射传输方程,红外传感器在大气顶部所接收的通道辐亮度如公式(4.2)表示:

$$L(\theta,\varphi)_{\text{sensor},i} = L(\theta,\varphi)_{\text{surface},i}\tau(\theta,\varphi)_i + L(\theta,\varphi)_{\text{atmup},i} \tag{4.2}$$

式中:

θ 和 φ 分别为卫星观测天顶角和观测方位角,

$\tau(\theta,\varphi)_i$ 为第 i 通道总的大气透过率;

$L(\theta,\varphi)_{\text{atmup},i}$ 为第 i 通道总的大气上行辐射亮度,

$L(\theta,\varphi)_{\text{surface},i}$ 为第 i 通道来自地表的辐亮度。

4.2.1.2　风云气象卫星地表温度反演算法

过去几十年里,国内外研究者对辐射传输方程和地表发射率使用了不同的假设和近似,针对不同卫星搭载的不同传感器,提出了多种反演算法,如单通道算法、多通道算法、多角度算法、多时相算法、高光谱反演算法等(Li et al.,2013)。

利用卫星热红外数据进行地表温度反演已经得到了显著的发展。双通道分裂窗反演方法是在假定地表发射率已知的情况下,根据地表发射率、地表温度与热红外通道亮温之间的关系,基于相邻通道大气光谱吸收差异来消除大气的影响,通过合理假设和近似来反演计算地表温度信息。线性分裂窗算法利用了 $10\sim12.5~\mu\text{m}$ 相邻通道对水汽吸收特性不同的特点,根据温度或波长对辐射传输方程进行线性化处理。这种方法将地表温度表达为两个热红外通道亮度温度的线性组合(Wan et al.,1996;Li et al.,2013)。一种典型的线性分裂窗算法表达式如公式(4.3)所示。

$$\text{LST} = a_0 + a_1 T_i + a_2 T_j \tag{4.3}$$

式中:

$a_k(k=0,1,2)$ 为算法参数,主要与两个分裂窗通道的光谱响应函数、两个分裂窗通道的地表发射率、大气水汽含量以及观测天顶角有关(见公式 4.4)。

$$a_k = f_k(g_i,g_k,\varepsilon_i,\varepsilon_i,\text{WV},\text{VZA}) \tag{4.4}$$

FY-3D/MERSI-Ⅱ 热红外地表温度产品是根据普朗克黑体辐射定律,利用 MERSI-Ⅱ 热红外通道亮温数据反演的晴空条件下地球陆地表面温度状况的卫星遥感产品,包括了白天与夜间温度产品,空间分辨率为 1 km,单位为 K。

分裂窗算法的推导是基于两个热红外通道的大气辐射传输方程而建立的,在建立与求解大气辐射传输方程组的过程中,需要对大气辐射传输做简化和近似。FY-3D/MERSI-Ⅱ 反演的地表温度采用了 Becker 等(1990)的线性分裂窗算法模型,即真实的地表温度可以表示为卫星两个相邻通道亮温的线性组合,其系数依赖于光谱比辐射率而不依赖于大气条件(杨军 等,2011),地表温度反演方程可以由公式(4.5)~(4.7)表示。

$$T_s = A_0 + \frac{P(T_{11}+T_{12})}{2} + M(T_{11}-T_{12})/2 \tag{4.5}$$

$$P = 1 + \frac{\alpha(1-\varepsilon)}{\varepsilon} + \beta\Delta\varepsilon/\varepsilon^2 \tag{4.6}$$

$$M = \gamma' + \frac{\alpha'(1-\varepsilon)}{\varepsilon} + \beta'\Delta\varepsilon/\varepsilon^2 \tag{4.7}$$

式中:

T_s 为地表温度,

T_{11}、T_{12} 为热红外通道 $\sim11~\mu\text{m}$ 和 $\sim12~\mu\text{m}$ 的亮温,

A_0 为常数，

P 和 M 为分裂窗通道的平均比辐射率和比辐射率差值的函数，

$\varepsilon = (\varepsilon_{11} + \varepsilon_{12})/2$ 为分裂窗通道的平均比辐射率，

$\Delta\varepsilon = (\varepsilon_{11} - \varepsilon_{12})$ 为分裂窗通道的比辐射率的差值。

这种地表温度反演方法的精度依赖于算法系数的正确选择，算法系数被参数化为地表发射率、水汽含量和观测天顶角的线性或非线性组合。为了获取分裂窗算法中的系数 A_0、α、β、γ'、α'、β'，需要一个温度数据集 (T_s, T_i, T_j)。算法系数可以通过对模拟数据的回归或者比较卫星数据和实测地表温度数据之间的经验关系来确定。要在卫星像元尺度上（几平方千米）获得与卫星观测同步的有代表性的地面实测温度数据是极其困难的。因此，利用辐射传输模式如 MODTRAN 计算的大气透过率、大气和地表发射的热辐射（权维俊 等，2012），通过比较模拟卫星数据与模型中预设的地表温度，可以准确地确定算法系数。针对 FY-3D/MERSI-Ⅱ 热红外通道光谱响应函数特性，选择不同大气模式和不同地表组合条件下，用 MODTRAN 大气辐射传输模式对地表热红外辐射特性进行了模拟，双热红外通道的加权平均光谱辐亮度采用如公式(4.8)计算：

$$L_{E,i} = \frac{\int_{\lambda_{\min,i}}^{\lambda_{\max,i}} L(\lambda) f_i(\lambda) d\lambda}{\int_{\lambda_{\min,i}}^{\lambda_{\max,i}} f_i(\lambda) d\lambda} \tag{4.8}$$

式中：

$L(\lambda)$ 为 MODTRAN 模拟光谱辐亮度，

$f_i(\lambda)$ 为通道 i 光谱响应函数。

利用最小二乘法，根据温度数据集 (T_s, T_i, T_j) 计算针对 FY-3D/MERSI-Ⅱ 分裂窗地表温度反演算法中的相关参数。

地表发射率不仅依赖于地表物体的组成成分，而且与物体的表面状态（如表面粗糙度）及物理性质（介电常数、含水量、温度等）有关，地表的复杂状况使得地表发射率难以精确获取。地表发射率的计算采用植被覆盖度方法，即每一个像元范围内，某一通道的地表有效比辐射率由植被比辐射率和非植被覆盖区地表比辐射率通过一个线性模型得到（Caselles et al.，2012），如公式(4.9)所示：

$$\varepsilon_{i,\text{pixel}} = \varepsilon_{i,v} f + \varepsilon_{i,g}(1-f) + d_{\varepsilon_i} \tag{4.9}$$

式中：

$\varepsilon_{i,v}$ 为某一类型纯植被覆盖像元 i 通道地表比辐射率；

$\varepsilon_{i,g}$ 为相应纯裸露地表比辐射率，二者均来自于光谱数据库；

d_{ε_i} 为某一通道由植被和下垫面地表的多次反射产生的地表发射率项，为简化计算，假设地表平坦，没有地表发射率的多次反射项；

f 为植被覆盖度，可由公式(4.10)计算：

$$f = \left(\frac{\text{NDVI} - I_{\text{NDVV}}}{I_{\text{NDVV}} - I_{\text{NDVS}}}\right)^2 \tag{4.10}$$

式中：

I_{NDVS} 为纯裸土像元 NDVI 值（归一化植被指数，见 4.3.3.2 节式(4.29)），

I_{NDVV} 为纯植被像元某一植被类型的典型 NDVI 值，分别取固定值 0.2，0.86，当像元 NDVI 大于 I_{NDVV} 像元的植被覆盖度为 1.0，像元发射率为 $\varepsilon_{i,v}$，当像元 NDVI 小于 I_{NDVS}，像元的植被覆盖度为 0.0，像元反射率即为 $\varepsilon_{i,g}$。

4.2.2 近地面气温遥感估算方法

近地面气温是指在近地表（一般指距地面 1.5～2 m 处高度）观测的大气温度。大气中发生的热力过程、动力过程和水汽相变过程都与空气的温度有着密切的关系。近地面气温是基本的气象要素之一，其作为描述地表大气环境的重要指标，控制着自然系统中大多数的生物和物理过程如光合作用、呼吸作用及陆

地表面蒸散过程等,是各种地表过程模型,如地表蒸散发模型、水文模型、土壤—植被—水分系统动力模型等的重要驱动参数。

传统的气温测定方法通常都是由气象观测站获得离散的观测值,然后通过内插如反距离权重方法、泰森多边形方法、趋势面方法、多元回归方法、空间统计方法和样条函数方法等获得大范围的气温值。虽然气象站点能够提供较为精确而时间连续的近地面气温数据,但是站点不仅无法描述近地面气温在空间上的连续性,尤其是在站点稀疏并且具有复杂地形地貌和景观条件的地区,单个站点气温能够代表的空间范围十分有限,即使通过空间内插过程也很难获得较满意的气温空间分布。

相比传统观测方法,遥感方法可以获取大范围空间连续的气温观测数据,具有实时性、区域性、经济适用性等无可替代的优势。从区域能量平衡观点来看,近地面气温和遥感获取的陆表温度之间必然存在着能量方面的联系,因此通过建立地表温度和气温之间的关系,并在此基础上反演气温时空分布也是可行的。

4.2.2.1　近地面气温遥感反演的物理机制

热红外遥感数据是近地面气温空间化的重要数据源之一。复杂的大气辐射及其微小的信号比增加了直接从热红外遥感数据估算近地面气温的研究难度。根据地表能量平衡原理,近地面气温与地表温度之间具有物理意义明确的相关关系,这为通过卫星地表温度反演近地面气温提供了物理机制和理论支撑(祝善友 等,2011)。

依据能量守恒与转换定律,地表接收的能量以不同方式转换为其他运动形式,使能量保持平衡。这一能量交换过程可用如下地表能量平衡方程(式 4.11)来表示。

$$R_n = H + G + LE \tag{4.11}$$

式中:

R_n 为地表的净太阳辐射能量,

H 为下垫面到大气的显热通量,

G 为土壤热通量,

LE 为下垫面到大气的潜热通量。其中,地表净太阳辐射能量可以通过公式(4.12)展开:

$$R_n = (1-\alpha)R_s^{\downarrow} + \varepsilon_a \sigma T_a^4 - \varepsilon_s \sigma T_s^4 \tag{4.12}$$

式中:

α 为地表反照率,

$R_s^{\downarrow}$ 为入射到地表的太阳短波辐射,

ε_a 为无云时大气的有效发射率,

T_a 为参考高度(通常为 2 m)的气温,即近地面气温,ε_s 为地表发射率,

T_s 为地表真实温度。下垫面到大气的显热通量可以通过公式(4.13)表示:

$$H = \rho c_p (T_s - T_a)/\gamma_a \tag{4.13}$$

式中:

ρ 为空气密度,

c_p 为空气定压比热,

γ_a 为空气动力学阻抗,随地表风速、粗糙度、空气密度梯度的变化而变化。土壤热通量可以通过公式(4.14)表示:

$$G = \xi R_n \tag{4.14}$$

式中:

ξ 与地表植被覆盖程度和叶面积指数有关。下垫面到大气的潜热通量则可以通过公式(4.15)表示:

$$LE = \rho c_p [\delta(T_s) - e_a]/\gamma \gamma_a \tag{4.15}$$

式中:

$\delta(T_s)$ 为温度 T_s 时的下垫面饱和水汽压,

e_a 为参考高度处(2 m)的空气水汽压,

γ 为干湿球常数。此处仅用水汽压代替了温度,且假设地面处在饱和状态下,引入饱和水汽压对温度

的斜率 Δ，如公式(4.16)所示：

$$\Delta = [\delta(T_s) - \delta(T_a)] / (T_s - T_a) \tag{4.16}$$

通过上述各物理量的表达式，可以联立求解近地面气温的公式如(4.17)：

$$T_a = T_s - \left[\frac{\gamma\gamma_a(1-\xi)R_n}{(\Delta+\gamma)\rho C_p} - \frac{\delta(T_a)-e_a}{\Delta+\gamma}\right] \tag{4.17}$$

由此可知，近地面气温与地表温度之间具有物理意义明确的相关关系，但这种关系会受到很多因素的影响，包括地理位置、入射太阳辐射、地表反照率、土壤湿度、下垫面类型、地形因子、成像时刻气象条件等(Lin et al.,2016)。由此可见，利用卫星遥感技术进行近地面气温反演是有物理理论基础的。

4.2.2.2　风云气象卫星近地面气温估算方法

目前国内外近地面气温遥感反演主要有温度植被指数法、大气廓线外推法、地表能量平衡法、机器学习方法、数据统计方法等(Famiglietti et al.,2018;冷佩 等,2019)，但这些方法普遍存在精度不高、参数求解困难、可移植性差、不适宜业务化运行等问题。

温度植被指数法(Temperature Vegetation Index,TVX)是基于遥感图像植被全覆盖时的地表温度近似等于该地点空气温度的假设，因此 LST 随着植被覆盖度的增加趋近于该点的空气温度。该方法应用有两个限制条件：一是在晴空条件下具有较为稳定的大气条件，二是地表在一定范围内满足土壤水分均一的条件。因此该方法不适用于低植被覆盖和裸土区域，反演精度不高。

大气廓线外推法是建立在同一垂直面空气温度是连续变化的假设之上，通过绝热递减率插值得到近地面气温。该方法原理简单，可以不需要地面辅助数据，通过再分析资料大气廓线数据就能得到晴空下近地表气温，然而在有云条件下精度较低。

地表能量平衡法是在忽略平流的影响下，根据能量平衡方程建立由空气动力学温度、显热能量、空气密度、空气定压比热、空气动力学阻抗等因素组成的近地表气温的表达式。该方法需要大量辅助数据，同时由于空气动力学温度与地表温度之间的差异会随着植被覆盖度降低而变大，使得该方法在稀疏植被时会带来较大误差。

单因子统计法是基于近地面气温和地表温度的高度相关性，多通过建立二者的线性回归关系求得气温(韩秀珍 等,2012)。多因子统计法是考虑了多个影响因子，通过建立线性或非线性模型来求解。大量研究表明，多因子的统计模型精度要高于单因子统计模型，这些方法优点在于模型简单，输入参数少，然而回归系数依赖于建模数据的获取时间和地点，无法推广到区域尺度，算法可移植性较差。

为了提高算法业务化运行可行性，根据地温与气温之间明确物理原理，结合 FY-4B/AGRI 地表温度时空分布特征，以及其与气象站点、陆面同化数据之间的动态相关关系，风云气象卫星近地面气温反演采用地理空间关系模型，通过将地理上空间距离作为权重引入多元线性回归模型中，从而表示因变量和自变量在地理空间上的非稳定关系，如式(4.18)所示：

$$Y_j = \beta_0(u_j,v_j) + \sum_{i=1}^{p}\beta_i(u_j,v_j)X_{ij} + \varepsilon_j \tag{4.18}$$

式中：

X_{ij} 为综合考虑的地理位置、地形因子、植被指数、海拔高程、下垫面类型、地表反照率等多要素的参数，

β_0,β_1,β_2 为模型拟合求解系数，是由像元点周边一定数量的样本点所估计得到的，并且采用样本点与该像元点之间的距离作为权重来表示样本点对系数估计的影响程度，

ε_j 表示回归误差。

系数求解需要用权值矩阵的计算函数，以双重平方函数为内核，计算多要素距离权重，建立多个动态回归带宽，并利用最小二乘法求解局部区域线性拟合参数，构建多要素自适应地理时空局部模型。双重平方函数计算权值矩阵公式如式(4.19)：

$$w_{ij} = \begin{cases} \left[1-\left(\frac{d_{ij}}{\theta_{i(k)}}\right)^2\right]^2, & d_{ij} < \theta_{i(k)} \\ 0, & d_{ij} \geqslant \theta_{i(k)} \end{cases} \tag{4.19}$$

式中：

d_{ij} 表示估算点与周边样点之间的距离，

$\theta_{i(k)}$ 表示自适应回归带宽，为第 k 个最临近距离，其主要通过交叉验证方法确定。

在考虑土地覆盖、海拔高程、植被生长状况、季节等因素基础上，以风云气象卫星遥感地表温度空间分布作为主要权重，分别建立不同条件下的近地面气温估算模型，进而求解得到近地面气温反演结果。对比分析由卫星遥感地表温度估算的近地面气温空间分布与气象站点气温观测数据的空间分布，由图4.4可知，近地面气温估算结果的空间分布格局及趋势与气象站点气温观测结果较为一致，并且基于卫星遥感资料能够有效弥补地面观测站点空间分布离散的不足，从而获取大范围空间连续观测的近地面气温数据。

利用地面站点观测的百叶箱气温数据，对 FY-4A/AGRI 近地面气温算法进行精度验证，以 2021 年 8 月 1 日作为个例（图 4.3），验证结果表明，FY-4A/AGRI 近地面气温 RMSE 为 1.76 ℃，R^2 为 0.84，平均偏差为 1.20 ℃（图 4.4、图 4.5）。

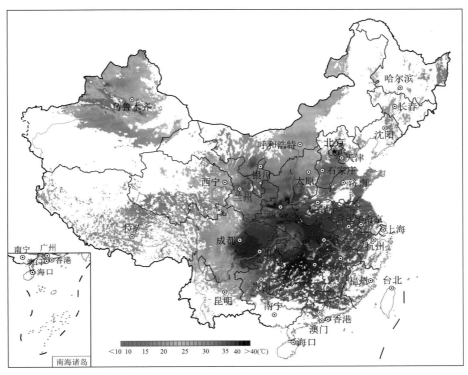

图 4.3　FY-4A/AGRI 近地面气温监测图（2021 年 8 月 1 日）

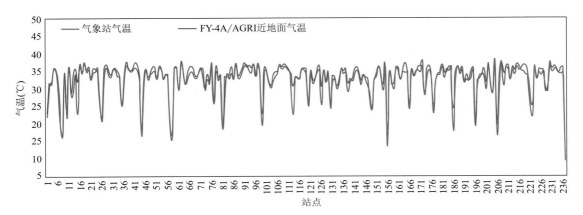

图 4.4　FY-4A/AGRI 近地面气温与气象站气温廓线对比图

同时采用中国气象局业务产品 CLDAS 的近地面气温栅格数据，通过对比气温大于或等于 35 ℃时的高温分布面积，对 FY-4A/AGRI 近地面气温融合产品进行精度验证（图 4.6），2021 年 8 月 1 日的验证结果表明,FY-4A/AGRI 高温面积判识精度为 92.03%。

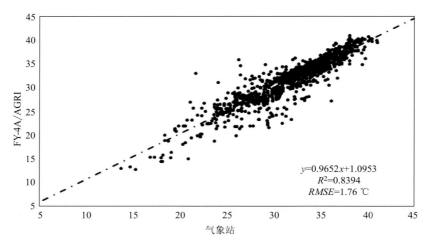

图 4.5　FY-4A/AGRI 近地面气温与站点百叶箱气温散点图

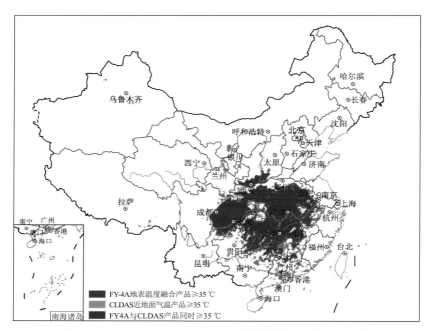

图 4.6　FY-4A/AGRI 与 CLDAS 高温区域(≥35 ℃)对比图

4.2.3　温湿指数计算方法

由于人体对冷热的感觉不仅取决于近地面气温,还与空气湿度、风速、太阳热辐射等有关(曹云 等,2019)。因此,不同气象条件下的高温天气也有其相应的特征。高温天气通常可分为两种类型:一种为干热型高温天气,即气温极高、太阳辐射强而且空气湿度小的高温天气,在夏季我国西北和华北地区经常出现。另一种为闷热型高温天气,由于夏季水汽丰富,空气湿度大,在相对而言气温并不太高的情况,人们会感觉很闷热。闷热型高温天气主要特征包括地表温度较高、太阳辐射不太强、空气湿度较大、温度日较差小。在我国沿海及长江中下游,以及华南等经常出现此类型高温天气。针对此类型高温天气需开展温湿指数监测,通过综合考虑近地面气温和相对湿度作为影响因子,构建能够反映高温天气中空气湿度较高而产生的闷热对人体舒适度的影响程度指数。

目前国内外已有不少关于人体舒适度的计算研究,主要是应用经验模型进行舒适度的定量评价。如适用于夏季较为湿热环境的采用气温和水汽压两项指标来评价人体对温度和湿度的热耐受程度的计算方

法(Oleson et al.,2015),如公式(4.20)所示:

$$HMI = T_{air} + 0.5555 \times (6.11 \times e^{5417.753 \times \left(\frac{1}{273.16} - \frac{1}{T_d + 273.15}\right)} - 10) \tag{4.20}$$

式中:

HMI 为湿热指数,

T_{air} 为近地面气温,

T_d 为露点温度。

净有效温度(Net Effective Temperature,NET)将风速的影响纳入到舒适度计算模型的考虑范围内,如公式(4.21)所示:

$$NET = 37 - \frac{37 - T_{air}}{0.68 - 0.0014RH + \frac{1}{1.76 + 1.4v^{0.75}}} - 0.29T(1 - 0.01RH) \tag{4.21}$$

式中:

NET 为净有效温度,

T_{air} 为近地面气温,

v 为风速,

RH 为相对湿度。该指数已成为香港气象观测中心每天发布的常规气象服务指数之一(Li et al.,2000)。

通过上述舒适度计算公式可知,除了近地面气温,近地面相对湿度也是评价人体舒适度的关键因子。近地面湿度遥感反演需要结合陆面过程理论和空气动力学理论,充分利用高精度的大气温湿廓线数据,研究基于物理模型的近地面湿度遥感估算方法(李宁 等,2018)。但由于近地面湿度遥感反演过程中的经验模型参数有着很强的区域性,导致模型的可移植性和普适性较差。

本研究中温湿指数(Temperature Humidity Index,THI)计算模型主要采用气象上温湿指数的计算方法,其可有效表征温度和湿度对人体热感受的综合影响,将遥感与气象站点数据相结合,以地表温度空间分布作为主要权重,综合考虑地形、地理位置、土地覆盖类型、时间等要素影响,获取卫星遥感近地面气温。同时结合近地面相对湿度,对气象站点数据进行克里金空间插值,并利用玛格努斯经验公式计算饱和水汽压和水汽压得到相对湿度,进而通过近地面气温和相对湿度综合计算温湿指数(公式(4.22)):

$$THI = T_{air} - 0.55 \times (1 - 0.01RH) \times (T_{air} - 14.4) \tag{4.22}$$

其中,

THI 为温湿指数,

T_{air} 为近地面气温,

RH 为相对湿度。

相对湿度 RH 是利用玛格努斯经验公式等分别计算饱和水汽压和水汽压,然后通过空气中水汽压与相同温度下饱和水汽压的百分比计算得到,如公式(4.23)所示:

$$RH = \frac{e}{E} \times 100\% \tag{4.23}$$

式中:

e 为水汽压,

E 为饱和水汽压。玛格努斯经验公式如公式(4.24)所示:

$$E = E_0 \times 10^{\frac{at}{b+t}}$$
$$e = q \times p / 0.622 \tag{4.24}$$

式中:

$E_0 = 6.11$ hPa,t 为实际温度,参数 $a = 7.45$,$b = 235$。

针对温湿指数监测结果进行等级划分,可有效直观地表征气温高、湿度大、日温差小的高温天气对人体热感受的综合影响,适用于我国中东部夏季闷热型高温天气的监测与评估。我国 2018 年 8 月平均温湿指数如图 4.7 所示。

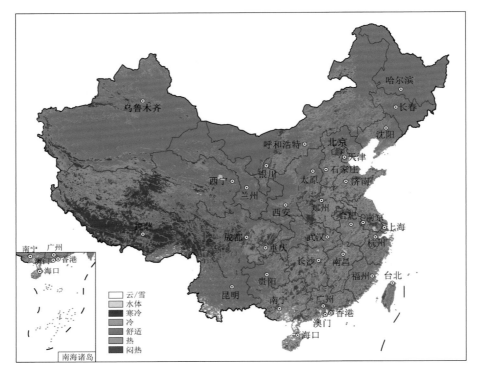

图 4.7　月平均温湿指数分布图(2018 年 8 月)

4.2.4　高温阈值计算方法

高温热浪是一个气象学术语,通常是指持续性的高温天气过程。高温灾害受局地气候背景、地理环境以及社会和经济等多因素差异的影响,世界各个国家和地区研究高温热浪所采取的方法不同,高温热浪的标准也存在很大差异。目前,全球范围内还没有一个统一而明确的高温定义与标准。依据高温阈值选取方法的不同,高温热浪的定义主要分为两种:经验温度阈值定义方法和相对温度阈值定义方法。

4.2.4.1　基于气象站点观测的温度阈值计算方法

在高温的温度阈值定义方面,由于地理环境的差异,不同国家和地区定义的绝对阈值标准存在差异。例如:世界气象组织(World Meteorological Organization,WMO)建议的高温热浪标准为日最高温度大于 32 ℃,且持续 3 天以上的天气过程;美国国家海洋和大气管理局(National Oceanic and Atmospheric Administration,NOAA)结合气温和相对湿度定义了热浪指数,当白天热浪指数连续 2 d 有 3 h 超过 40.5 ℃ 或者预计热浪指数在任一时间超过 46.5 ℃,发布高温警报;荷兰皇家气象研究所(Royal Netherlands Meteorological Institute,KNMI)规定热浪事件为日最高气温高于 25 ℃,且持续 5 天以上,其中至少有 3 天最高气温高于 30 ℃ 的天气过程。

在国内,中国气象局(China Meteorological Administration,CMA)规定的高温热浪标准为,当日最高气温达到或超过 35 ℃ 时,称为高温日,连续 3 天以上的高温天气过程称为高温热浪。中国领土面积广,气候差异大,各省市可根据本地天气气候特征,针对高温天气的防御,制定高温预警信号。北京高温预警阈值主要划分为大于等于 35 ℃、大于等于 37 ℃、大于等于 40 ℃ 等 3 个级别。因此,高温的温度定义可以根据经验设定一个阈值,通常在我国重点监测 40 ℃ 以上区域的地表高温空间分布。也可以根据我国气象部门的高温定义,通过构建台站日最高气温与台站位置为中心的周边 3×3 像元的平均地表温度之间的回归关系式,计算不同气温高温等级下对应的地表温度值,并参照气象部门高温等级划分进行遥感地表高温强度阈值划分(刘勇洪 等,2014)。一般情况下气温与下垫面温度的日变化呈现单峰曲线且变化趋势比较一致的特点(李蕊 等,2011),因此可以采用白天中午反映下垫面温度特征的地表温度资料来分析城市高温。针对不同监测区域,结合区域高温天气及下垫面特征构建各自适用的高温阈值指标。根据初步统计分析结果,华北地区可参照京津冀地区遥感高温阈值指标(表 4.1),南方地区可参照珠三角地区遥感高温阈值指标(表 4.2)。

表 4.1　京津冀地区气温高温值对应的遥感地表高温阈值

高温等级	气温(℃)	遥感地温(℃)
轻度高温	35	44
中度高温	37	47
重度高温	40	52

表 4.2　珠三角地区气温高温值对应的遥感地表高温阈值

高温等级	气温(℃)	遥感地温(℃)
轻度高温	35	37.5
中度高温	37	38.5
重度高温	40	39.5

4.2.4.2　基于长时间序列历史数据集的相对温度阈值计算方法

除了经验阈值的定义方法,利用相对阈值来定义高温也是常见的研究方法。相对阈值方法通常指选用局地或区域性气候平均态的特定百分位数作为高温阈值,进而确定高温强度。例如,Russo 等(2015)利用相对阈值定义并分析了俄罗斯 2010 年的强热浪事件,其认为当日最高温度超过其历史 90%分位数且持续 3 d 及以上为一次高温热浪事件。在高温指标选取方面,通常选用的指标包括最高温度、平均温度和最低温度等。

基于风云气象卫星长时间序列历史地表温度数据集,结合全球重点区域高温灾害的时空分布特征,综合运用累积分布函数和分位数等数理统计方法,将历史地表温度序列进行升序排列,计算全球重点区域高温灾害成灾指标。选取历史气候态 90%、93%、95%分位数作为不同高温强度对我国高温阈值进行分类和分析;选取历史气候态 93%、95%、97%分位数作为不同高温强度对印度、阿富汗(图 4.8)、巴基斯坦等"一带一路"沿线地区高温阈值进行分类和分析。

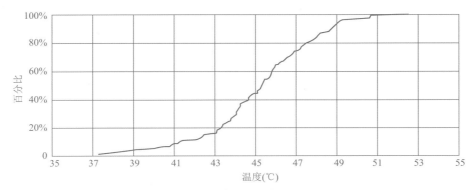

图 4.8　2010—2019 近 10 年阿富汗高温累积百分位统计图

4.2.5　高温出现频次、持续时间及高温范围计算

根据风云气象卫星地表高温空间分布及高温阈值,当像元的温度值达到高温阈值时,则表明该像

元为高温像元,若具有一定数量的像元持续 3 d 均为高温像元,则表明监测到一次热浪事件。通过分析在某时间段内像元达到高温阈值的次数,形成高温出现频次的时空分布变化(图 4.9),高温出现频次定义为 TD,即在高温过程中,从第 n 个时间单元至第 m 个时间单元内高温像元 i 的出现次数。高温出现频次计算如公式(4.25):

$$TD = \sum_{n}^{m} i_{\text{frequency}} \tag{4.25}$$

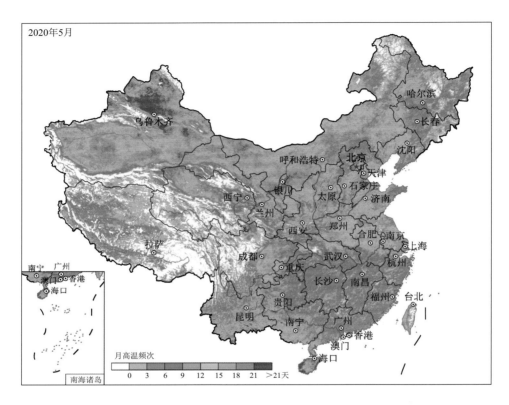

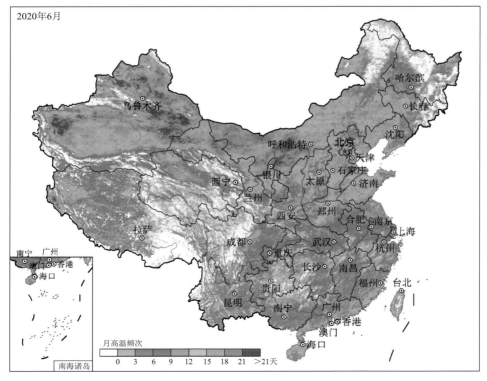

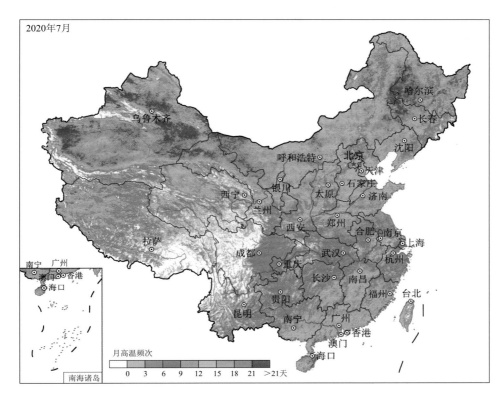

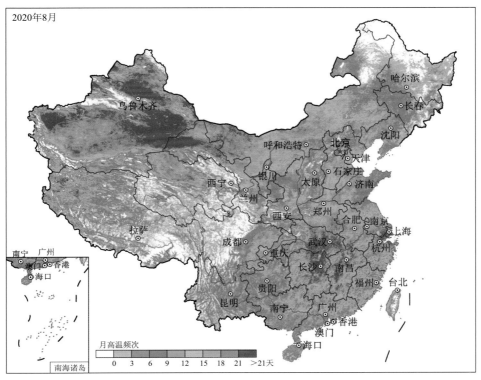

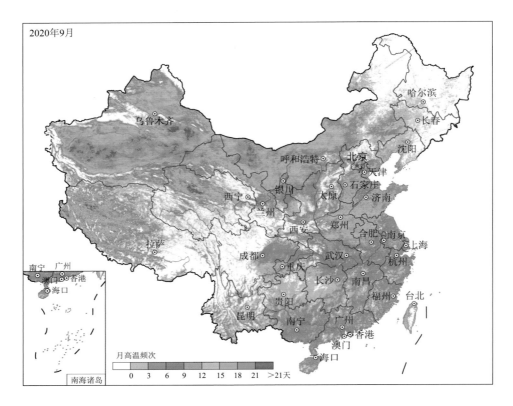

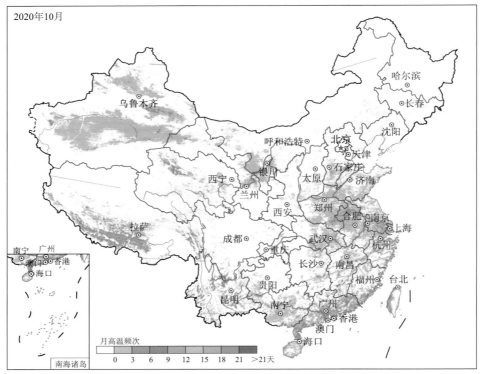

图 4.9　风云气象卫星监测我国陆表高温频次分布图(2020 年 5—10 月)

　　通过计算分析夏季月份各省市地区的高温像元数量,形成不同地区高温面积百分比统计结果(图4.10、图4.11)。同时将高温阈值、高温时长,以及高温范围结合起来,通过设定经验性限制条件,构建高温过程诊断指标。如近 10 d 内监测像元的地表温度超过 40 ℃的频次超过 7 d,并且监测像元的数量大于等于面积阈值时,则表明监测到高温过程(图4.12)。高温过程诊断指标监测显示 2021 年 5—7 月华南地区有两次主要的高温过程,分别出现在 5 月中下旬和 7 月(图4.13)。

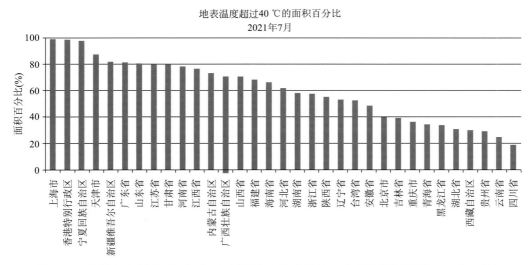

图 4.10　我国各省(自治区、直辖市)高温(地表温度超过 40 ℃)面积统计图(2021 年 7 月)

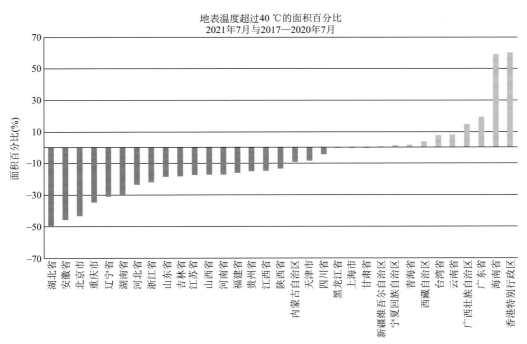

图 4.11　我国各省(自治区、直辖市)高温面积距平图
(2021 年 7 月与 2017—2020 年的 7 月平均高温面积对比)

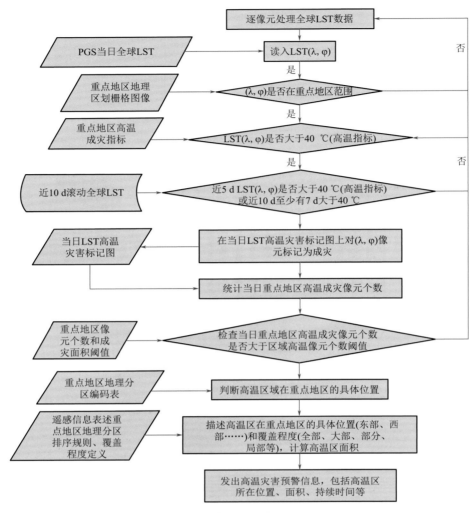

图 4.12　高温过程诊断流程图

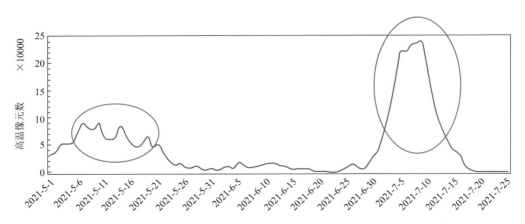

图 4.13　华南地区高温过程诊断（2021 年 5—7 月）

4.3　高温灾害监测方法

　　高温灾害监测是涉及气候、生态、人体健康、经济社会发展、医疗水平、政府应变能力的多方面、多目标、多层次问题。当前不少高温热浪研究主要集中在利用气象站点数据分析高温气候特征、时空变化规律、成因等方面，在基于多源遥感的从灾害学角度对高温热浪风险进行的综合性研究方面还有所欠缺。构建多源卫星遥感高温灾害监测模型对于人体健康、改善人居环境、农业热害、粮食安全、能源以及城市可持续发展具有重要意义。在利用多源卫星资料及其他数据研究高温灾害的致灾因子提取方法基础上，结合高温灾害的孕灾环境影响因子、高温灾害的承灾体影响因子，构建包括高温灾害的危险性、暴露性、脆弱性的综合高温灾害监测模型，以满足全球高温灾害监测评估业务服务需求。

4.3.1　卫星遥感高温灾害监测模型

气候系统和人类系统相互作用、相互影响，只有综合考虑它们之间的关系才能有效地评估整个灾害过程的风险，才能尽可能降低灾害带来的不利影响(Iphigenia et al.,2013)。灾害风险评估是对灾害可能出现或者灾害发生时造成损失程度进行量化的一种形式。灾害风险评估目标大多是建立应急系统，为政府部门提供应对突发自然灾害的防灾减灾技术和治理方面提供理论和科学依据，减少不必要的损失和人员伤亡。

4.3.1.1　灾害风险评估框架

灾害是一个复杂的系统，灾害的影响程度及其特征不仅取决于灾害本身，还取决于孕灾环境的敏感程度和承灾体的适应程度。气象灾害风险的形成，一是由于存在自然灾变的风险源，即致灾因子的危险性；二是与区域环境变化有密切关系，即孕灾环境的暴露性；三是与气象灾害风险的承灾体对气象灾害的承灾能力相关，即承灾体的脆弱性(宋晨阳 等,2016)。危险性指来自系统外部对系统造成威胁的因素。暴露性指人员、物种或生态系统、环境功能、服务和资源、基础设施或经济、社会或文化资产有可能受到不利影响的位置和环境。脆弱性是指易受不利影响的倾向，包含对危害的敏感性或易感性以及适应能力的缺乏。

4.3.1.2　高温灾害监测模型

近年来高温灾害风险评估大多集中在高温热浪的时空分布特征、成因等方面，主要利用气象站点数据进行高温灾害的危险性分析，对于高温灾害风险评估缺乏综合性的研究。本研究根据灾害风险评估系统中的致灾因子、孕灾环境和承灾体，利用长时间序列历史卫星遥感地表温度、近地面气温以及用于表征气温高、湿度大、日温差小的高温天气对人体热感受综合影响的温湿指数作为高温致灾因子。考虑城镇用地、植被覆盖、水体覆盖作为高温孕灾环境影响因子。选取社会经济统计数据人口、GDP 作为高温承灾体影响因子(何苗 等,2017)。综合构建高温灾害危险性、暴露性、脆弱性的高温灾害风险指数，在构建监测模型时，数据之间往往存在单位、数量级和趋势性方面的差异，一般需要对数据进行标准化处理。考虑到当卫星遥感地表温度与常年相比越高，近地面气温，温湿指数超过阈值越多，高温灾害危险程度越大，因而灾害危险指数值越大。同时，当人口较多、城镇密集、水体较少、植被较少时，受高温灾害影响程度较大(武夕琳 等,2019)。卫星遥感高温灾害风险指数由式(4.26)表示：

$$HWDZ = F(HWHZ, HWEN, HWBD) \tag{4.26}$$

式中：

HWDZ 指卫星遥感高温灾害风险，值越大说明风险程度越高，

HWHZ 指卫星遥感高温灾害的致灾因子相关的高温强度参数，由卫星遥感地表温度 LST、近地面气温 T_{air}、温湿指数 THI 等因子确定，这里主要由卫星遥感地表温度条件指数 LSTCI、近地面气温条件指数 T_{air}CI、温湿条件指数 THICI，以及高温时长 T 构成；

HWEN 指高温灾害的孕灾环境相关的暴露性参数，由城镇覆盖 U_c、水体指数 W_c、植被覆盖 V_c 等因素确定；

HWBD 指高温灾害的承灾体相关的脆弱性参数，由人口密度 P_p、社会经济因子 GDP 等因素确定。

4.3.2　高温强度参数计算方法

高温灾害的危险性程度通常与温度高低、高温时间长短有密切关系。利用卫星遥感地表温度 LST、近地面气温 T_{air}、温湿指数 THI 等因子构成高温强度参数来表征高温灾害的危险性，高温强度参数越大，则高温致灾危险性越高。各因子分别由卫星遥感地表温度条件指数 LSTCI、近地面气温条件

指数 $T_{air}CI$、温湿条件指数 THICI，以及高温时长 T 构成。为了消除各因子的量纲差异影响，使不同因子具有可比对性，对每个因子进行相应标准化处理（杜吴鹏 等，2014）。高温强度参数计算公式如式（4.27）：

$$HWHZ = a \times LSTCI \times \frac{LST - LST_{th}}{LST_{df}} \times T_1 + LST_\% \times (b \times T_{air}CI \times T_2 + c \times THICI \times T_3) \quad (4.27)$$

其中，各条件指数分别根据下式计算得到：

地表温度条件指数 $LSTCI = (LST - LST_{min\%})/(LST_{max\%} - LST_{min\%})$，根据前文中基于气象站点观测的温度阈值计算方法，设定地表高温的阈值 $LST_{th} = 44\ ℃$、地表重度高温与轻度高温的差值 $LST_{df} = 8\ ℃$；

近地面气温条件指数 $T_{air}CI = (T_{air} - T_{airth})/(T_{airmax} - T_{airth})$，根据近地面气温的高温阈值和最高气温经验值设定 $T_{airmax} = 50\ ℃$、$T_{airth} = 35\ ℃$；

温湿条件指数 $THICI = (THI - THI_{th})/(THI_{max} - THI_{th})$，根据温湿指数的闷热程度阈值和最大经验值设定 $THI_{max} = 40$、$THI_{th} = 27.5$。

高温时长 $T = F/5$，F 为近 5 日出现高温的日数。

同时，地表温度条件指数 LSTCI、近地面气温条件指数 $T_{air}CI$、温湿条件指数 THICI 的权重系数 a，b，c 初值分别设定为 0.4，0.3 和 0.3。

4.3.3 高温孕灾环境影响参数

孕灾环境参数是指自然地质、地理地貌等环境要素对高温灾害的影响程度。城镇用地、植被、水体因子是影响高温孕灾环境的三大主要因子。基于地物的光谱反射率特征构建的下垫面相关指数可以对影响高温孕灾环境的城镇用地、植被、水体地表进行信息增强。本研究选用归一化植被指数、归一化差异水体指数和归一化建筑指数作为高温孕灾环境相关的暴露性评估因子。

4.3.3.1 城镇用地影响因子

建筑物是城镇用地的主体，它决定了城市的空间形态特征，对城市热环境的影响很大。建筑物的密度、间距、朝向、高度等都会对城市高温产生影响。合理的建筑规划布局能加速城市通风，缓解城市高温灾害。采用卫星遥感归一化建筑指数（Normalized Difference Built-up Index，NDBI）来反映城镇用地的时空分布信息（图 4.14），即通过中红外波段与近红外波段的反射率归一化计算得到（Xu et al.，2017），如公式（4.28）所示：

$$NDBI = (\rho_{MIR} - \rho_{NIR})/(\rho_{MIR} + \rho_{NIR}) \quad (4.28)$$

4.3.3.2 植被影响因子

植被作为生态系统的重要组成部分，其通过光合作用吸收太阳辐射和二氧化碳，同时植被的蒸腾作用能吸收热量，有效降低周围的温度，缓解高温影响，降温效果与植被面积大小、覆盖率、种类和长势密切相关。通过卫星遥感归一化植被指数（Normalized Difference Vegetation Index，NDVI）来反映植被的时空分布信息，即通过近红外波段与可见光红光波段的反射率归一化计算得到，如公式（4.29）所示：

$$NDVI = (\rho_{NIR} - \rho_{Red})/(\rho_{NIR} + \rho_{Red}) \quad (4.29)$$

4.3.3.3 水体影响因子

水体具有明显的冷岛效应。水的比热容大，能吸收较多的太阳辐射且升温缓慢，其蒸发过程还能吸收周围空气热量，可显著降低近地面气温，从而减轻高温风险影响。根据水体地表的反射特点，通过可见光绿光波段和中红外波段的反射率归一化计算来抑制植被信息，突出水体信息，徐涵秋（2005）采用改进归一化差异水体指数（Modified Normalized Difference Water Index，MNDWI）来反映水体的时空分布信息（图 4.15），如公式（4.30）所示：

$$MNDWI = (\rho_{Green} - \rho_{MIR})/(\rho_{Green} + \rho_{MIR}) \quad (4.30)$$

4.3.4 高温承灾体影响参数

气象灾害是相对于行为主体即人类及其社会经济活动而言的，只有致灾因子作用于人类生活和社会

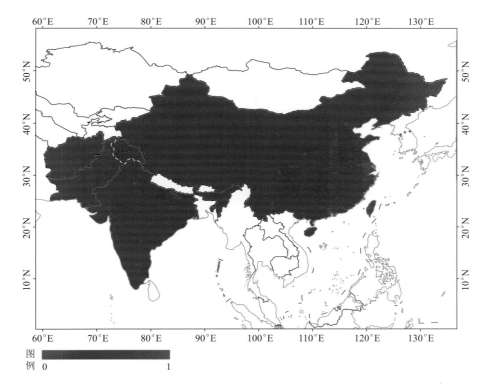

图 4.14　城镇影响系数分布图

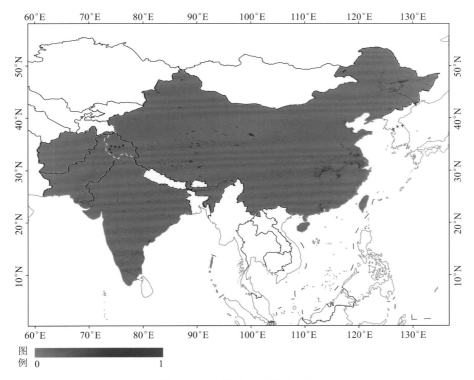

图 4.15　水体影响系数分布图

经济目标后才承担了灾害风险。高温承灾体影响参数是指高温灾害对人口、社会经济等的影响程度,主要基于统计年鉴等资料,由人口分布、地均国内生产总值(Gross Domestic Product,GDP)等综合确定。采用空间化的人口密度来表征高温灾害对人口的影响程度,人口分布越多的地区受到高温灾害的影响可能越大。良好的抗灾能力可以减轻灾害风险,GDP作为社会经济发展水平的重要指标,可以基本体现一个地区的抵抗灾害的经济能力(图4.16)。

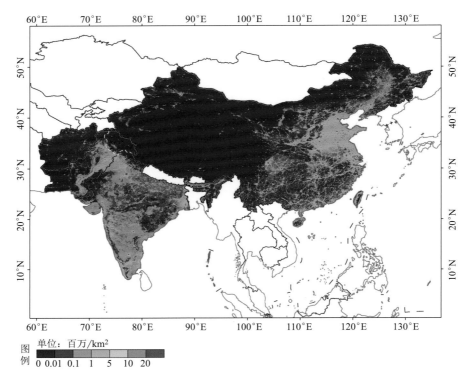

图4.16 社会经济分布图

4.4　高温灾害监测方法应用个例

本节主要介绍风云三号和风云四号气象卫星近年来在全球重要高温事件监测中的应用个例。

4.4.1　中国高温监测应用

国家卫星气象中心每年5—10月开展我国高温监测业务。业务上应用的高温监测相关产品主要包括风云静止气象卫星地表高温(图4.17)、风云极轨气象卫星地表高温(图4.18)、高温频次、城市热岛(图4.19、图4.20)、近地面气温(图4.21)、闷热指数(图4.22)产品以及各产品的相关统计结果。

4.4.2　印度高温监测应用

据相关媒体报道,2019年6月印度遭遇极端高温天气,印度首都新德里、拉贾斯坦邦、北方邦等多地出现高温天气,导致多人死亡。国家卫星气象中心利用FY-4A/AGRI数据持续监测了印度地表高温变化情况(图4.23)。根据2019年6月11日15:00(北京时)地表高温监测结果显示,印度中部出现大范围地表高温区域,局部地表温度超过65℃。6月15日15:00(北京时)地表高温监测结果显示,受阿拉伯海气旋风暴"瓦尤"外围云系带来的风雨影响,印度西部地表高温有所减弱,但印度中部仍存在一定范围地表高温。6月20日15:00(北京时)地表高温监测结果显示,印度西北部、中部部分地区出现地表高温区域,局部地表温度超过60℃。6月22日15:00(北京时)地表高温监测结果显示,印度中部和东部大部分地区被云遮挡,西部和西北部部分地区相较6月20日地表高温有所增强,其中西北部局地地表温度超过了65℃。

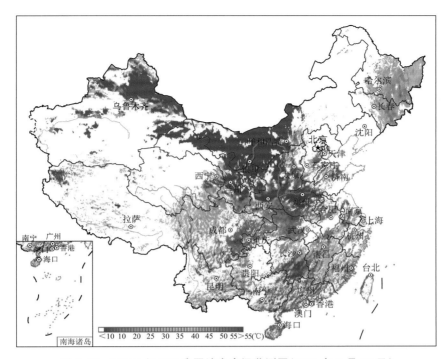

图 4.17　FY-4A/AGRI 我国地表高温监测图(2021 年 7 月 13 日)

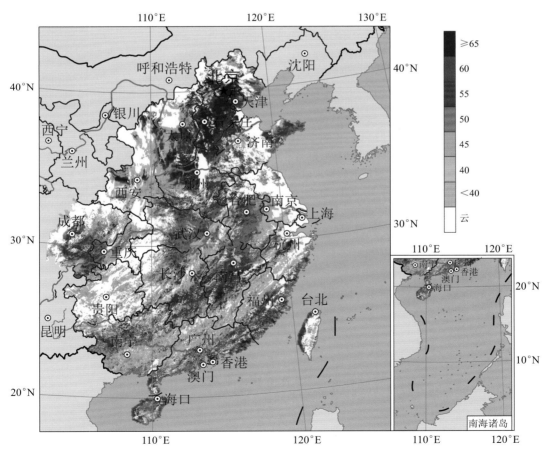

图 4.18　FY-3D 我国中东部地区地表高温监测图
(2023 年 7 月 10 日 14:15(北京时))

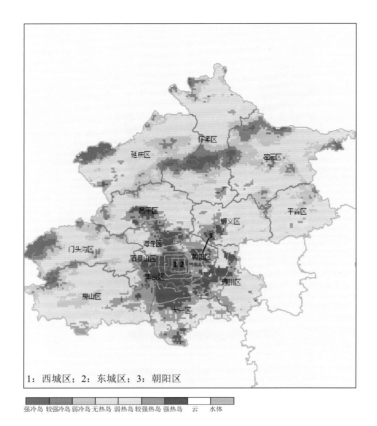

1：西城区；2：东城区；3：朝阳区

强冷岛 较强冷岛 弱冷岛 无热岛 弱热岛 较强热岛 强热岛　云　水体

图 4.19　FY-3D 北京城市热岛监测图（2019 年 9 月 1—7 日）

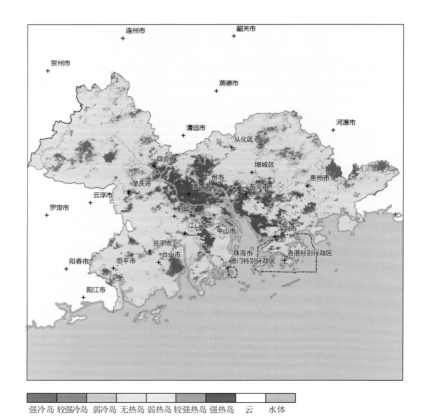

强冷岛 较强冷岛 弱冷岛 无热岛 弱热岛 较强热岛 强热岛　云　水体

图 4.20　FY-3D 珠三角城市热岛监测图（2020 年 7 月）

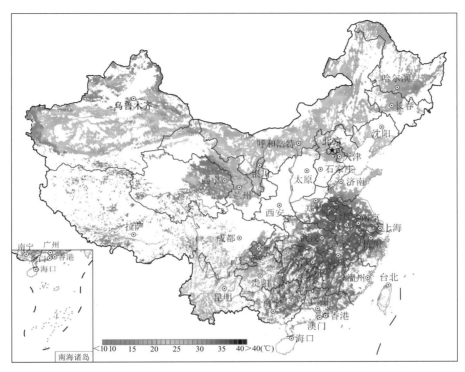

图 4.21　FY-4A/AGRI 近地面气温监测图(2021 年 9 月 23 日 14:00)

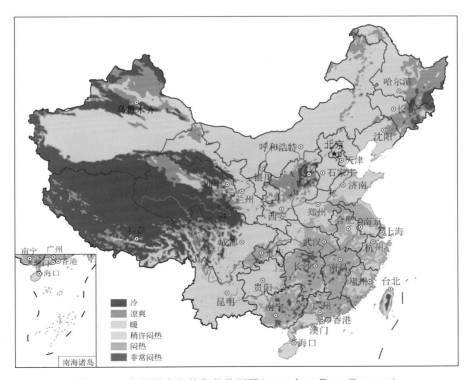

图 4.22　多源融合闷热指数监测图(2021 年 9 月 23 日 14:00)

根据高温灾害监测模型分析制作了印度高温致灾因子(图 4.24)、孕灾环境(图 4.25)、承灾体分布图(图 4.26),综合得到印度高温危险指数分布图(图 4.27),监测结果显示印度中部和北部部分地区的高温危险指数较高。

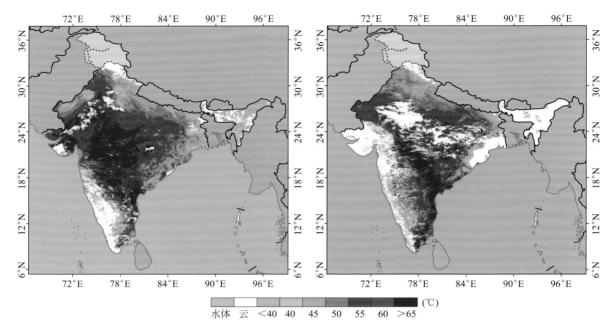

水体　云　<40　40　45　50　55　60　>65　(℃)

图 4.23　FY-4A/AGRI 印度地表高温变化图(2019 年 6 月 11 日、15 日)

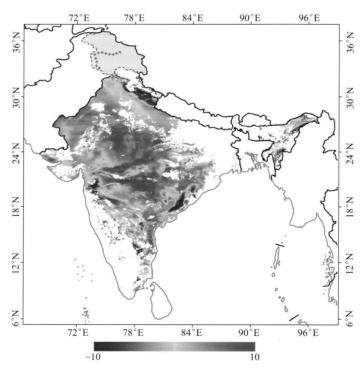

-10　　　　　　　　10

图 4.24　印度高温致灾因子分布图(2019 年 6 月 11 日)

4.4.3　澳大利亚高温监测应用

2019 年 1 月澳大利亚出现地表高温,FY-4A/AGRI 监测结果显示(图 4.28),西澳大利亚州中部、北领地南部、昆士兰州西南部、南澳大利亚州中部和北部部分地区的地表温度超过 65 ℃,西澳大利亚州南部、北领地中部、昆士兰州大部、南澳大利亚州大部、新南威尔士州中部和西部、维多利亚州北部等地的地表温度在 50～65 ℃。

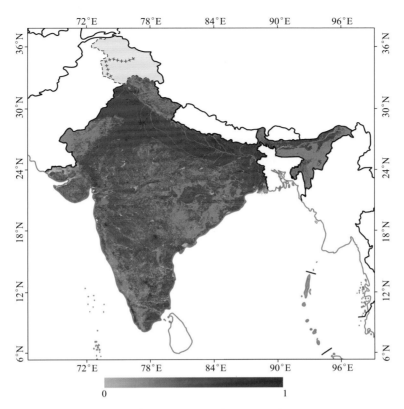

图 4.25　印度高温孕灾环境分布图(2019 年 6 月 11 日)

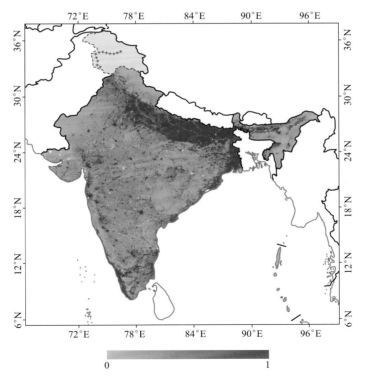

图 4.26　印度高温承灾体分布图(2019 年 6 月 11 日)

2019 年 9 月—2020 年 2 月,澳大利亚多地发生严重山火,焚毁大片林地和大量房屋,造成人员伤亡。山火引发的烟雾一度造成悉尼等大城市空气质量严重下降,并飘散到近 2000 km 以外的新西兰,引起国际广泛关注。

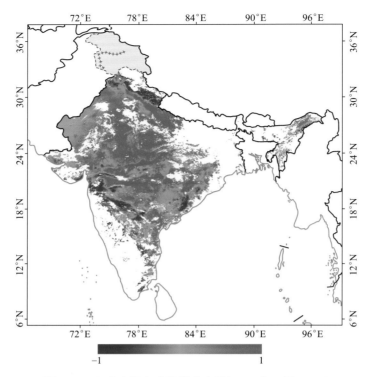

图 4.27　印度高温危险指数分布图(2019 年 6 月 11 日)

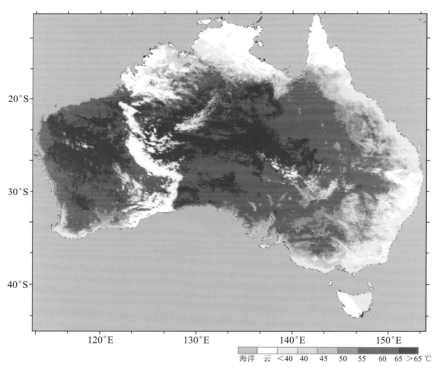

图 4.28　FY-4A/AGRI 澳大利亚地表高温监测图(2019 年 1 月 1 日)

　　利用风云三号气象卫星对澳大利亚东部地表温度进行监测,结果表明,澳大利亚东部发生的持续大范围山火与当地温度偏高等气候因素有关。FY-3D/MERSI-Ⅱ监测显示,2019 年 9—12 月,澳大利亚东部大部分地区平均地表温度偏高。2019 年 12 月,澳大利亚新南威尔士等地大部分地区地表温度超过 50 ℃(图 4.29)。与 2018 年同期相比(图 4.30),澳大利亚东南部平均地表温度偏高约 4 ℃,沿海森林一带受大范围林火影响,地表温度偏高 5～10 ℃。持续的温度偏高造成森林草原火险等级居高不下。

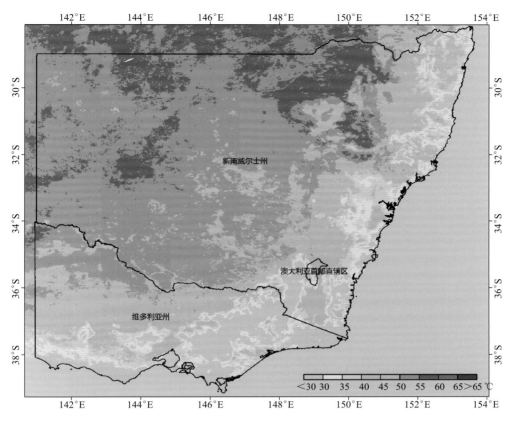

图 4.29 FY-3D 澳大利亚新南威尔士等地平均地表温度监测图(2019 年 12 月)

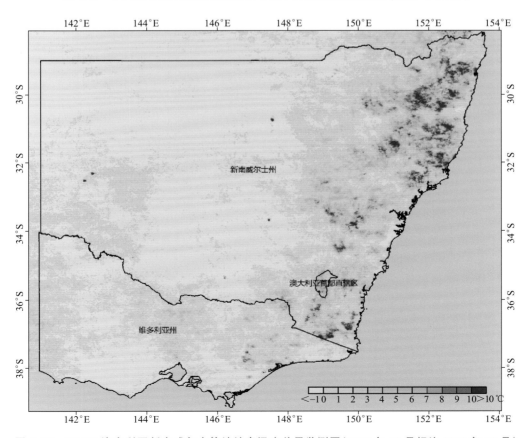

图 4.30 FY-3D 澳大利亚新南威尔士等地地表温度差异监测图(2019 年 12 月相比 2018 年 12 月)

4.4.4 欧洲高温监测应用

2019 年 6—7 月,法国、德国、西班牙以及意大利等欧洲多国迎来高温热浪天气,并刷新当月最高温纪录。国家卫星气象中心利用风云三号 D 星持续监测了当时欧洲多国的地表高温情况(图 4.31)。

FY-3D/MERSI-Ⅱ 2019 年 6 月 27 日的地表高温监测图显示,西班牙中南部和意大利东南部的地表温度为 55~65 ℃。

根据 FY-3D/MERSI-Ⅱ 2019 年 7 月 25 日的地表高温监测结果,西班牙大部、葡萄牙大部、意大利大部、法国大部、德国大部、比利时大部地表温度超过 50 ℃,其中,法国中部、西班牙中部、意大利西部地表温度超过 60 ℃。

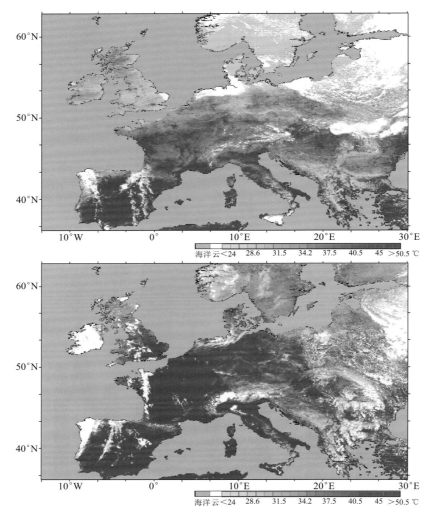

图 4.31　FY-3D 欧洲地表高温监测图(上、下图分别为 2019 年 6 月 27 日、7 月 25 日)

4.4.5 美国高温监测应用

2021 年 7 月,美国西部遭遇了罕见高温天气,据相关媒体报道,高温天气导致上述相关地区处于异常干旱之中。根据 FY-3D/MERSI-Ⅱ 2021 年 7 月 7 日的地表高温监测结果(图 4.32),美国西部的华盛顿州、蒙大拿州、俄勒冈州、内华达州、加利福尼亚州、亚利桑那州、新墨西哥州等地地表温度超过 50 ℃以上。

4.4.6 北极高温监测应用

2021 年夏季西伯利亚地区出现极端高温天气,位于北极圈以北的俄罗斯维克霍扬斯克镇附近地表温

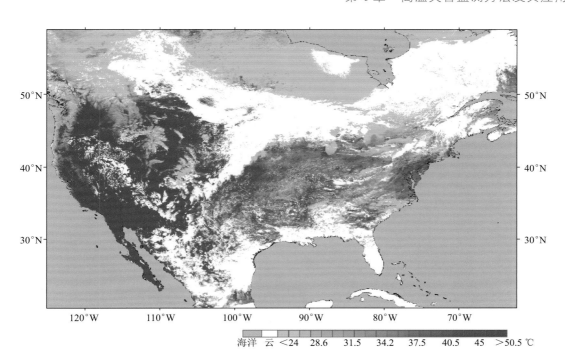

图 4.32　FY-3D 美国西南部地区地表高温监测图(2021 年 7 月 7 日)

度达到 48 ℃,再次打破了西伯利亚地区的地表温度纪录。

FY-3D/MERSI-Ⅱ于 2021 年 8 月上旬对北极地区地表温度的监测结果显示(图 4.33),维克霍扬斯克镇周边有较大范围的区域地表温度超过 30 ℃,与 2019—2020 年两年同期平均值相比(图 4.34),该地区地表温度普遍偏高 10 ℃以上。

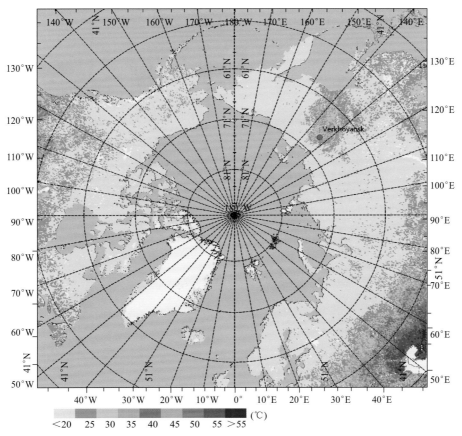

图 4.33　FY-3D 北极地区地表温度监测图(2021 年 8 月上旬)

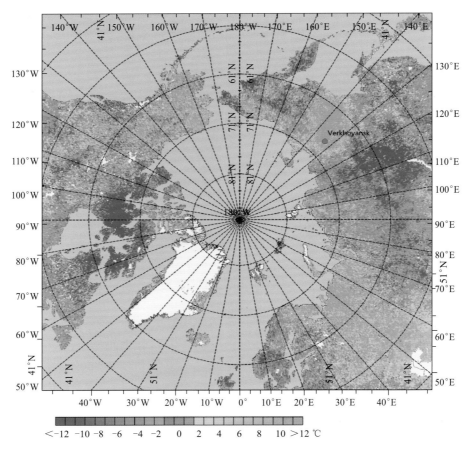

图 4.34　FY-3D 北极地区地表温度距平图(2021 年 8 月上旬相比 2019—2020 年同期平均值)

参考文献

曹云,孙应龙,吴门新,2019. 近 50 年京津冀气候舒适度的区域时空特征分析[J]. 生态学报,39(20):
　　7567-7582.

杜吴鹏,权维俊,轩春怡,等,2014. 京津冀城市群高温灾害风险区划研究[J]. 南京大学学报(自然科学
　　版),50(6):829-837.

何苗,徐永明,李宁,等,2017. 基于遥感的北京城市高温热浪风险评估[J]. 生态环境学报,26(4):635-642.

冷佩,廖前瑜,任超,等,2019. 近地表气温遥感反演方法综述[J]. 中国农业信息,31(1):1-10.

李宁,徐永明,何苗,等,2018. 基于遥感的北京市体感温度指数反演研究[J]. 生态环境学报,27(6):
　　1113-1121.

李蕊,牛生杰,汪玲玲,等,2011. 三种下垫面温度对比观测及结冰气象条件分析[J]. 气象,37(3):325-333.

刘勇洪,权维俊,2014. 北京城市高温遥感指标初探与时空格局分析[J]. 气候与环境研究,19(3):332-342.

权维俊,韩秀珍,陈洪滨,2012. 基于 AVHRR 和 VIRR 数据的改进型 Becker"分裂窗"地表温度反演算法
　　[J]. 气象学报,70(6):1356-1366.

宋晨阳,王锋,张韧,等,2016. 气候变化背景下我国城市高温热浪的风险分析与评估[J]. 灾害学,31
　　(1):6.

武夕琳,刘庆生,刘高焕,等,2019. 高温热浪风险评估研究综述[J]. 地球信息科学学报,21(7):1029-1039.

徐涵秋,2005. 利用改进的归一化差异水体指数(MNDWI)提取水体信息的研究[J]. 遥感学报,9(5):
　　589-595.

杨军,董超华,2011. 新一代风云极轨气象卫星业务产品及应用[M]. 北京:科学出版社.

张佳华,李欣,姚凤梅,等,2009. 基于热红外光谱和微波反演地表温度的研究进展[J]. 光谱学与光谱分

析,29(8):2103-2107.

周淑贞,束炯,1994. 城市气候学[M].北京:气象出版社 .

祝善友,张桂欣 .2011. 近地表气温遥感反演研究进展[J].地球科学进展,26(7):724-730.

AKD A,PLA B,PK A,et al,2021. Present and future projections of heatwave hazard-risk over india: a regional earth system model assessment[J]. Environmental Research.

ANDERSON M C,NORMAN J M,KUSRAS W P,et al,2008. A thermal-based remote sensing technique for routine mapping of land-surface carbon,water and energy fluxes from field to regional scales [J]. Remote Sensing of Environment,112(12):4227-4241.

BECKER F,LI Z L,1990. Towards a local split window method over land surfaces[J]. International Journal of Remote Sensing,11(3):369-393.

CASELLES E,VALOR E,F ABAD,et al,2012. Automatic classification-based generation of thermal infrared land surface emissivity maps using AATSR data over europe[J]. Remote Sensing of Environment,124(none):321-333.

FAMIGLIETTI C A,FISHER J B,HALVERSON G,et al,2018. Global validation of MODIS near-surface air and dew point temperatures[J]. Geophysical Research Letters.

FISCHER E M,KNUTTI R,2015. Anthropogenic contribution to global occurrence of heavy-precipitation and high-temperature extremes[J]. Nature Climate Change,5(6):560-564.

JIA G,XU R,HU Y,2015. Multi-scale remote sensing estimates of urban fractions and road widths for regional models[J]. Climatic Change,129(3-4):543-554.

IPCC,2014. Climate change 2014: Impacts,adaption,and vulnerability. Working group II contribution to the fifth assessment report of the Intergovernmental Panel on Climate Change[M]. Cambridge UK and New York USA: Cambridge University Press.

IPHIGENIA K,CHRIS T K,BINO M,et al,2013. Heat wave hazard classification and risk assessment using artificial intelligence fuzzy logic[J]. Environmental Monitoring & Assessment,185(10):8239-8258.

LI P W,CHAN S T,2010. Application of a weather stress index for alerting the public to stressful weather in Hong Kong[J]. Meteorological Applications,7(4).

LI Z L,TANG B H,WU H,et al,2013. Satellite-derived land surface temperature: current status and perspectives[J]. Remote Sensing of Environment,131:14-37.

LIN X H,ZHANG W,HUANG Y,et al,2016. Empirical estimation of near-surface air temperature in china from MODIS LST data by considering physiographic features[J]. Remote Sensing,8(8):629.

MIRALLES D G,TEULING A J,HEERWAARDEN C,et al,2014. Mega-heatwave temperatures due to combined soil desiccation and atmospheric heat accumulation[J]. Nature Geoscience,7(5):345-349.

OLESON K W,MONAGHAN A,WILHELMI O,et al,2015. Interactions between urbanization,heat stress,and climate change[J]. Climatic Change,129(3-4):525-541.

PERKINS S E,2015. A review on the scientific understanding of heatwaves—their measurement,driving mechanisms,and changes at the global scale[J]. Atmospheric Research,164-165(oct. -no):242-267.

RUSSO S,DOSIO A,GRAVERSEN R G,et al,2015. Magnitude of extreme heat waves in present climate and their projection in a warming world[J]. Journal of Geophysical Research Atmospheres,119(22):12500-12512.

STOTT P A,STONE O A,et al,2004. Human contribution to the European heatwave of 2003[J]. Nature,432(7017):610-614.

YANG L M,HU P TAN J G,et al,2015. Urban integrated meteorological observations: practice and experience in shanghai,china[J]. Bulletin of the American Meteorological Society,96(1).

WAN Z M,DPZOER J,1996. A generalized split-window algorithm for retrieving land-surface tempera-
　　ture from space[J]. IEEE Transactions on Geoscience & Remote Sensing,34(4):892-905.

XU R H,HU Y H,GAO H,et al,2017. Derivation of fractional urban signals in better capturing urbani-
　　zation process[J]. Environmental Earth Sciences,76(12):1-11.

第 5 章　干旱灾害监测方法及其应用

近几十年来,全球干旱事件的发生及其潜在风险迅速增加(图 5.1),造成了巨大的环境和社会损失(Wang et al.,2011;Wang et al.,2016;Wu et al.,2019)。土壤水分是地球的水、能量和碳循环的关键因素,常被作为监测农业干旱、水文干旱和气象干旱的关键参数(Huang et al.,2020;Wei et al.,2020)。此外,土壤水分在天气和降水模式的发展中发挥着重要作用,已被广泛用于分析全球的水文过程模拟、气候变化和生态模型预测、洪水预报和农业生产力估算等(Crow et al.,2008)。通过科学有效的监测技术及时、准确、大面积地获取时空连续的地表土壤水分数据,可以为国民经济的宏观调控、旱涝预警、农业可持续发展和粮食政策制定等提供重要的数据支撑,具有重要的现实意义和深远的社会效益。基于站点的土壤水分监测结果虽然具有较好的可靠性与真实性,但是需要耗费的人力、物力较大,且在空间上具有不连续性。遥感技术具有快速、宏观、客观、及时、动态等特点,在区域土壤水分监测中具有得天独厚的优势。

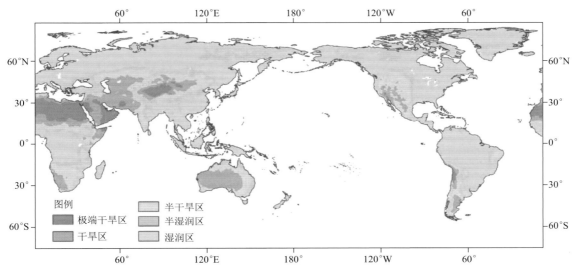

图 5.1　全球极端干旱区、干旱区、半干旱区、半湿润区及湿润区的分布

5.1　遥感干旱监测研究进展

5.1.1　光学遥感干旱监测

光学遥感监测土壤水分主要利用土壤表面的光谱反射特性和不同土壤水分含量下土壤自身发射率的差异,构建相应的干旱监测指数,以反映土壤的干湿状况和土壤含水量信息,被广泛用于农业干旱监测和作物水分胁迫信息的反演。常用的光学干旱监测指数包括基于植被指数的方法、基于地表温度的方法、综合植被指数和地表温度的方法以及基于近红外-可见光波段光谱特征空间的方法等。由于植被的生长状况与土壤水分密切相关,国内外研究者常利用遥感数据构建植被指数以监测区域土壤的水分状况(陈维英等,1994;胡猛 等,2013)。常用于监测干旱的植被指数包括归一化植被指数(NDVI)、条件植被指数(VCI)、距平植被指数(Anomaly vegetation index,AVI)等。由于地表温度(LST)是地表蒸散中的关键因子,可用于反映地表过程中能量的平衡,因而被用于监测作物水分亏缺和区域土壤水分等(Kogan,1995;Mcvicar et al.,2001)。常用的温度指数有条件温度指数(TCI)、归一化温度指数(Normalized difference temperature index，NDTI)和作物缺水指数(Crop water stress index，CWSI)等。单独使用植被指数或地表温度进行土壤水分监测均具有其局限性，结合二者进行土壤水分监测可进一步提高其监测精度(王鹏新等，2001;Sandholt et al.，2002)。基于近红外-可见光波段光谱特征空间的干旱监测指数有垂直干旱指数(Perpendicular drought index，PDI)、植被调整垂直干旱指数(Vegetation adjusted perpendicular drought index，VAPDI)等(Ghulam et al.，2007;吴春雷 等，2014)。此外，基于全球环境监测指数(Global environmental monitoring index，GEMI)、归一化水分指数(NDWI)以及各指数之间组合的干旱监测方法也较常用。

5.1.2 微波遥感干旱监测

近年来，微波遥感技术的发展为大范围、全天候、高精度的地表土壤水分提取提供了有效手段。基于微波的土壤水分监测方法具有全天时全天候的特点，且具有一定的地表穿透力，是大面积土壤水分监测的有效手段。利用微波遥感的方法监测土壤水分的原理在于土壤的介电系数随着水分的增加显著增大，地表介电系数越大，微波遥感的信号越强，遥感信号与地表介电系数之间的联系密切。微波遥感监测土壤水分分为主动微波遥感和被动微波遥感。主动微波遥感通过传感器主动发射微波信号，接收地表回波信号，分析后向散射系数与地物形态和特性之间的关系反演土壤水分，特点在于空间分辨率高、数据量大，对地表粗糙度和植被覆盖度比较敏感，但重访周期长，数据处理复杂(Thoma et al.，2006;丁建丽 等，2013)。与主动微波遥感相比，被动微波反演土壤水分研究开展较早，技术和算法相对更加成熟一些(Shi et al.，2006;Wang et al.，2020)。被动微波遥感主要通过建立微波辐射计测得的土壤亮度温度与土壤水分之间的相关关系进行区域土壤水分的估测，其特点在于重访周期短，对土壤水分的变化敏感，数据处理简单，但空间分辨率较低(陈亮 等，2009)。近年来，有越来越多的卫星搭载了微波辐射成像仪等设备，可用于收集和生产各种各样的土壤水分产品，如 SMAP(soil moisture active passive)、AMSR-2(advanced microwave scanning radiometer-2)、SMOS(soil moisture and ocean salinity)和风云三号(FY-3)气象卫星，并已广泛应用于区域土壤水分状况的监测(Entekhabi et al.，2010;Kerr et al.，2012;Zhang et al.，2021;Parinussa et al.，2014)。其中，我国风云三号(FY-3)系列气象卫星等搭载的微波辐射成像仪(microwave radiometer imager，MWRI)成为区域土壤水分监测的重要数据源，在监测陆地表层土壤水分方面具有广阔的应用前景。本章主要介绍风云三号气象卫星全球干旱监测方法，包括风云三号微波土壤水分长序列数据的应用、风云三号微波土壤水分方法的改进、多种遥感干旱指数适用性特点，以及风云三号卫星微波土壤水分产品在 2018 年阿富汗干旱监测的应用和多种干旱监测方法在中国东北地区玉米主要生育期干旱危险性评估中的应用。

5.2 干旱致灾因子提取方法

5.2.1 基于风云气象卫星的高精度土壤水分产品

5.2.1.1 FY-3 微波辐射成像仪简介

风云三号气象卫星(FY-3)是我国研制发射的新一代极轨气象卫星，已被广泛应用于获取长时间序列的全球气象资料。与我国第一代极轨气象卫星风云一号(FY-1)系列卫星相比，FY-3 系列卫星在大气探测、陆表和海洋表面的全天候监测方面的性能都有显著提高(Wang et al.，2018)。FY-3 卫星搭载了包括微波辐射成像仪(MWRI)在内的各种仪器，可全天候监测台风等强对流天气，获取大气可降水总量、云中液态水含量、地面降水量等重要信息。FY-3 搭载的 MWRI 在 $10.65 \sim 89$ GHz 频段内设置了 5 个频点，每个频点包括垂直(V)和水平(H)两种极化方式。89 GHz 通道对降水散射信号非常敏感，主要用于获取地面降水信息;23.8 GHz 为水汽吸收通道，与其他频点观测亮温配合能够反演全球大气和降水信息;18.7 GHz 和 36.5 GHz 通道针对冰雪微波辐射特性设置，利用这两个频点接收的微波辐射亮温能够定量获取地表雪盖、雪深和雪水当量信息;同时 36.5 GHz 还能够用于全球陆表温度的反演;低频 10.65 GHz 通道具有穿透云雨大气的能力，并且对地表粗糙度和介电常数比较敏感，主要用于全天候获取全球海表温度、风速、土壤水分含量等地球物理参数。

　　MWRI 为高灵敏度全功率成像辐射计,扫描方式为圆锥扫描,扫描周期为 1.7 s。主抛物面天线绕视轴旋转扫描,在 ±52° 范围内对地观测,接收大气和地球表面的微波辐射能量;在 197°～203° 是暖黑体定标区,天线波束经热定标反射镜指向宽孔径辐射源;在 264°～276° 是冷黑体定标区,天线波束经冷空反射镜指向冷空间,这时接收到的是 2.7 K 宇宙背景辐射亮温。MWRI 包括天线、接收机、信息处理与控制、定标、电源、扫描驱动、结构和展开、热控八个子系统。MWRI 1 m 口径天馈系统将地表微波辐射汇集到接收机前端,地面处理系统将接收机输出的不同通道电压计数值通过两点定标转换为实际地表目标微波辐射亮温。FY-3/MWRI 的主要仪器参数见表 5.1。

表 5.1　FY-3 气象卫星搭载的微波辐射成像仪通道特性

频率(GHz)	10.65	18.7	23.8	36.5	89
极化	V/H	V/H	V/H	V/H	V/H
带宽(MHz)	180	200	400	400	3000
灵敏度(K)	0.5	0.5	0.5	0.5	0.8
定标精度(K)	1.5	1.5	1.5	1.5	1.5
地面分辨率(km)	51×85	30×50	27×45	18×30	9×15
动态范围(K)	3～340				
采样点数	240				
扫描方式	圆锥扫描				
幅宽(km)	1400				
天线视角(°)	45±1				

5.2.1.2　FY-3 微波辐射成像仪土壤水分产品

　　基于 FY-3/MWRI 收集的地表亮度温度(brightness temperature,BT)数据可生成各种对地观测产品,如全天候洋面风速和温度、冰雪覆盖、陆表温度和土壤水分等重要地球物理参数,为灾害性天气监测、水循环研究、全球气候和环境变化研究提供重要数据(Wang et al.,2020)。2014 年 5 月以来的 FY-3C 数据和产品可在中国气象局国家卫星气象中心(China's National Satellite Meteorological Center,NSMC)网站(satellite. nsmc. org. cn/)免费获取。本研究主要用到了 FY-3C 反演的空间分辨率为 25 km、不同时间分辨率(日尺度、旬尺度和月尺度)的全球土壤水分监测产品(FY-3C VSM)。该产品在植被稀疏和裸露地区的土壤水分采用改进的积分方程(advanced integral equation,AIE)模型模拟微波发射建立的 Q_p 模型生成 FY-3C/MWRI 土壤水分产品并对其进行优化(Shi et al.,2006)。

$$r_{sp} = Q_p \cdot r_q + (1 - Q_p) \cdot r_p \tag{5.1}$$
$$e_p = Q_p \cdot t_q + (1 - Q_p) \cdot t_p \tag{5.2}$$

式中:

r_{sp} 为粗糙地表有效反射率,

e_p 为地表发射率,

Q_p 为粗糙度参数,

r_p 和 t_p 分别是菲涅尔反射率和透射率。

　　在植被覆盖区,采用双通道法反演土壤水分,以消除植被和粗糙度的影响。与单通道土壤水分反演算法相比,该方法同时采用 X 波段(10.65 GHz)的垂直极化和水平极化数据,进一步减小了地表粗糙度和植被覆盖度对土壤水分反演精度的影响。MWRI 土壤水分反演算法选用应用较为成熟的 NDVI 来估算植被含水量,进而估算植被光学厚度:

$$\tau_c = b \cdot \text{VWC}/\cos\theta \tag{5.3}$$
$$\text{VWC} = 5.0 \cdot \text{NDVI}^2 \quad (\text{NDVI} > 0.5) \tag{5.4}$$
$$\text{VWC} = 2.5 \cdot \text{NDVI} \quad (\text{NDVI} \leq 0.5) \tag{5.5}$$

式中：

VWC 为植被含水量，

θ 为观测角度，

b 为参数和观测频率、植被类型相关。b 参数一般为经验值，根据植被覆盖类型确定 b 参数的取值范围为 0.28～0.33。其中森林取值为 0.33，草地、灌木为 0.30，作物为 0.28。VWC 与 NDVI 的关系一般由对地面实验获取的实测数据进行回归分析获取。单散射反照率 ω 的取值和植被类型也有一定关系，但 X 波段下的相关研究和实验十分有限，一般认为 ω 是一个可忽略的小值。由此计算出植被透过率之后可将地表发射率分离出来，利用 FY-3/MWRI X 波段的 V 和 H 极化双通道，可获得地表双通道发射率，消除粗糙度影响，反演得到土壤水分。

5.2.1.3 FY-3 微波辐射成像仪土壤水分产品应用个例

（1）案例背景

1）沙漠蝗国内外研究进展

自有记载的历史以来，沙漠蝗虫（Schistocerca gregaria）一直是威胁非洲、中东和西南亚当地粮食安全的最主要和具有破坏性的害虫之一（Middleton et al.，2013）。非洲沙漠蝗的发生、发展和迁飞与当地降水、土壤湿度、气温和风速风向等气候因素密切相关。沙漠蝗虫有散居型和聚集型两种型态，在散居型态时，蝗虫若虫不会聚集成带，而是个体行动；在聚集型态时，蝗虫若虫会聚集在一起，并且会在白天密集地成群飞翔，蝗虫群持续飞行很少在气温低于 20 ℃时发生，迁飞发生在风速小于 6 m/s 的凌晨和白天飞行，日飞行距离为 5～200 km，随风迁飞。通常海拔每上升 100 m 气温下降 0.65 ℃，所以更高的高度气温会很低，因此蝗虫群无法越过阿特拉斯山脉、兴都库什山脉或喜马拉雅山脉等高山山脉（房世波 等，2020）。

自 20 世纪 50 年代以来，研究人员和研究机构实施了各种针对沙漠蝗虫的大规模作物保护战略和预防性管理战略，如化学杀虫剂、实地调研评估和构建早期预警系统。其中，联合国粮食及农业组织（FAO）通过构建全球沙漠蝗虫信息服务中心（Desert Locust Information Service，DLIS）（http://www.fao.org/ag/locusts/en/activ/DLIS/index.html）在监测蝗虫入侵和繁殖的时间、规模和范围方面发挥了重要作用。因此，在过去的几十年里，蝗灾的发生和蔓延得到了有效的控制，蝗灾的发生频率明显下降（Arnold et al.，2010）。2019 年末和 2020 年初的沙漠蝗灾是一些东非和西亚国家，如肯尼亚、埃塞俄比亚、巴基斯坦等近几十年来最严重的蝗灾，当地大面积的森林和农田被破坏（Madeleine，2020）。人们普遍认为，气候条件对蝗虫爆发和演变过程有很大影响（Meynard et al.，2020；Tian et al.，2011；Vallebona et al.，2008；Wang et al.，2019a）。分析这一不寻常的蝗虫危机背后的气候驱动因素对于进一步提高蝗灾早期预警的准确性以及评估社会经济损失的辅助决策至关重要。

2）沙漠蝗群形成的条件

沙漠蝗灾是由多个局部同时发生的小规模爆发所引发的，这些局部的蝗群的形成受到一些有利自然条件的支持，包括多频次和较高的降雨量、成簇和繁盛的绿色植被、湿润的土壤、低速风（<6 m/s）和适宜的地表温度（Tratalos et al.，2010）。大范围和长时间序列的环境变量是预测蝗虫暴发的时空动态变化和制定有效防治策略的必要条件（Veran et al.，2015）。以往的许多研究都强调了卫星平台在收集国家和全球尺度的气象参数和地表观测数据方面的优势和效率。基于卫星的时间序列数据，如降水、地表温度和土壤湿度，已越来越多地应用于估算沙漠蝗虫繁殖区和衰退区的分布范围，并为有效的预防管理提供决策依据（Dinku et al.，2010；Escorihuela et al.，2018；Gomez et al.，2018；Hielkema et al.，1986；Latchininsky，2013；Piou et al.，2018）。

通过深入了解各种气候特征在沙漠蝗繁殖、聚集和迁飞过程中的作用，可以提高今后蝗虫监测、预测和模拟的可靠性（Meynard et al.，2017，2020）。一般来说，在沙漠蝗不同生长阶段的影响因素不尽相同，总体而言，降雨和温度是最相关的两个参数。根据 Cressman 等编写的蝗虫指导手册，当土壤温度由 24 ℃增加到 37 ℃时，沙漠蝗的孵化和生长期从大约 26 d 迅速降低到 10 d，当气温升高时幼虫的生长和成熟更迅速，表明高温（30～37 ℃）为沙漠蝗虫数目的快速增长提供了较适宜的条件。除了气温和土壤温度，降雨事件通常会带来充足的土壤水分和丰富的绿色植被，进而促进沙漠蝗产卵，增加幼虫到成虫阶段的生存率(Escorihuela et al.,2018)。在繁殖区若发生持续时间较长的雨季,则有利于蝗群的快速成熟和代数增加,从而促成 2 代或 3 代的蝗虫繁殖(Roffey et al.,1968)。

2019—2020 年的沙漠蝗灾起源于非洲、亚洲西南部和印巴边境的沙漠蝗繁育区,规模巨大的沙漠蝗群严重破坏了当地的自然植被、粮食作物和农牧业。受此次蝗灾影响较大的国家包括一些东非国家(尤其是肯尼亚、埃塞俄比亚和索马里),以及印巴边境地区,并随着蝗群的迁飞,在未来可能威胁到西非、印度、中南半岛等地区。本案例旨在通过获取长时间序列的环境因素,包括降水、土壤水分、气温和植被覆盖率等,确定此次沙漠蝗群的形成和迁移的影响因素,评估其对重点区域(东非和印巴边境地区)植被的影响,并分析判断沙漠蝗群的发展趋势和对周边国家和地区的威胁。这里重点基于 FY-3C 卫星土壤水分产品,分析了 2019 年 3 月—2020 年 2 月期间土壤水分的变化,及其与沙漠蝗繁殖、聚集于迁飞路径之间的可能关系。

(2)研究区域

研究区位于东非和西亚地区,主要包括非洲东北部和亚洲西南部的沙漠蝗的春、冬繁育区(spring and winter breeding area)和夏季繁育区(summer breeding area)(图 5.2)。依据沙漠蝗手册的相关内容(Symmons et al.,2001),图 5.2 绘制了沙漠蝗繁育区(breeding area)、衰退区(recession area)和入侵区(invasion area)的边界。沙漠蝗衰退区主要位于撒哈拉沙漠的干旱和半干旱地区,其中各个繁育区主要分布在红海两侧、阿拉伯半岛中部、也门西南部、索马里北部、巴基斯坦南部和印巴边境地区。该地区受干旱和半干旱气候影响,年降雨量小于 200 mm(Kiage et al.,2009)。本案例重点关注了东北非、阿拉伯半岛和印巴边境附近的土壤水分变化状况,通过叠加蝗群的分布范围和迁移路线,分析了土壤水分在此次沙漠蝗灾形成和发展中的作用。

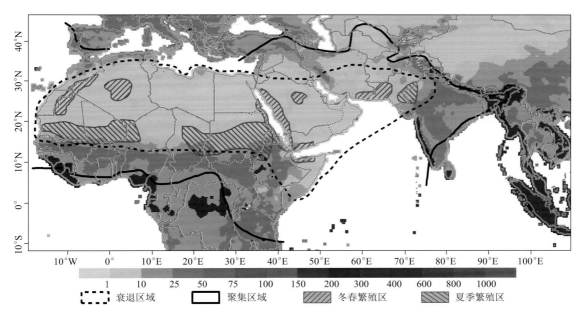

图 5.2 沙漠蝗春、冬和夏季繁育区及降水的分布

(3)结果与分析

一般而言,沙漠蝗倾向于在夏季和冬、春繁育区繁殖和迁徙,如红海海岸、沙特阿拉伯内陆、南苏丹、南伊朗和印巴边界。沙漠蝗的代数增加和发展趋势通常受到沙漠蝗防治措施和蝗灾爆发期间的干湿条件共同作用的结果。因此,蝗虫繁育区及其周边地区适宜的土壤湿度将极大地促进蝗虫的产卵、发育和迁移。此次沙漠蝗灾发生始于 2019 年,在 2020 年初达到了相当规模。究其原因,在于 2019 年下半年和 2020 年初的连续大雨增加了阿拉伯半岛周边地区的土壤水分湿度,因此为周边地区,如东非和亚洲地区,提供了有利的土壤湿度条件和繁盛的植被,并促成了沙漠蝗群由阿拉伯半岛迁移到亚洲和东非地区。FY-3C/MWRI 土壤水分产品反演的 2019 年 3 月—2020 年 2 月的地表(0~5 cm)土壤水分及沙漠蝗的迁移路线如图 5.3 所示。2019 年,阿拉伯半岛大部分地区土壤水分偏低(图 5.3a~

5.3h),导致该区域的自然植被无法为多代繁育成功而数目巨大的沙漠蝗群提供足够的食物。因此,阿拉伯半岛的沙漠蝗群需要通过向周边迁移以寻找更多的绿色植被作为食物,以及更有利于产卵和蝗虫发育的土壤条件。

不同于阿拉伯半岛的土壤湿度条件,在 2019 年春到 2020 年初期间,受到多次热带气旋和热带风暴带来的高频次降水的影响,南亚(巴基斯坦、印度等)和东非(索马里、肯尼亚、埃塞俄比亚等)地区的土壤水分 $(0.05 \text{ cm}^3/\text{cm}^3 \sim 0.20 \text{ cm}^3/\text{cm}^3)$ 显著高于阿拉伯半岛中北部地区 $(<0.10 \text{ cm}^3/\text{cm}^3)$(图 5.3),且处于适宜沙漠蝗产卵和孵化的土壤湿度范围内。由图 5.2 可知,阿拉伯半岛周边区域存在大范围适宜蝗虫产卵的土壤条件,同时较高的土壤湿度也为该地带来了较多的绿色植被,从而为沙漠蝗的繁育提供了适宜的土壤条件和充足的食物,进而促进了迁移过来的蝗群的迅速发展。因此,自 2019 年春季以来,印巴边境地区蝗群呈现大量聚集,并迅速扩张的趋势(图 5.3a~5.3c),这种增长趋势一直持续到 2020 年 1 月(图 5.3i)。究其原因,在于当地和国际相关机构对其沙漠蝗群防治策略的实施,以及较前几个月有所降低的土壤湿度,导致 2020 年 2 月印巴边境沙漠蝗繁育区的蝗群数量急剧减少(图 5.3j)。在 2019 年 10—11 月,东非部分地区对于沙漠蝗繁育较适宜的土壤湿度 $(0.10 \text{ cm}^3/\text{cm}^3 \sim 0.20 \text{ cm}^3/\text{cm}^3)$ 主要分布于索马里、肯尼亚北部和埃塞俄比亚东部(图 5.3f~5.3g),因此促使蝗群向东南迁飞进入索马里半岛,随后在当地成功繁育和发展。2020 年 1 月以来,索马里和埃塞俄比亚东部开始出现干旱(图 5.3i),其干旱情况在随后的两个月里呈现日趋严重的趋势。在 2020 年 1—2 月,适宜沙漠蝗繁育的区域移向西南方向至肯尼亚南部和埃塞俄比亚。由此,自 2020 年初以来,索马里和埃塞俄比亚东部沙漠蝗虫群开始向肯尼亚南部和埃塞俄比亚迁移(图 5.3i~5.3j)。此外,阿拉伯半岛和也门南部的沙漠蝗冬季繁育区的土壤湿度介于 $0.10 \sim 0.15 \text{ cm}^3/\text{cm}^3$ 的面积也在 2020 年初显著扩大,导致该地区大规模蝗群的重现(图 5.3i)。由此可见,西亚和东非地区土壤湿度的时空变化规律与沙漠蝗群的迁移规律相吻合,说明风云气象卫星反演的土壤水分分布与沙漠蝗群的分布和迁移之间具有高度的相关性,可以为沙漠蝗群的实时监测提供数据支撑。

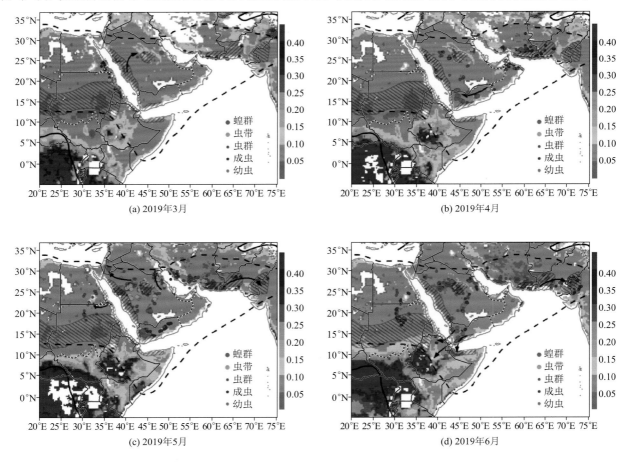

(a) 2019年3月

(b) 2019年4月

(c) 2019年5月

(d) 2019年6月

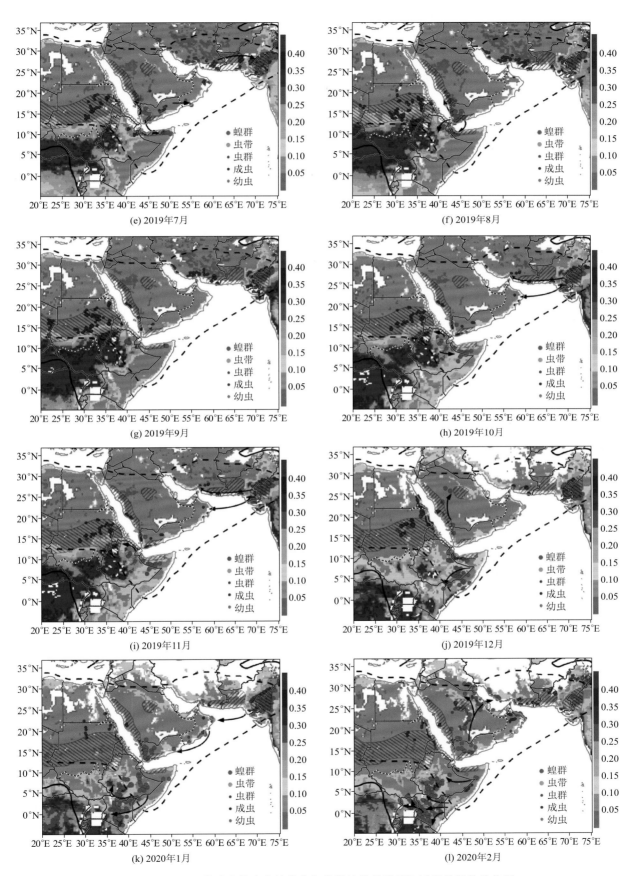

图 5.3　FY-3C 微波土壤水分的分布与非洲沙漠蝗群迁飞过程的相关性分析

以上案例表明,FY-3C 土壤水分产品在植被覆盖稀疏的沙漠区能较好地反映土壤水分的时空分布和变化特征,能够较准确地反映和揭示 2019 年末的沙漠蝗灾的发生和发展过程(Wang et al.,2021)。

5.2.1.4　FY-3 微波辐射成像仪土壤水分产品精度提升方法

目前的 FY-3C 土壤水分(FY-3C VSM)产品基于 X 波段得到,对植被的穿透力偏弱,造成其对土壤水分的明显高估,相对 SMAP 等 L 波段的微波土壤水分产品精度偏低(Zhu et al.,2019),限制了其在区域土壤水分提取和干旱监测中的实际应用。目前针对风云气象卫星微波遥感土壤水分反演精度提升方法的研究相对较少。本节在定量评估 FY-3C/MWRI 土壤水分产品质量及其季节性差异的基础上,基于分位数回归(quantile regression,QR)模型分析了植被覆盖、地理位置、高程信息等与土壤水分之间的关系,通过优选与土壤水分联系密切的变量,构建了多变量的线性回归(multivariate linear regression,MLR)模型和多元后向传播神经网络(multivariate back-propagation neural network,MBPNN)模型,进而基于最优的土壤水分估测模型,对北美地区的地表土壤水分进行了估测。本节获取了 2017 年 1 月—2019 年 12 月的 FY-3C/MWRI VSM 数据,用于反映研究区域地表(0～5 cm)土壤水分的时空分布格局,以及区域高精度的土壤水分综合估测研究。

(1)FY-3C VSM 质量评估

为了评估不同季节 FY-3C VSM 土壤水分值与国际土壤水分网格(international soil moisture network,ISMN)站点实测的土壤水分值之间的一致性,研究选取并对比了 2019 年 1 月、4 月、7 月和 10 月的 FY-3C VSM 影像和 ISMN 站点土壤水分空间插值影像的像素值。考虑到土壤水分曲线在影像不同行之间的周期性变化,一个周期内的像素点具有代表性,可以直接选取某一行的像素点来揭示二者的一致性以及 FY-3C VSM 的高估和低估问题。在本章节,从每月 32.19°N～32.74°N 的中心行中随机选取 150 个像素,将 FY-3C VSM 产品像素值与实测的土壤水分进行对比(图 5.4)。FY-3C VSM(红线)和 ISMN 土壤水分实测值(绿线)的变化特征如图 5.4 所示。总体而言,不同季节内大部分样本的 FY-3C 反演值的变化规律与土壤水分实测值基本一致,特别是 2019 年 1 月(图 5.4a),卫星反演和站点实测的土壤水分值均分布在 0.10～0.45 cm³/cm³。2019 年 4 月(图 5.4b),第 10～50 个 FY-3C VSM 的像元值低于土壤水分测量值,第 70～130 的 FY-3C VSM 样本值则高于土壤水分测量值。在 2019 年 7 月(图 5.4c),FY-3C 的土壤水分反演值相对 ISMN 的站点值存在普遍高估的现象,且该时间段内的估计误差显著大于其他月份。这一现象可能是由于 7 月(夏季)该区域被茂盛植被大面积覆盖等因素造成的。2019 年 10 月(图 5.4d)曲线与 7 月相似,但高估比例和高估程度较 7 月略有下降。

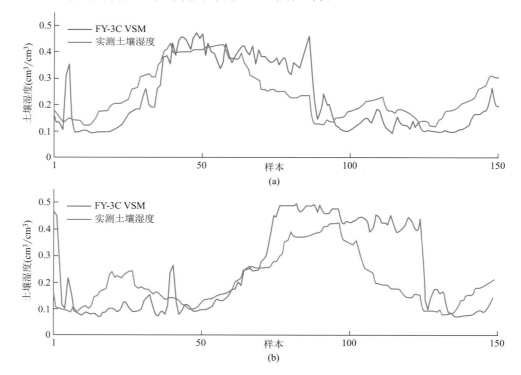

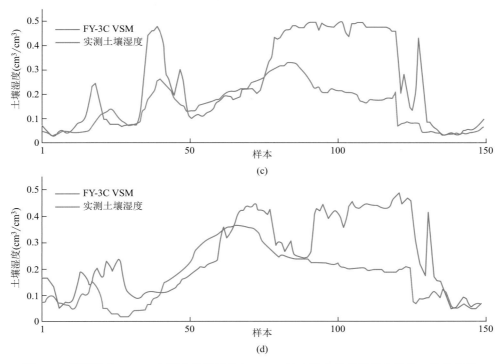

图 5.4 不同季节 FY-3C 土壤水分反演值与 ISMN 的土壤水分实测值之间的一致性分析
((a)~(d)分别表示 2019 年 1 月、4 月、7 月和 10 月的土壤水分曲线)

为了进一步评价植被覆盖对 7 月份 FY-3C VSM 反演精度的影响,本研究逐像素计算了 FY-3C VSM 与实测土壤水分之间的偏差值,并与对应像素的 MODIS NDVI 进行了比较,通过绘制 MODIS NDVI 和偏差值之间的变化曲线,评价两者之间的相关性。从图 5.5 中可以看出,MODIS NDVI 曲线(红线)与土壤水分偏差曲线(绿线)的变化规律相似,二者之间的相关系数(R)值为 0.666,表明 NDVI 与 FY-3C 土壤水分相对站点实测值的高估部分之间存在很强的相关性。

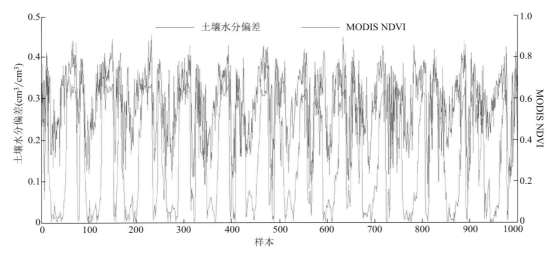

图 5.5 MODIS NDVI 和 FY-3C 土壤水分相对站点实测值高估部分的变化曲线

(2)土壤水分估测模型构建

后向神经网络(BPNN)是一种按误差反向传播训练的多层前馈网络,具有三层或三层以上的层次结构网络,包括输入层、输出层和一个或多个隐含层,相邻层之间的各神经元实现全连接,即下层的每个神经元与上层的每个神经元都实现连接,而每层各神经元之间无连接(Wang et al.,2019b)。BPNN 的学习训

练是一个误差反向传播与修正的过程,它以网络预测误差平方作为目标函数,并采用梯度下降法计算目标
函数的最小值,具体是将每次迭代的误差信号由输出层经隐含层至输入层反向传播,调整各个神经元之间
的连接权值,如此反复迭代,直至网络误差达到容许水平。本研究构建了以 1~3 个土壤水分相关的影响
要素为自变量/输入变量的多元线性回归模型(MLR-1,MLR-2,MLR-3)和多元后向传播神经网络模型
(MBPNN-1,MBPNN-2,MBPNN-3)。各多元线性回归模型的自变量以及各多元后向传播神经网络的输
入变量如表 5.2 所示。

表 5.2 各 MLR 和 MBPNN 模型的自变量/输入变量

模型	自变量/输入变量
MLR-1,MBPNN-1	FY-3C VSM
MLR-2,MBPNN-2	FY-3C VSM,MODIS NDVI
MLR-3,MBPNN-3	FY-3C VSM,MODIS NDVI,地理位置

基于上述模型得到了研究区域逐像素的土壤水分估测值,进而计算了土壤水分估测值与站点实测值之
间的 R、$RMSE$、MAE 和 MRE 值如表 5.3 所示。结果表明,将两个变量(FY-3C VSM 和 MODIS NDVI)作为
自变量/输入变量的模型(MLR-2 和 MBPNN-2),以及将三个变量(FY-3C VSM、MODIS NDVI 和地理位置)
为自变量/输入变量的模型(MLR-3 和 MBPNN-3),其性能明显优于仅以 FY-3C VSM 作为自变量/输入变量
的模型(MLR-1 和 MBPNN-1)。具有 1~2 个自变量的多元线性回归模型(MLR-1 和 MLR-2)比具有同样数
量的输入变量的多元后向传播神经网络模型(MBPNN-1 和 MBPNN-2)获得了更高的估测精度,这可能是由
于 BPNN 受到有限样本和输入变量数量的限制,以及其本身易陷入局部最优和过拟合等缺点造成的。通过
在输入变量中添加位置信息,显著提高了 MLR-3 和 MBPNN-3 模型的土壤水分估测精度,其中 MBPNN-3 模
型的性能最好($R=0.871$,$RMSE=0.034 \ cm^3/cm^3$,$MAE=0.026 \ cm^3/cm^3$,$MRE=20.7\%$),MLR-3 模型次
之($R=0.694$,$RMSE=0.047 \ cm^3/cm^3$,$MAE=0.035 \ cm^3/cm^3$,$MRE=27.3\%$)。

表 5.3 基于 MLR 和 MBPNN 模型的土壤水分估测值与实测值之间的误差统计结果

误差参数 模型	R	$RMSE$(cm^3/cm^3)	MAE(cm^3/cm^3)	MRE(%)
MLR-1	0.640	0.050	0.039	32.0
MBPNN-1	0.690	0.056	0.044	38.0
MLR-2	0.661	0.049	0.038	30.4
MBPNN-2	0.708	0.054	0.041	35.2
MLR-3	0.694	0.047	0.035	27.3
MBPNN-3	0.871	0.034	0.026	20.7

(3)区域土壤水分估测结果

应用 MBPNN-3 模型逐像素估算 2019 年 1—10 月研究区域的土壤水分,得到的土壤水分估测结果如
图 5.6(a)~(j)中间列所示。左列和右列的图像是 FY-3C VSM 产品和 ISMN 的站点实测值。总体而言,
FY-3C VSM 产品在研究时段的 10 个月内均高估了美国东部的土壤水分,同时低估了美国中西部的土壤
水分。与 FY-3C VSM 产品相比,MBPNN-3 模型估算的土壤水分的时空变化规律更符合站点实测结果,
显著改善了整个研究区域的卫星数据存在的土壤水分的高估和低估问题,尤其是研究区域西部和东北地
区土壤水分反演值过高的问题。以上结果表明,通过在 MBPNN-3 模型中将 FY-3C VSM、植被信息和地
理位置作为输入变量,可用于提供可靠的土壤水分估测结果。由土壤水分的空间分布特征来看,相对干旱
(土壤水分小于 0.20 cm^3/cm^3)的区域主要分布于西南地区,且 1—7 月干旱区域所占比例呈现逐渐增加
的趋势,8—10 月干旱区面积所占比例则略有下降。土壤体积含水量大于 0.30 cm^3/cm^3 的湿润区主要分
布在中东部,且湿润区 1—7 月所占的比例略大于 7—10 月。

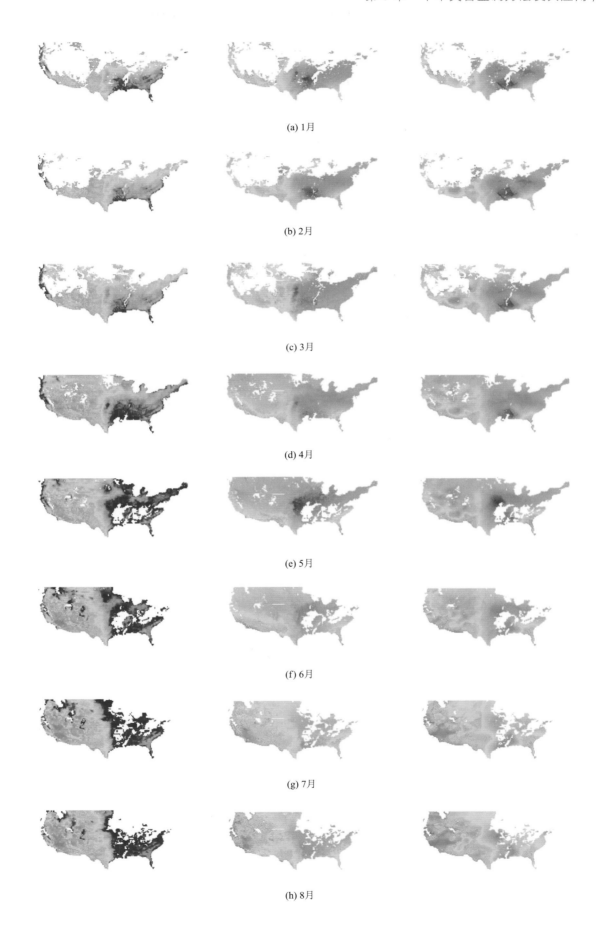

(a) 1月

(b) 2月

(c) 3月

(d) 4月

(e) 5月

(f) 6月

(g) 7月

(h) 8月

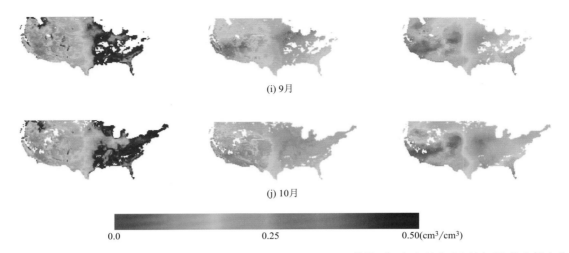

(i) 9月

(j) 10月

0.0　　　　　　　　0.25　　　　　　　0.50(cm³/cm³)

图 5.6　2019 年 1—10 月研究区域的 FY-3C 反演(左列)、MBPNN-3 估算(中列)和站点实测(右列)的土壤水分

5.2.2　多种遥感干旱指数适用性特点

由于植被条件与环境水分胁迫密切相关,基于遥感数据的指数可以为作物健康状况以及农业干旱监测提供有价值的信息。通常干旱观测指标可分为三类:①与土壤水分指标密切相关的表观热惯量模型(ATI);②与植被(作物)形态及生理指标有关的植被指数如距平植被指数(AVI)、植被条件指数(VCI)等;③结合冠层温度与植被指数的综合干旱指数,如植被供水指数(VSWI)、植被条件指数(TVDI)等。其中,用冠层温度和植被水分变化的遥感反演结果衡量作物的干旱程度是当前最为有效的监测手段之一。然而,不同的遥感干旱指数在不同时空尺度、不同土壤类型存在适应性。

这里,以东北松辽平原玉米生长期为例,基于多种卫星遥感干旱指数,通过构建其与站点土壤湿度的线性回归模型,统计评价各种遥感干旱指数在不同作物生长期与土壤湿度的相关性特点,提出不同遥感干旱指数在作物不同生长阶段干旱监测的优势。

常见的卫星遥感干旱指数及计算方法如下:

(1)表观热惯量(Apparent thermal inertia,ATI)

土壤湿度的反演算法是基于热惯量的概念发展的,主要取决于土壤的热传导性。计算公式如下:

$$\mathrm{ATI} = \frac{1 - A}{\Delta \mathrm{LST}} \tag{5.6}$$

式中:

A 为波段宽度反照率,

$\Delta \mathrm{LST}$ 为 MODIS 数据日间和夜间辐射温差。在本研究中,MODIS 数据获取的总可见光反照率被视为波段宽度反照率 A ,

$$A = 0.331\rho_1 + 0.424\rho_3 + 0.246\rho_4 \tag{5.7}$$

这里,ρ_1、ρ_3、ρ_4 分别为 MODIS 数据的第 1、3、4 波段。

(2)植被条件指数(Vegetation condition index,VCI)

归一化植被指数(NDVI)基于健康植被在红色波段反射率低、近红波段反射率高的特性来构造的,计算公式如下:

$$\mathrm{NDVI} = \frac{\rho_{\mathrm{NIR}} - \rho_{\mathrm{RED}}}{\rho_{\mathrm{NIR}} + \rho_{\mathrm{RED}}} \tag{5.8}$$

式中:

ρ_{NIR} 、ρ_{RED} 分别为传感器的近红外波段和红色波段。

增强型植被指数(Enhanced vegetation index,EVI)主要考虑一些冠层背景及大气因素的影响来优化植被指数,计算公式如下:

$$EVI = 2.5 \frac{\rho_{NIR} - \rho_{RED}}{\rho_{NIR} + 6\rho_{RED} - 7.5\rho_{BLUE} + 1} \tag{5.9}$$

式中：

ρ_{NIR}、ρ_{RED}、ρ_{BLUE} 分别为传感器的近红外波段、红色波段及蓝色波段，公式中的系数用来校正冠层背景及大气的影响。

VCI 是在植被指数 NDVI 或 EVI 的基础上获得的，以 NDVI 为例，计算公式如下：

$$VCI = \frac{NDVI_i - NDVI_{min}}{NDVI_{max} - NDVI_{min}} \tag{5.10}$$

这里，$NDVI_{max}$、$NDVI_{min}$ 分别代表某一时期内 NDVI 的最大值、最小值，$NDVI_i$ 代表某一时期 NDVI 的值。

（3）归一化湿度指数（Normalized difference moisture index，NDMI）

NDMI 与湿度存在较高的相关性，应用前景较好。NDMI 是基于中红外和近红外波段的对比来构建，对植被叶片结构和含水量的变化非常敏感，计算公式如下：

$$NDMI = \frac{\rho_{NIR} - \rho_{MIR}}{\rho_{NIR} + \rho_{MIR}} \tag{5.11}$$

式中：

ρ_{NIR}、ρ_{MIR} 分别为 MODIS 数据的近红外波段和中红外波段。

（4）植被供水指数（Vegetation supply water index，VSWI）

如果发生干旱，作物供水不足，作物生长会受到影响，植被指数则下降。没有足够水分的作物被迫关闭气孔，这导致作物冠层温度上升，VSWI 基于这种原理来构建，计算公式如下：

$$VSWI = \frac{T_c}{NDVI} \tag{5.12}$$

其中，T_c 为植被冠层温度，NDVI 通过上述公式获得。

（5）温度植被干旱指数（Temperature vegetation dryness index，TVDI）

TVDI 主要根据 LST 和 NDVI 的空间特征来构建，物理意义明确，计算公式为：

$$TVDI = \frac{LST_{NDVI_{i max}} - LST_{NDVI_i}}{LST_{NDVI_{i max}} - LST_{NDVI_{i min}}} \tag{5.13}$$

式中：

$LST_{NDVI_{i max}} = a + b NDVI_i$，$LST_{NDVI_{i min}} = a' + b' NDVI_i$

主要利用 NDVI-LST 散点图的干湿边方程获得系数 a、b、a'、b'。其中，TVDI 值越大，LST 越接近干边，土壤干旱越严重；反之，TVDI 值越小，LST 越接近湿边，土壤湿度越大。

首先，分析了观测站土壤湿度在不同时期的变化，可以看到，生长初期无干旱，6 月 18 日—8 月 20 日，随着干旱的发生和扩大，土壤水分呈下降趋势，到生长末期，土壤水分有所缓解。土壤平均水分值反映了干旱的发生、发展和缓解过程（图 5.8）。

接着，计算了 ATI、VCI_{ndvi}、VCI_{evi}、NDMI、VSWI、TVDI 等多种遥感干旱指数，并与站点土壤水分数据构建线性回归模型。通过比较相关系数，6 月初至 8 月底整个作物生长期的 TVDI 较高，说明其在玉米生长期的大部分时间对土壤水分变化更为敏感。ATI 在作物生长早期优于其他干旱指数。在玉米生长季中期，VCI_{ndvi}、VCI_{evi}、NDMI 在高植被覆盖下往往具有明显优势，然而，在后期，所有指数优势逐渐降低。从整个时间序列看，各指标对干旱过程更为敏感。为了比较各农业干旱指标的表现，进一步的研究应侧重于干旱过程，模拟干旱事件发生、扩大和缓解的全过程（图 5.9）。

为了显示各指标间系数的差异，我们建立了各指标的相关系数矩阵，以显示各指标与农业干旱描述的一致性。结果表明，ATI 和 TDVI 的独立性明显高于其他指标，有必要将指数分为三种主要类型（温度类、植被状态类及温度植被结合类），以避免使用相同结果的指数（表 5.4）。

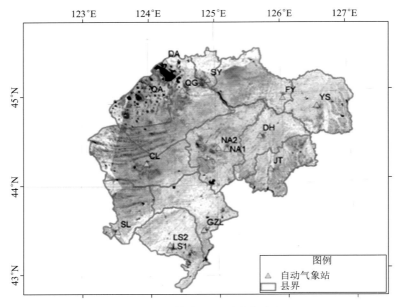

图 5.7　土壤水分观测站点分布

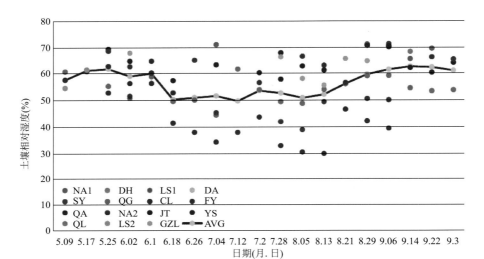

图 5.8　不同观测站点土壤相对湿度(%)时间序列变化(10 cm)

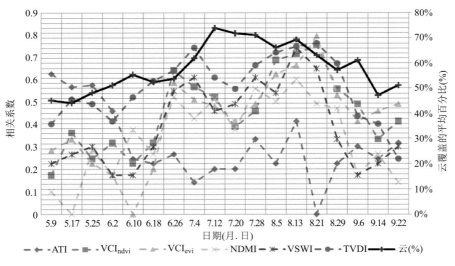

图 5.9　不同干旱指数与土壤水分相关系数随时间序列的变化

表 5.4 干旱指数间相关系数矩阵

	ATI	VCI_{ndvi}	VCI_{evi}	NDMI	VSWI	TVDI
ATI	1					
VCI_{ndvi}	0.462	1				
VCI_{avi}	0.496	0.912	1			
NDMI	0.616	0.789	0.814	1		
VSWI	0.391	0.868	0.767	0.727	1	
TVDI	0.187	0.346	0.370	0.110	0.221	1

5.3 干旱灾害监测方法

5.3.1 孕灾环境研究

由于不同气候类型和地质地貌条件形成了多样的土壤类型,不同区域土壤土层厚度和土壤保水性存在差异,而这种差异导致了相同气象干旱对同一作物的危害程度不同,需要构建一种土壤保水性指数来反映不同区域干旱特征。依据气象干旱等级高,植被指数变化小则说明该地区的土壤保水性较好,反之,气象干旱等级低植被指数变化大则该地区土壤保水性较差的原理,建立了土壤保水指数模型来反映孕灾环境。土壤保水指数模型如下:

$$SW_{1i} = V_i - S_i \tag{5.14}$$

$$SW_i = \frac{SW_{1i} - SW_{min}}{SW_{max} - SW_{min}} \tag{5.15}$$

式中:

V_i 为植被状态指数,

S_i 为标准化降水蒸散指数,

SW 为土壤保水指数,

SW 值越大说明土壤保水性越好,反之,值越小土壤保水性越差。

通过分析土壤属性分布,区域干旱差异与土壤属性密切相关,土壤黏粒含量越高,保水性越好(图 5.10)。

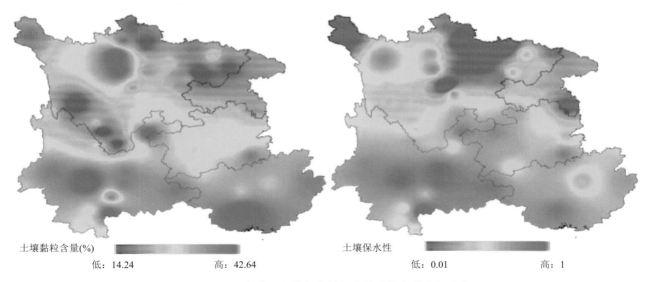

土壤黏粒含量(%)

低:14.24　　　　　　高:42.64

土壤保水性

低:0.01　　　　　　高:1

图 5.10 西南地区土壤保水性与土壤黏粒含量空间分布

5.3.2 成灾指标建立方法

由于不同地区农业生产条件差别很大,受旱的原因和造成的危害也各不相同,且受气候、地形地质、水资源条件和农业生产状况等多种因素影响。因此,成灾指标的确立对于干旱灾害监测尤为重要。本研究依据现有不同地类、不同季节土壤水分、植被干旱指数等干旱指标,如《干旱指标确定与等级划分》《北方牧区草原干旱等级》《作物干旱等级》《农业干旱等级》《气象干旱等级》等,将构建的干旱模型与主要气象灾害分布数据集以及不同时期社会经济数据等进行综合分析,建立了区域性的干旱灾害成灾指标,并主要对全球重点地区中国东北、阿富汗、巴基斯坦、印度等区域进行了干旱监测及成灾指标分析。

图 5.11 为 2019 年 5 月中国东北地区,阿富汗、巴基斯坦、印度三地的干旱致灾因子(土壤湿度、植被供水指数、植被水体指数、温度值被干旱指数),该图基本上都能反映区域干旱信息,但由于各自的优势不同,存在细微差别,需进一步考虑多种孕灾环境、灾害数据等因素确立成灾指标,从而达到更好的灾害监测效果。

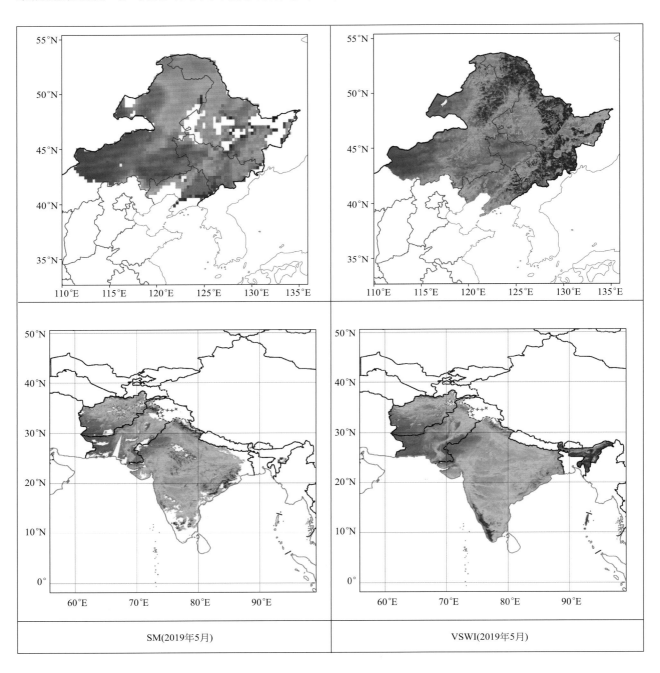

| SM(2019年5月) | VSWI(2019年5月) |

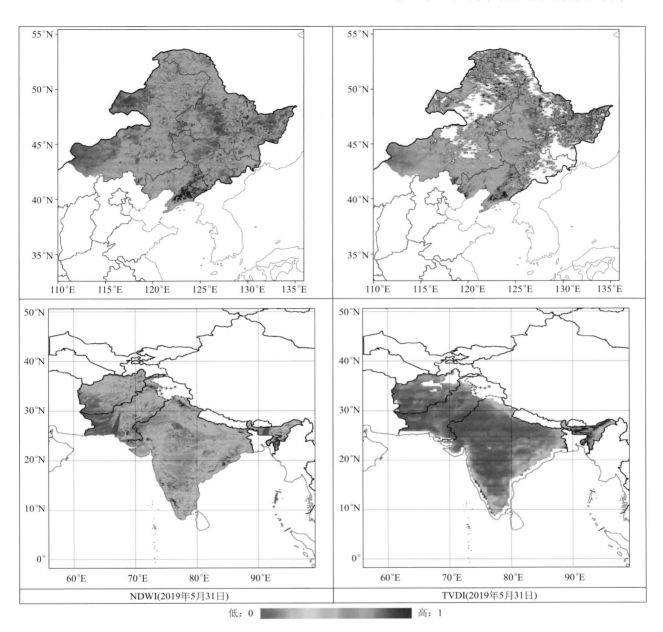

图 5.11　2019 年 5 月重点区域地区干旱监测(归一化后指数)

通过对 2018 年 4—12 月阿富汗及巴基斯坦地区干旱监测进行分析,结合气象灾害数据以及经济数据,通过文献及各种标准的分析对比,确立了该区域的成灾指标,并将干旱划分成五个等级(表 5.5):湿润、正常、轻旱、中旱、重旱。

表 5.5　重点区域(阿富汗及巴基斯坦)成灾指标

土壤湿度指标	综合干旱指标	干旱等级
>0.8	>0.8	湿润
0.6~0.8	0.6~0.8	正常
0.4~0.6	0.4~0.6	轻旱
0.2~0.4	0.2~0.4	中旱
<0.2	<0.2	重旱

图 5.12 为利用土壤湿度模型对 2018 年 4—12 月重点区域地区(阿富汗、巴基斯坦)干旱进行监测的结果。从图 5.12 可以看到,湿润及正常区域基本上分布在河流区域,阿富汗南部及巴基斯坦西南部干旱

程度较严重,尤其是 6—8 月份重旱范围较多,11—12 月份干旱程度减轻。

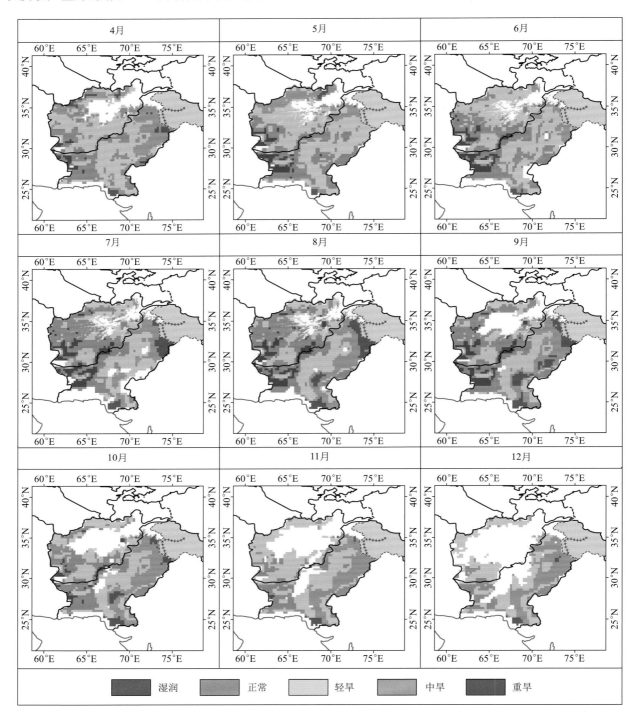

图 5.12　2018 年 4—12 月重点区域地区干旱监测结果(土壤湿度模型)

　　图 5.13 为利用综合干旱监测模型对 2018 年 4—12 月重点区域地区干旱进行监测的结果。从图 5.13 可以看出,土壤湿度模型与综合干旱模型监测的结果大体一致,重旱分布在阿富汗南部及巴基斯坦西南部,6—8 月重旱范围较多,之后干旱程度逐渐减轻。

5.3.3　干旱定量监测模型

　　植被生长状况、降雨量、地表温度等因素均可以不同程度地反映地表干旱情况,然而干旱是一个复杂、

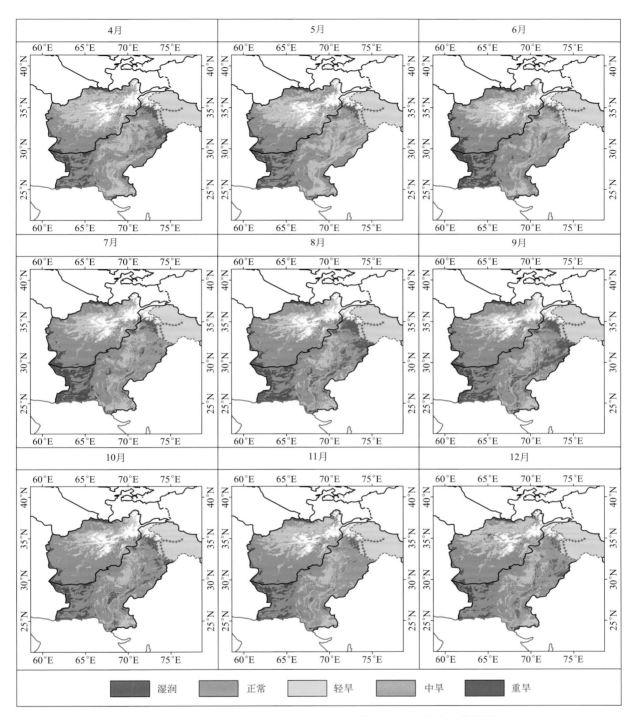

图 5.13 2018 年 4—12 月重点区域地区干旱监测结果(综合干旱模型)

缓慢的过程,以单一类型的指数监测干旱可能会得到片面的结论,要全面刻画干旱的时空特征和严重程度,需要综合利用多种地表水热参量、气候与遥感参量等。因此,建立一个综合干旱监测指数能弥补单一类型监测指数的缺陷,丰富干旱监测机理,提高干旱监测指数在不同地形类型中的适应性。此外,干旱灾害的发生也与不同区域的环境因子有关,有些区域的地理、地质环境等孕灾环境本身就易造成干旱发生,因此,构建模型时需重点考虑孕灾环境因子。

本研究基于长时间序列卫星遥感致灾因子数据集如土壤湿度、植被干旱指数等,结合地表类型、土壤属性等孕灾环境数据集,构建了两种类型的干旱灾害监测模型,一种是基于土壤水分的土壤湿度干旱模型,另一种是基于植被干旱指数的综合干旱模型:

$$D = f(I(\mathrm{SM}，\mathrm{VCI}，\mathrm{TCI}，\mathrm{TVDI}\cdots)，N(\mathrm{FC}，\mathrm{SW}，\mathrm{Landtype}\cdots)) \qquad (5.16)$$

式中：

D 为干旱灾害，

f 为干旱灾害模型函数，考虑了干旱强度以及孕灾环境等相关影响因子；

I 为干旱强度；

SM 为土壤水分；

VCI 为条件植被指数；

TCI 为条件温度指数；

TVDI 为温度植被干旱指数；

N 为孕灾环境因子；

FC 为田间持水量；

SW 为土壤保水指数；

Landtype 为地表类型。

土壤湿度干旱模型：主要通过土壤含水量占田间持水量比值得出土壤相对湿度，进而结合土地利用类型及土壤属性等孕灾环境信息构建干旱模型：

$$I = (1 + A)I_{RSM} \qquad (5.17)$$

式中：

I 为土壤湿度干旱模型，

I_{RSM} 为土壤相对湿度，

A 为孕灾环境因子（土地利用类型以及土壤属性信息等）。

综合干旱模型：由于不同的植被干旱指数适用性不同，而且与环境因子关系密切，综合干旱模型的构建主要将各种不同类型的遥感干旱指数，如温度类、植被类、温度植被类等，结合孕灾环境因子，如土地类型、土壤、地形等，通过机器学习算法来实现。

5.4 干旱灾害监测方法应用个例

5.4.1 阿富汗地区干旱过程监测

2018 年阿富汗大部分地区出现了持续干旱。利用 2012 年以来中国 FY-3B 卫星遥感监测土壤体积含水量资料进行分析，整体而言，阿富汗 2—4 月的土壤水分较高，7—9 月较低（图 5.14），其中 2018 年阿富汗最大土壤水分明显低于其他年份（图 5.15）。

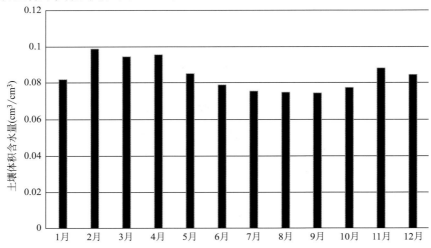

图 5.14 阿富汗月平均土壤体积含水量（FY-3B/MWRI）

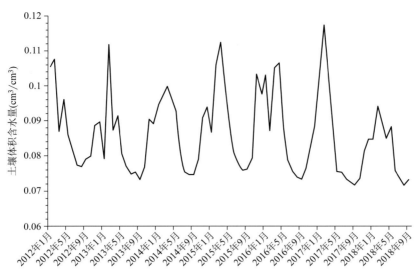

图 5.15　阿富汗 2012 年 1 月—2018 年 9 月逐月平均土壤体积含水量

2012—2018 年，阿富汗约 91% 的区域 3—8 月土壤体积含水量的平均值在 $0.06\sim0.15\ \mathrm{cm^3/cm^3}$，表明土壤水分较低，其中，2018 年 3—8 月的平均土壤体积含水量是 2012 年以来同期最低值。

综合应用干旱强度（如土壤湿度、综合干旱指数等）和孕灾环境（地表类型、土壤属性）等相关因子对阿富汗及巴基斯坦地区进行了干旱灾害监测。图 5.16 为利用土壤湿度干旱模型对阿富汗及巴基斯坦地区 2018 年 4—12 月干旱进行监测的结果，图 5.17 为利用综合干旱模型对阿富汗及巴基斯坦地区 2018 年 4—12 月干旱监测的结果。从两种模型监测效果看，干旱程度的时空特征基本上一致，干旱基本上分布在西南部的沙漠地区，在 6—9 月，干旱程度较为严重。

5.4.2　中国东北地区玉米主要生育期干旱危险性评估

每个单一的因子由于考虑的角度不同，反映的干旱信息也不同，且只能反映干旱的部分信息。然而，区域干旱灾害的形成与发生涉及气候条件、植被状况、土壤理化条件、土地利用类型等多种因素，是多种环境因素共同作用的结果，这种多因素性导致了干旱自身的复杂性及不确定性。针对作物干旱而言，由于作物品种的不同，耐旱性可能不同，作物干旱监测的研究更为复杂，更需要从多方面考虑作物的干旱。本章针对春玉米干旱的监测，主要从春玉米自身的生长状态、春玉米生长的气候条件状态（降水、温度）、春玉米生长所处的环境特征等多角度进行综合考虑。此外，地理环境也是影响作物干旱发生的主要因素，由于环境的不同（地理位置、海拔、气候背景、土壤性质等），有些区域常年发生干旱，而有些区域发生干旱频率较低。利用经纬度信息反映作物受地理位置的影响，DEM 反映作物生长受地形的影响，干燥度反映作物所处区域的气候条件，土壤有效含水量反映农田土壤的持水能力等。基于上述分析，依据上节构建的干旱监测模型，选择作物状态指数（VCI）、降水状态指数（PCI）、温度状态指数（TCI）、干燥度、土壤有效含水量、DEM 等因子来构建干旱综合指数来进行春玉米干旱危险性监测。

研究中涉及的遥感数据主要为植被、温度、降水等数据。MODIS，即中分辨率成像光谱仪，是搭载在美国地球观测系统系列卫星（TERRA 和 AQUA）上的一个重要的传感器，其数据可以对全球免费开放，全世界应用较为广泛。在本研究中，主要使用 MOD09A1 的波段 1（红光波段）和波段 2（近红外波段）获得植被指数数据；使用 MOD11A2 获得白天陆表温度和夜晚陆表温度数据。热带降水测量任务（Tropical Rainfall Measuring Mission，TRMM）是由美国 NASA 和日本 NASDA 共同研制的气象卫星，主要业务就是用于测量热带、亚热带的降雨，研究中主要使用 TRMM 3B42 V7 日获得降水数据。由于风云气象卫星数据系列逐渐发展完善，这里植被、温度、降水等遥感数据也可以使用风云气象卫星系列数据，如 FY3/VIRR 提供的 NDVI、LST 产品，FY-3C/MWRI 提供的土壤水分产品等。

随机森林（Random Forest，RF）是当下比较流行且应用十分广泛的机器学习算法，它是一种集成学习技

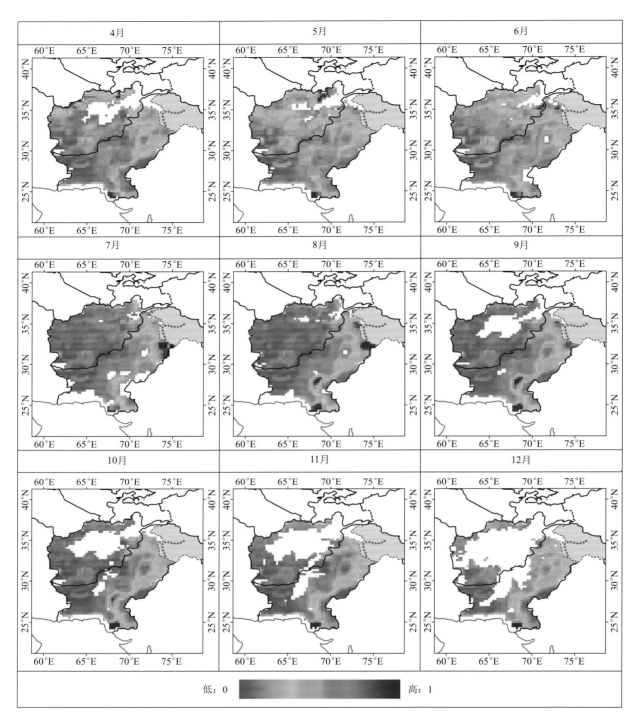

图 5.16　2018 年阿富汗及巴基斯坦地区干旱监测(土壤湿度模型)

术,主要是将多种决策树进行组合来改进分类树和回归树。由于随机森林可以避免多元共线性问题,对解释变量的个数限制较少,在当前机器学习算法中比较受欢迎。遥感研究中利用随机森林回归算法来构建模型的研究也较为常见,均能较好地提高模型预测精度。因此,本研究主要基于随机森林回归算法来构建作物遥感综合干旱监测模型,具体地,根据因子重要性排序,选择作物状态指数(VCI)、降水状态指数(PCI)、温度状态指数(TCI)、干燥度、土壤有效含水量等因子作为自变量,以作物每个生育期作物干旱指数为因变量,以研究区 2001—2015 年数据为训练集,2016—2018 年数据为测试集进行模型构建。在基于随机森林回归算法构建作物各个生育期的遥感综合干旱指数模型(Comprehensive drought index,CDI)中,主要利用了

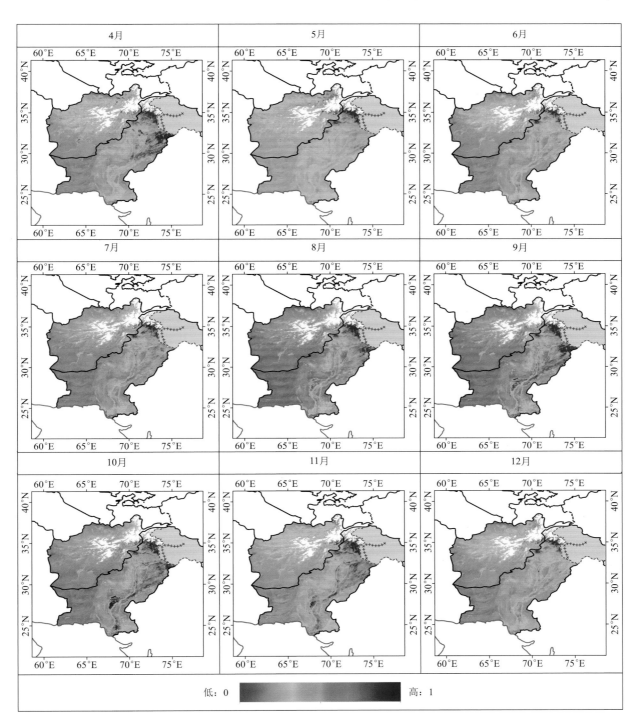

图 5.17　2018 年阿富汗及巴基斯坦地区干旱监测(综合干旱模型)

Python 的 Scikit-Learn 库提供的随机森林函数来实现。在模型构建时,主要调整的参数是 n_estimators 和 max_features。n_estimators 是决策树中子树的数量,子树的数量涉及最后的投票结果,较多的子树会减小误差,让模型拟合效果更好,更趋近于真实结果,但子树过多也会影响到计算效率,最佳参数值始终在进行交叉验证时产生,本研究主要采用了十折交叉验证法进行验证。max_features 是最大特征数,即允许每个决策树最多所能采用的特征数量。在回归问题中,最大特征数默认值是变量数的平方根,在研究中,当模型中的训练数据或特征数量很小时,模态不限制 max_features 的值,但要调整 n_estimators 的值。研究中经过多次调试获得了春玉米各个生育期适宜的模型参数,以此来实现模型的预测功能。

本研究以典型干旱年 2001 年、2004 年、2007 年和 2017 年为例对松嫩平原春玉米干旱空间分布特征进行了分析。2001 年松嫩平原春玉米各个生育期均发生不同程度的干旱(图 5.18),生育期前期干旱程度偏重,生育期后期干旱程度较轻,总干旱面积由大到小依次为出苗—拔节期、播种—出苗期、乳熟—成熟期、抽穗—乳熟期、拔节—抽穗期。

播种—出苗期(图 5.18a)春玉米主要以中旱为主,占总干旱面积的比例为 56.57%,主要分布在松嫩

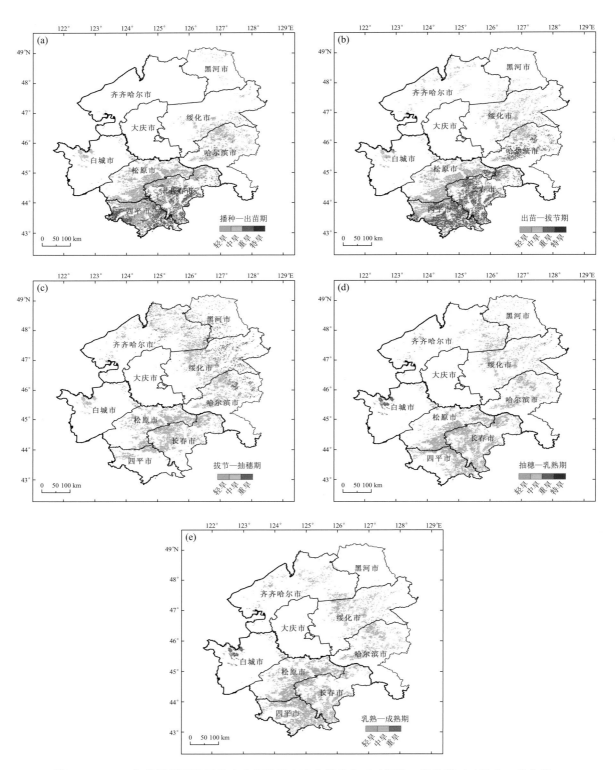

图 5.18　2001 年松嫩平原春玉米生育期干旱灾害空间分布:(a)播种—出苗期;(b)出苗—拔节期;(c)拔节—抽穗期;(d)抽穗—乳熟期;(e)乳熟—成熟期

平原东南部,轻旱面积占比为 16.18%,主要分布在松原市北部及绥化市西南部,重旱面积占比为 26.19%,主要分布在四平市东西部以及长春市南部,特旱面积占比为 1.06%。出苗—拔节期(图 5.18b) 干旱程度加重,重旱面积占总干旱面积的比例上升到 35.92%,主要分布在松嫩平原东南部,中旱面积占 比降至 47.51%,主要分布在松原市东南部、哈尔滨市北部及其周边区域,轻旱面积占比为 16.42%,主要 分布在松原市北部、绥化市北部及齐齐哈尔市部分区域,特旱面积占比为 0.15%。拔节—抽穗期(图 5.18c)春玉米主要以中旱为主,占总干旱面积的比例为 60.10%,主要分布在齐齐哈尔市、绥化市中部、哈 尔滨市西北部、松原市北部、长春市西部及白城市西北部等区域,轻旱面积占比为 29.02%,主要分布在松 原市、长春市以及四平市北部,重旱面积占比为 10.87%,分布在松嫩平原东北区域,未发生特旱。抽穗— 乳熟期(图 5.18d)松嫩平原春玉米以轻旱为主,占总干旱面积的 80.48%,主要分布在松嫩平原南部及东 北,中旱面积占比为 16.95%,重旱及特旱面积占比为 2.57%,分布在白城市西北部。乳熟—成熟期(图 5.18e)春玉米以轻旱为主,占总干旱面积的 70.29%,主要分布在松嫩平原南部及其他部分区域,中旱面 积占比为 27.28%,主要分布在长春市南部、四平市东部、松原市北部及哈尔滨市中部等部分区域,重旱面 积占比为 2.43%,分布在白城市西北部。

　　2004 年(图 5.19)春玉米在出苗—拔节期干旱面积最大,干旱程度较高,抽穗—乳熟期干旱面积最 小。播种—出苗期(图 5.19a)轻旱面积占总干旱面积的 74.01%,主要分布在松嫩平原南部区域,中旱 面积占比为 22.99%,主要分布在松原市西南部及其他部分区域,重旱及特旱面积占比为 3.00%,主要分 布在白城市西北部。出苗—拔节期(图 5.19b)春玉米以中旱为主,占总干旱面积的 49.51%,主要分 布在四平市、长春市西南部及松原市东部等区域,轻旱面积占比为 37.56%,主要分布在长春市中东部、 哈尔滨市西北部、绥化市西部及齐齐哈尔市等区域,重旱面积占比为 12.31%,主要分布在四平市东南 部、松原市南部及白城市西北部,特旱面积占比为 0.62%。拔节—抽穗期(图 5.19c)春玉米以轻旱为 主,占总干旱面积的 63.68%,主要分布在松嫩平原东南部,中旱面积占比为 27.47%,以松嫩平原北部 及白城市北部为主,重旱及特旱面积占比为 8.85%,主要分布在松嫩平原西北部。抽穗—乳熟期(图 5.19d)春玉米以轻旱为主,占总干旱面积的 77.17%,主要分布在松嫩平原中部,中旱面积占比为 21.48%,分布较为零散,重旱面积占总干旱面积的 1.35%。乳熟—成熟期(图 5.19e)春玉米主要以轻 旱为主,占总干旱面积的 95.92%,主要分布在松嫩平原南部及中部,中旱以上主要分布在齐齐哈尔市 西部及白城市西北部。

　　2007 年(图 5.20)松嫩平原春玉米随着生育期推进干旱面积不断扩大,干旱程度逐渐加剧。播 种—出苗期(图 5.19a)春玉米干旱范围较小,主要分布在四平市、松原市南部及长春市南部,干旱程 度较轻,主要以轻旱为主,占总干旱面积的 96.10%,中旱面积占总干旱面积的 3.90%,零星分布在 四平市西南部,未发生重旱及以上程度干旱。出苗—拔节期(图 5.20b),春玉米干旱分布范围及干 旱程度与播种—出苗期类似,轻旱面积占总干旱面积的 97.57%,中旱面积占总干旱面积的 2.43%, 未发生重旱及以上程度干旱。拔节—抽穗期(图 5.20c),春玉米轻旱面积占总干旱面积的 50.37%, 主要分布在松嫩平原中部及西北部,中旱面积占比为 45.26%,主要分布在松嫩平原南部及东北部, 重旱及特旱面积占比为 4.37%,主要分布在四平市及周边区域。抽穗—乳熟期(图 5.20d)春玉米以 中旱为主,占总干旱面积的 52.50%,主要分布在松嫩平原中部及其他零散区域,轻旱面积占比为 34.44%,主要分布在松嫩平原南部及西部区域,重旱及特旱面积占比为 13.06%,主要分布在齐齐 哈尔市北部、长春市东北部、哈尔滨市东北部及绥化市东北部。乳熟—成熟期(图 5.20e)春玉米主 要以中旱为主,占总干旱面积的 51.23%,在松嫩平原各个区域均有分布,轻旱面积占比为 28.02%,主要分布在松嫩平原中部及南部等区域,重旱及特旱面积占比为 20.75%,主要分布在松 嫩平原北部及北部等部分区域。

　　2017 年(图 5.21),松嫩平原春玉米干旱主要发生在生育期前期,之后干旱逐渐减缓。播种—出苗期 (图 5.21a)春玉米主要以中旱为主,占总干旱面积的 72.59%,分布在松嫩平原大部分区域,轻旱面积占总 干旱面积的 20.64%,分布在松嫩平原西南部及齐齐哈尔市西北部,重旱面积占总干旱面积的 7.30%,主 要分布在白城市及松原市东部,未发生特旱。

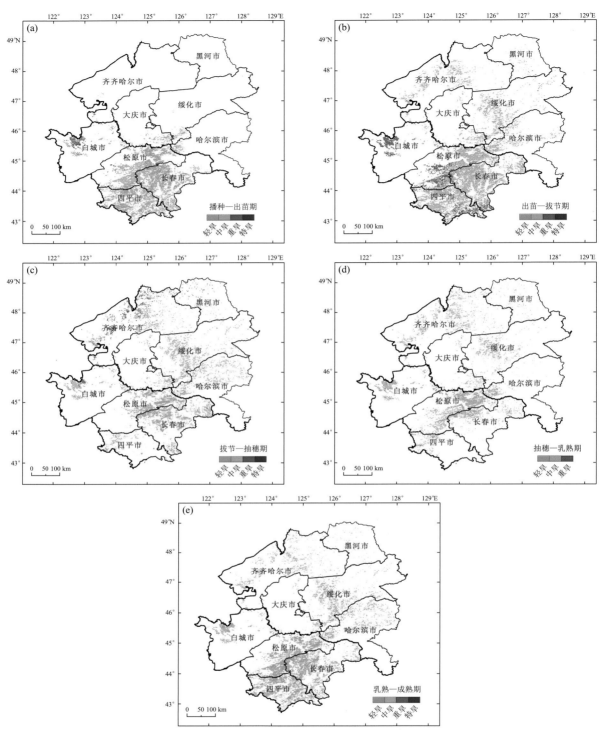

图 5.19　2004 年松嫩平原春玉米生育期干旱灾害空间分布：(a)播种—出苗期；(b)出苗—拔节期；
(c)拔节—抽穗期；(d)抽穗—乳熟期；(e)乳熟—成熟期

　　出苗—拔节期(图 5.21b)，春玉米主要以轻旱为主，占总干旱面积的 50.82％，主要分布在齐齐哈尔市西北部、黑河市北部、绥化市南部及四平市等区域，中旱面积占总干旱面积的 42.37％，主要分布在齐齐哈尔市东部、黑河市南部及绥化市北部等区域，重旱及特旱面积占总干旱面积的 6.81％，主要分布在齐齐哈尔市西南部及白城市西北部。拔节—抽穗期(图 5.21c)，春玉米主要以轻旱为主，占总干旱面积的 71.57％，主要分布在松嫩平原西南部及东北部等区域，中旱面积占总干旱面积的 26.73％，主要分布在白

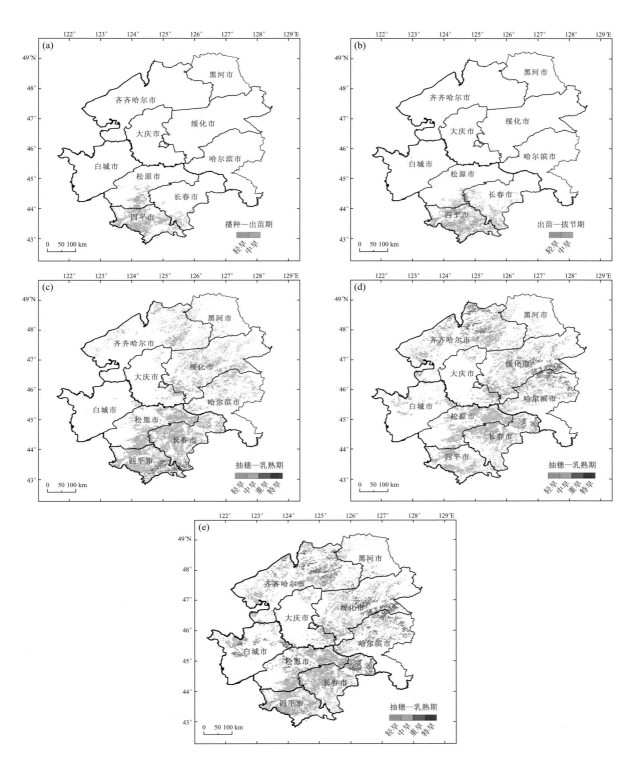

图 5.20　2007 年松嫩平原春玉米生育期干旱灾害空间分布：(a)播种—出苗期；(b)出苗—拔节期；(c)拔节—抽穗期；(d)抽穗—乳熟期；(e)乳熟—成熟期

城市南部、松原市南部、四平市西部及松嫩平原北部等零星区域，重旱面积占总干旱面积的 1.70%，主要分布在四平市西部，未发生特旱。抽穗—乳熟期(图 5.21d)，春玉米干旱范围主要分布在松嫩平原西北部，以轻旱为主，占总干旱面积的 85.60%，中旱及以上程度干旱面积占 14.4%，分布在齐齐哈尔市西部及东部部分区域。乳熟—成熟期(图 5.21e)，松嫩平原春玉米整体干旱范围较小，以轻旱为主，主要分布在

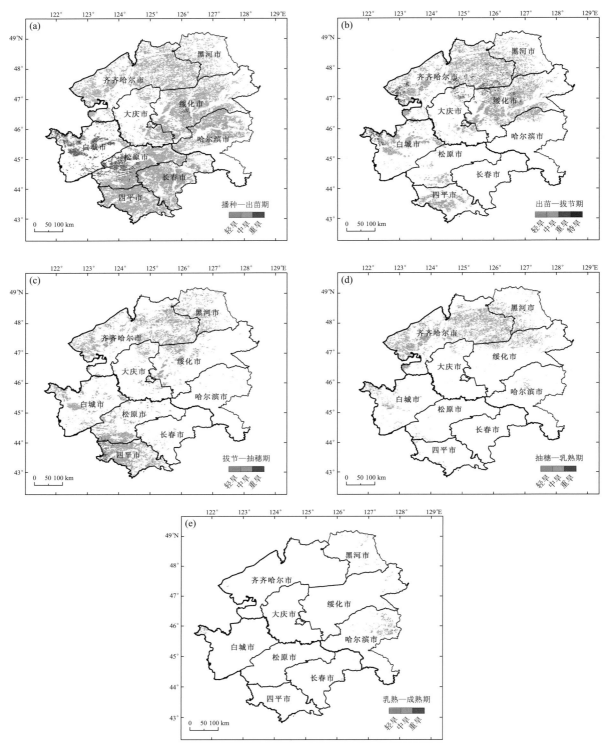

图 5.21　2017 年松嫩平原春玉米生育期干旱灾害空间分布：(a) 播种—出苗期；(b) 出苗—拔节期；
(c) 拔节—抽穗期；(d) 抽穗—乳熟期；(e) 乳熟—成熟期

哈尔滨市东北部及白城市西北部等区域。

　　为了进一步说明本研究旱灾监测的准确性，这里进一步探讨了松嫩平原春玉米受灾面积与统计上的平均单产的关系（图 5.22）。在拔节—抽穗期，春玉米旱灾面积与单产相关性相对较高，乳熟—成熟期旱灾面积与单产相关性相对较低,其他研究也表明在春玉米拔节—抽穗、抽穗—乳熟阶段干旱是导致春玉米减产的主要原因,虽然导致春玉米产量降低的灾害不止干旱,但这也间接说明了本研究干旱监测结果的有效性。

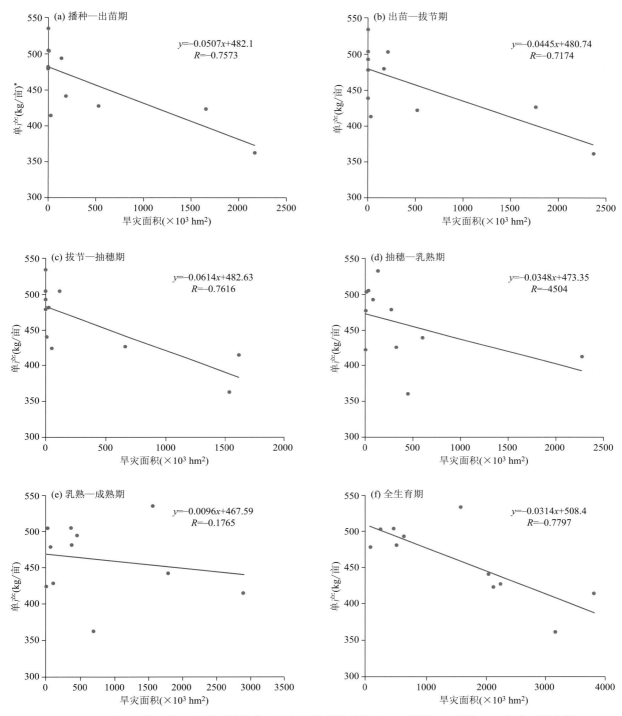

图 5.22　松嫩平原春玉米遥感监测的旱灾面积与统计单产的关系:(a)播种—出苗期;(b)出苗—拔节期; (c)拔节—抽穗期;(d)抽穗—乳熟期;(e)乳熟—成熟期;(f)全生育期

---

*　1 亩≈666.67 m^2。

参考文献

陈亮,施建成,蒋玲梅,等,2009. 基于物理模型的被动微波遥感反演土壤水分[J]. 水科学进展,20(5):
663-667.

陈维英,肖乾广,盛永伟,1994. 距平植被指数在 1992 年特大干旱监测中的应用[J]. 环境遥感,02:
106-112.

丁建丽,姚远,2013. 干旱区稀疏植被覆盖条件下地表土壤水分微波遥感估算[J]. 地理科学,33(7):
837-843.

房世波,韩威,裴志方,2020. 沙漠蝗群对印巴边境植被的影响及其未来可能发展趋势[J]. 遥感学报,24
(3),326-332.

胡猛,冯起,席海洋,2013. 遥感技术监测干旱区土壤水分研究进展[J]. 土壤通报,44(5):1270-1275.

王鹏新,龚健雅,李小文,2001. 条件植被温度指数及其在干旱监测中的应用[J]. 武汉大学学报(信息科学
版),26(5):412-418.

吴春雷,秦其明,李梅,等,2014. 基于光谱特征空间的农田植被区土壤湿度遥感监测[J]. 农业工程学报,
30(16):106-112.

CROW W T,KUSTAS W P,PRUEGER J H,2008. Monitoring root-zone soil moisture through the assimilation of a thermal remote sensing-based soil moisture proxy into a water balance model[J]. Remote Sensing of Environment,112(4):1268-1281.

DINKU T,CECCATO P,CRESSMAN K,et al,2010. Evaluating detection skills of satellite rainfall estimates over desert locust recession regions[J]. Journal of Applied Meteorology and Climatology 49(6):1322-1332.

ENTEKHABI D,NJOKU E G,O'NEILL P E,et al,2010. The soil moisture active passive (SMAP) mission[J] Proc IEEE,98(5):704-716.

ESCORIHUELA M J,MERLIN O,STEFAN V,et al,2018. SMOS based high resolution soil moisture estimates for desert locust preventive management[J]. Remote Sensing Applications:Society and Environment,11:140-150.

GHULAM A,QIN Q,ZHAN Z,2007. Designing of the perpendicular drought index[J]. Environmental Geology,52(6):1045-1052.

GOMEZ D,SALVADOR P,SANZ J,et al,2018. Machine learning approach to locate desert locust breeding areas based on ESA CCI soil moisture[J]. Journal of Applied Remote Sensing 12(3):036011.

HIELKEMA J U,ROFFEY J,TUCKER C J,1986. Assessment of ecological conditions associated with the 1980/81 desert locust plague upsurge in West Africa using environmental satellite data[J]. International Journal of Remote Sensing,7(11):1609-1622.

HUANG J,ZHUO W,LI Y,et al,2020. Comparison of three remotely sensed drought indices for assessing the impact of drought on winter wheat yield[J]. International Journal of Digital Earth,13(4):23.

KERR Y H,WALDTEUFEL P,RICHAUME P,2012. The SMOS soil moisture retrieval algorithm[J]. IEEE Transactions on Geoscience & Remote Sensing,50(5):1384-1403.

KIAGE L M,LIU K B,2009. Palynological evidence of climate change and land degradation in the Lake Baringo area,Kenya,East Africa,since AD 1650[J]. Palaeogeography Palaeoclimatology Palaeoecology,279(1-2):60-72.

KOGAN F N,1995. Application of vegetation index and brightness temperature for drought detection[J]. Advances in Space Research,15(11):91-100.

LATCHININSKY A V,2013. Locusts and remote sensing:a review[J]. Journal of Applied Remote Sensing,7(1):5099.

MADELEINE S,2020. A Plague of Locusts has Descendedon East Africa Climate Change May Be to Blame[J]. National Geographic (Science).

MCVICAR T R,BIERWIRTH P N,2001. Rapidly assessing the 1977 drought in Papua New Guinea using composite AVHRR imagery[J]. International Journal of Remote Sensing,22(11):2109-2128.

MEYNARD C N,GAY P E,LECOQ M,et al,2017. Climate-driven geographic distribution of the desert locust during recession periods:Subspecies'niche differentiation and relative risks under scenarios of climate change[J]. Global Change Biology,23(11):4739-4749.

MEYNARD C N,LECOQ M,CHAPUIS M P,et al,2020. On the relative role of climate change and management in the current desert locust outbreak in East Africa[J]. Global Change Biology,26(7):3753-3755.

MIDDLETON N J,STERNBERG T,2013. Climate hazards in drylands:A review[J]. Earth-Science Reviews,126:48-57.

PARINUSSA R M,WANG G,HOLMES T,et al,2014. Global surface soil moisture from the microwave radiation imager onboard the Fengyun-3B satellite[J]. Int J Remote Sens,35(19):7007-7029.

PIOU C,GAY P E,BENAHI A S,et al,2018. Soil moisture from remote sensing to forecast desert locust presence[J]. Journal of Applied Ecology,45(4):966-975.

ROFFEY J,POPOV G,1968. Environmental and Behavioural Processes in a Desert Locust Outbreak[J]. Nature.

SANDHOLT I,RASMUSSEN K,ANDERSEN J,2002. A simple interpretation of the surface temperature/vegetation index space for assessment of surface moisture status[J]. Remote Sensing of Environment,79(2-3):213-224.

SHI J,JIANG L,ZHANG L,et al,2006. Physically based estimation of bare-surface soil moisture with the passive radiometers[J]. IEEE Transactions on Geoscience and Remote Sensing,44(11):3145-3153.

THOMA D P,MORAN M S,BRYANT R,et al,2006. Comparison of four models to determine surface soil moisture from C-band radar imagery in a sparsely vegetated semiarid landscape[J]. Water Resources Research,42(1):209-216.

TIAN H,STIGE L C,CAZELLES B,2011. Reconstruction of a 1,910-y-long locust series reveals consistent associations with climate fluctuations in China[J]. Proceedings of the National Academy of Sciences (PNAS),108(35):14521-14526.

TRATALOS J A,CHEKE R A,HEALEY R G,et al,2010. Desert locust populations,rainfall and climate change:Insights from phenomenological models using gridded monthly data[J]. Climate Research,43(3):229-239.

VALLEBONA C,GENESIO L,CRISCI A,et al,2008. Large-scale climatic patterns forcing desert locust upsurges in West Africa[J]. Climate Research,37(1):35-41.

VERAN S,SIMPSON S J,SWORD G A,et al,2015. Modeling spatiotemporal dynamics of outbreaking species:Influence of environment and migration in a locust[J]. Ecology,96(3):737-748.

WANG A H,LETTENMAIER D P,SHEFFIELD J,2011. Soil Moisture Drought in China,1950-2006 [J]. Journal of Climate,24(13):3257-3271.

WANG B,DEVESON E D,WATERS C,et al,2019. Future climate change likely to reduce the Australian plague locust (Chortoicetes terminifera) seasonal outbreaks[J]. Science of the Total Environment,668:947-957.

WANG L,FANG S,PEI Z,2020. Using FengYun-3C VSM Data and Multivariate Models to Estimate Land Surface Soil Moisture[J]. Remote Sensing,12(6):1038.

WANG L,HU X Q,CHEN L,2018. Consistent Calibration of VIRR Reflective Solar Channels Onboard

FY-3A,FY-3B,and FY-3C Using a Multisite Calibration Method[J]. Remote Sensing,10(9):1336.

WANG L,WANG P,LIANG S,et al,2019. Monitoring maize growth conditions by training a BP neural network with remotely sensed vegetation temperature condition index and leaf area index[J]. Computers and Electronics in Agriculture,160:82-90.

WANG L,ZHUO W,PEI Z,et al,2021. Using Long-Term Earth Observation Data to Reveal the Factors Contributing to the Early 2020 Desert Locust Upsurge and the Resulting Vegetation Loss[J]. Remote Sensing,13(4):680.

WANG L Y,YUAN X,XIE Z H,et al,2016. Increasing flash droughts over China during the recent global warming hiatus[J]. Scientific Reports,6:8.

WEI W,PANG S F,XIE B B,et al,2020. Analysis of saptiotemporal characteristics of drought in an arid region of northwest China[J]. Applied Ecology and Environmental Research,18(4):5293-5314.

WU D,FANG S B,LI X,et al,2019. Spatial-temporal variation in irrigation water requirement for the winter wheat-summer maize rotation system since the 1980s on the North China Plain[J]. Agricultural Water Management,214:78-86.

ZHANG Q,YUAN Q,LI J,et al,2021. Generating seamless global daily AMSR2 soil moisture (SGD-SM) long-term products for the years 2013-2019[J]. Earth System Science Data,13(3):1385-1401.

第 6 章　沙尘灾害监测方法及其与应用

　　沙尘天气是由强风将地面大量松软沙土或尘埃卷入空中而形成。沙尘天气使空气混浊、水平能见度降低,对交通、农作物、生态环境、空气质量有很强的破坏力。

　　沙尘天气是一种区域性灾害性天气,全球有多处沙尘暴易发地区,包括北非、东亚、西亚、南亚、澳大利亚的沙漠及荒漠地带,南美、北美沙漠等地也时有沙尘发生。卫星遥感技术可以从空间上捕捉沙尘天气动态信息,而且时间分辨率高,是目前最为有效的监测、跟踪、分析沙尘天气的手段之一。

　　20 世纪 90 年代以来,国内外学者在利用卫星遥感监测沙尘暴的应用研究方面做了许多卓有成效的研究工作。方宗义等(2001)根据沙尘和晴空地表在可见光通道反射率的差异,以及沙尘在中红外通道由于太阳反射造成与远红外通道亮温差异增大的特点,提出利用极轨气象卫星可见光、中红外和远红外通道判识沙尘方法;章伟伟等(2008)根据沙尘暴的波谱特征和 MODIS 传感器通道的特点,提出利用 MODIS 可见光、近红外通道和红外双通道差异的三通道彩色合成直方图均衡增强法对沙尘暴进行提取监测;杨妍辰等(2010)根据含有沙尘的空气与清洁空气的反射光谱特征差异,同时与下垫面背景地物的反射光谱特征差异的特点,提出利用极轨气象卫星传感器 AVHRR 的可见光波段($0.58\sim0.68~\mu m$)和近红外波段($0.725\sim1.10~\mu m$)反射率,以及远红外波段($10.30\sim11.30~\mu m$)的三通道合成图判识沙尘暴信息的方法;胡秀清等(2007)提出使用风云二号静止气象卫星数据,利用 IDDI 指数和红外分裂窗方法提取中国地区的沙尘信息;王威等(2019)利用日本新一代静止气象卫星 Himawari-8 的 $10.4~\mu m$,$11.2~\mu m$,$12.3~\mu m$ 对沙尘的不同光谱响应,提出联合 $10.4\sim11.2~\mu m$ 亮温和 $11.2\sim12.3~\mu m$ 亮温的沙尘判识方法。

　　以往卫星遥感沙尘判识方法一般使用反射和发射光谱信息的综合应用,如可见光、短波红外、中红外、远红外等,因而应用时段仅限于白天。单独使用红外通道的应用研究较少,且以风云二号静止气象卫星和日本葵花卫星数据为主。新一代风云气象卫星具有丰富的观测信息和全球观测能力,为开展全球沙尘暴监测提供了数据支持。尤其风云四号具有分钟级的观测频次,俯瞰较为集中的沙尘暴易发地区,包括东亚、西亚,南亚、澳大利亚等地的沙漠和荒漠地带,可以实时、动态监测这一地区的沙尘暴信息。

　　本章主要介绍利用风云四号静止气象卫星数据进行沙尘判识、沙尘气溶胶光学厚度、高度、载沙量反演、能见度反演、沙尘暴灾害监测,以及卫星遥感沙尘暴动态监测产品制作方法等,并介绍风云气象卫星对全球沙尘暴监测应用个例。

6.1　沙尘致灾因子提取方法

6.1.1　沙尘信息判识

6.1.1.1　概述

　　沙尘中含有大量大小不同的矿物质粒子,它们会吸收、散射、反射太阳的短波辐射及地面的长波辐射,并向外发射辐射,根据沙尘粒子的辐射传输特性,通过分析沙尘在不同光谱波段上的发射和反射特性,同时结合沙尘信息的空间分布形态特征来遥感监测沙尘,是沙尘灾害监测(包括沙尘信息提取与强度监测)的主要理论基础。

　　本节介绍两种利用风云四号气象卫星 FY-4A/AGRI 数据判识沙尘的方法,一种是基于风云四号远红外通道的红外多光谱沙尘指数(MIDI)方法,另一种是利用风云四号可见光、红外等多波段数据的沙尘判识方法。

6.1.1.2 基于 FY-4A 卫星 MIDI 指数的沙尘判识方法

根据有关物理实验反映的沙尘在地面和空中的红外 8.5 μm，11 μm，12 μm 通道的比辐射率差异变化特点，利用 FY-4A 卫星红外 8.5 μm，10.8 μm，12 μm 通道数据，分析新疆、华北、印度、哈萨克斯坦、沙特阿拉伯等地沙漠、荒漠区的沙尘天气和晴空条件下亮温关系的变化，构建基于 FY-4A 红外 8.5 μm，10.8 μm，12 μm 通道的红外多光谱沙尘指数（Multiple Infrared Dust Index，MIDI），并首次提出了基于 MIDI 的沙尘判识方法，以及消除云污染等误判信息的方法。利用该方法，使用 FY-4A 数据对 2021 年 3 月 15 日影响我国北方的白天和夜间沙尘暴进行了判识，结果表明，该方法可对风云四号静止气象卫星观测范围的沙尘天气进行昼夜连续自动监测。

FY-4A 星下点经度为 104.5°，可俯瞰整个亚洲、大洋洲等地区。FY-4A 多通道扫描辐射计第 11，12，13 通道中心波长分别位于 8.5 μm，11 μm 和 12 μm（表 6.1）。

表 6.1　FY-4A/AGRI 通道光谱特性表

波段	波长（μm）	空间分辨率（km）	波段	波长（μm）	空间分辨率（km）
1	0.45～0.49	1	8	3.5～4.0（低）	4
2	0.55～0.75	0.5～1	9	5.8～6.7	4
3	0.75～0.90	1	10	6.9～7.3	4
4	1.36～1.39	2	11	8.0～9.0	4
5	1.58～1.64	2	12	10.3～11.3	4
6	2.1～2.35	2～4	13	11.5～12.5	4
7	3.5～4.0（高）	2	14	13.2～13.8	4

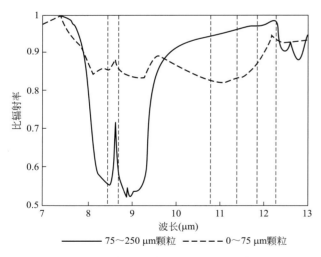

图 6.1　纯硅酸盐石英沙热红外光谱比辐射率

针对光谱通道数较多的 FY-4A 成像仪云图，利用 8.5 μm 通道可以区分沙尘区和沙漠/戈壁背景区的特点（Zhang et al.，2006），结合红外分裂窗法，选择对沙尘敏感的 FY-4A 三个红外通道（8.5 μm、11 μm 和 12 μm），利用红外多光谱沙尘判识方法的沙尘监测不受夜晚观测条件限制，能提供不同种类下垫面沙尘监测。

根据 Kaufman 等研究，沙尘颗粒半径在 0～75 μm 时，8.5 μm 通道和 12 μm 通道的比辐射率均大于 10.8 μm 通道的比辐射率（Park et al.，2014）（图 6.1）。根据物理实验（胡秀清 等，2007），沙漠沙尘在地表时，其在 8.5 μm 的比辐射率远低于 11 μm，而 12 μm 的比辐射率略高于 11 μm。而当沙尘升空时，其在 8.5 μm 的比辐射率与 11 μm 的差异明显减小，甚至大于 11 μm，而 12 μm 的比辐射率仍高于 11 μm。经初步研究，利用 FY4A 数据，使用"12 μm 大于 10.8 μm 且 8.5 μm 大等于 10.8 μm"条件可判识沙尘，并可昼夜连续有效提取不同下垫面上空的沙尘信息。

（1）典型目标远红外通道沙尘特点分析

选取风云四号 A 星观测范围内典型沙尘目标（沙漠区沙尘和沙漠区晴空，荒漠区沙尘和荒漠区晴空，植被区沙尘和植被区晴空，以及高云、低云）进行分析（图 6.2）。其中沙漠区包括中国新疆塔克拉玛干沙漠，印度塔尔沙漠和沙特阿拉伯沙漠，荒漠区包括蒙古荒漠区和咸海荒漠区，植被区为中国华北中部地区，云区为位于中国四川南部的低云和蒙古国南部的高云。

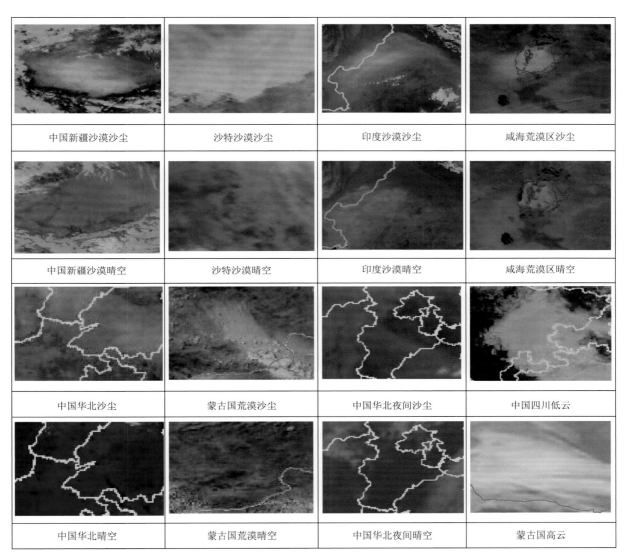

中国新疆沙漠沙尘	沙特沙漠沙尘	印度沙漠沙尘	咸海荒漠区沙尘
中国新疆沙漠晴空	沙特沙漠晴空	印度沙漠晴空	咸海荒漠区晴空
中国华北沙尘	蒙古国荒漠沙尘	中国华北夜间沙尘	中国四川低云
中国华北晴空	蒙古国荒漠晴空	中国华北夜间晴空	蒙古国高云

图 6.2　典型目标局域图

图 6.3 分别给出各典型目标沙尘天气和晴空条件的 8.5 μm,10.8 μm,12 μm 亮温频率分布和均值直方图。图中绿色、红色、蓝色分别为 8.5 μm、10.8 μm、12 μm 的亮温频率分布和均值。从中可见,晴空条件下,新疆沙漠在 8.5 μm 亮温明显低于 10.8 μm 和 12 μm,同时 12 μm 亮温略高于 10.8 μm,十分符合图 6.1 各通道的比辐射率曲线;其他沙漠和荒漠区、植被区的晴空 8.5 μm 亮温也不同程度低于 10.8 μm 和 12 μm 的亮温,其中沙特沙漠和印度沙漠的 8.5 μm 亮温较 10.8 μm 低 8～10 K,蒙古国荒漠区和咸海荒漠区 8.5 μm 亮温较 10.8 μm 低 5～6 K,华北地区 8.5 μm 亮温较 10.8 μm 低 2～3 K;而 12 μm 亮温均略低于或等于 10.8 μm 亮温。在沙尘天气条件下,沙漠、荒漠区和植被区的 8.5 μm 亮温与 10.8 μm 亮温的差异均明显减小,甚至达到或高于 10.8 μm 亮温。如新疆沙漠、印度沙漠、咸海荒漠区的 8.5 μm 亮温与 10.8 μm 相等;华北地区和蒙古国荒漠区的 8.5 μm 亮温较 10.8 μm 高 1～2 K;仅沙特沙漠的 8.5 μm 亮温较 10.8 μm 低约 2 K。

以上分析表明,沙尘天气出现时,沙漠区,荒漠区和植被区的 8.5 μm 亮温与 10.8 μm 的差异均明显减小,甚至达到或超过 10.8 μm。12 μm 亮温与 10.8 μm 的差异也有同样趋势,但幅度明显小于 8.5 μm 的情况。

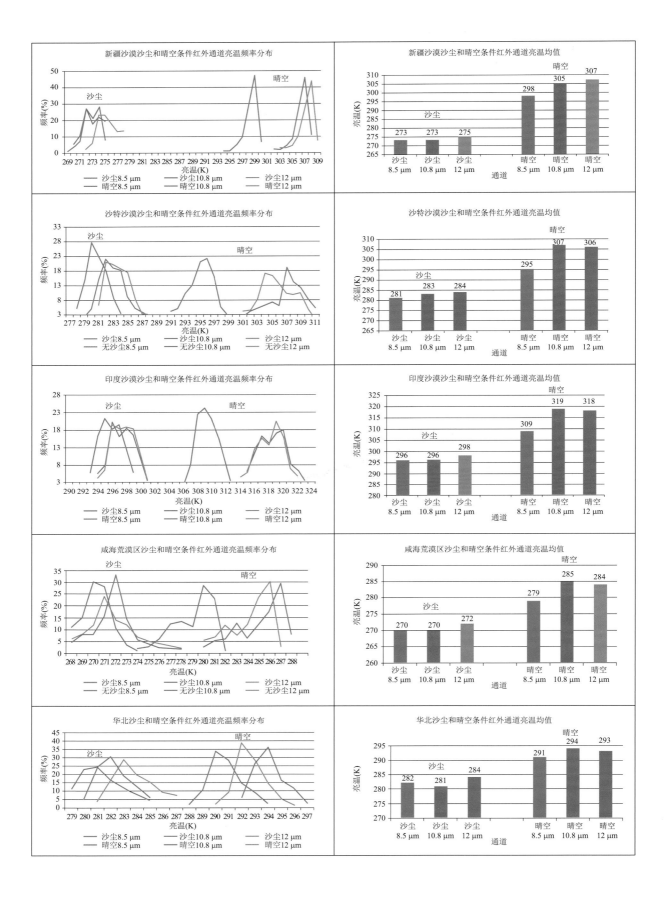

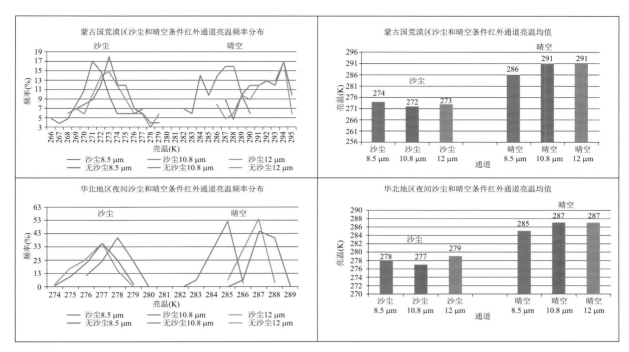

图 6.3　典型目标沙尘天气和晴空条件的 8.5 μm, 10.8 μm, 12 μm 亮温频率分布和均值直方图

　　图 6.4 和图 6.5 为各典型目标在沙尘天气和晴空条件下的 8.5 μm 与 10.8 μm 的亮温差异、12 μm 与 10.8 μm 的亮温差异频率分布和亮温均值统计。由图可见，华北地区晴空 8.5 μm 与 10.8 μm 的亮温差异接近印度沙尘 8.5 μm 与 10.8 μm 的亮温差异，新疆沙漠晴空 12 μm 与 10.8 μm 的亮温差异甚至超过印度沙尘和华北地区沙尘，与沙特沙尘和咸海沙尘相同。这一情况说明，仅使用亮温差作为判识沙尘条件可适用于某一部分地区，但难以适用大范围观测区域内不同类型下垫面的沙尘判识。

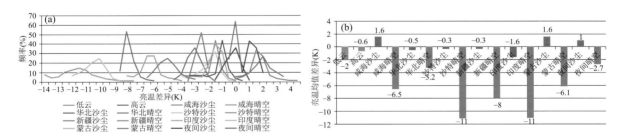

图 6.4　不同地区沙尘、晴空、云区的 8.5 μm 与 10.8 μm 亮温差异频率分布(a)与亮温均值差异(b)

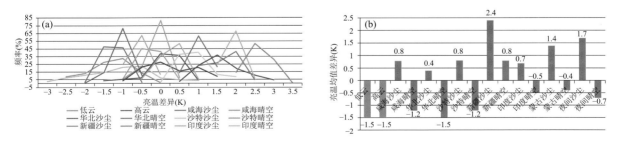

图 6.5　不同地区沙尘、晴空、云区的 12 μm 与 10.8 μm 亮温差异频率分布(a)与亮温均值差异(b)

　　(2)红外多光谱沙尘指数 MIDI 构建
　　以上分析表明，当沙尘天气出现时，各类下垫面的 8.5 μm 和 12 μm 亮温与 10.8 μm 的差异均正向增

大(即接近或高于 10.8 μm),因而可构建基于 FY4A/AGRI 的红外多光谱沙尘指数 MIDI(Multiple Infrared Dust Index):

$$MIDI = \frac{(T_{8.5} + T_{12})}{(2T_{10.8})} \qquad (6.1)$$

式中,$T_{8.5}$,$T_{10.8}$,T_{12} 分别为 8.5 μm,10.8 μm 和 12 μm 亮温。

图 6.6 为利用式(6.1)生成的各类典型目标在沙尘天气和晴空条件下的 MIDI 局域图,图中颜色越白表示 MIDI 值越高。对比可见,沙尘天气时的 MIDI 值明显高于晴空时的 MIDI,表明 MIDI 可突出沙尘信息。需要注意的是,某些云区(如高云)的 MIDI 值也较高,因而在使用 MIDI 提取沙尘信息时需要消除云区的影响。

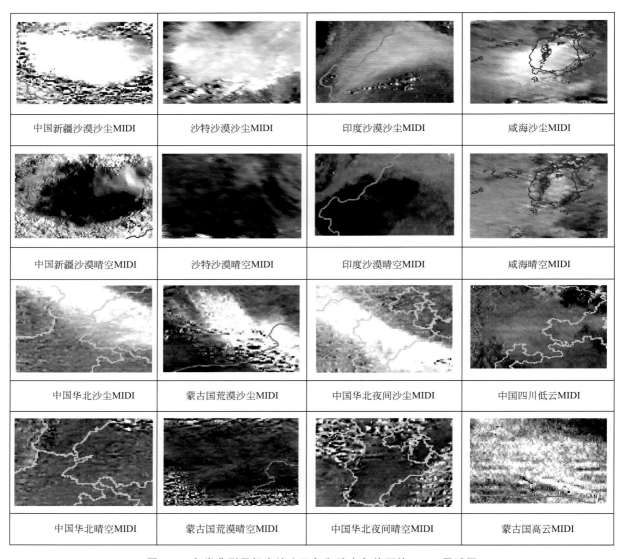

图 6.6 各类典型目标在沙尘天气和晴空条件下的 MIDI 局域图

图 6.7 为以上各种典型目标在沙尘天气和晴空条件下的 MIDI 频率分布和 MIDI 均值直方图(注:图中的 MIDI 值扩大了 1000 倍)。由图可见,各类目标沙尘天气下的 MIDI 值均大于各类目标的晴空 MIDI 值,但有的地区晴空条件的 MIDI 值与另一些地区沙尘天气 MIDI 值接近,如华北地区夜间晴空 MIDI 值为 0.994,接近沙特沙尘、咸海沙尘和印度沙尘的 MIDI 值 0.997。另外,高云的 MIDI 值也高于某些地区的沙尘区 MIDI,因而单独使用固定的 MIDI 作为沙尘判识阈值无法适用于风云四号大范围观测区域的不同地区沙尘判识。

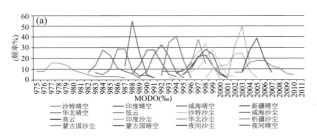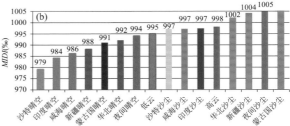

图 6.7 不同地区沙尘、晴空、云区的 MIDI 频率分布(a)与均值(b)

图 6.8 为每个目标晴空和沙尘天气为一组的 MIDI 均值直方图。从中可见,对每个目标而言,沙尘天气的 MIDI 值均明显高于该目标晴空 MIDI 值,幅度在 0.01 至 0.018 左右。同时也可看到,云区的 MIDI 值接近或高于某些目标的沙尘 MIDI 值,说明沙尘天气的 MIDI 明显高于无沙尘天气的 MIDI,因而可用于提取沙尘信息。但受下垫面成分影响,MIDI 值域范围有所不同,同时,云的 MIDI 也较高,需要去除。

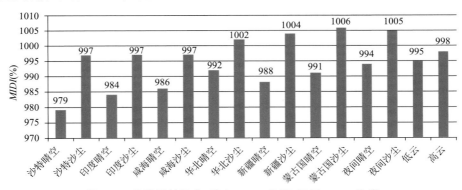

图 6.8 分地区的沙尘、晴空 MIDI 均值、云区 MIDI 均值

(3)MIDI 沙尘判识方法

根据上节分析可知,沙尘天气 MIDI 值明显高于当地晴空条件下的 MIDI 值,但某些云区的 MIDI 值也可能较高,达到或接近沙尘天气的 MIDI 值。通过对 FY-4A/AGRI 的 8.5 μm,10.8 μm,12 μm 通道图像的分析,导致云区 MIDI 值较高的情况大致有四种。

1)高云:高云的 8.5 μm 亮温达到或接近 10.8 μm 亮温,因而高云的 MIDI 值通常较高。可以利用 10.8 μm 通道亮温判识高云,即:当 $T_{10.8} \leqslant T_{10.8\_cldth}$ 时,认为是高云,此处 $T_{10.8}$ 为 10.8 μm 通道处亮温,$T_{10.8\_cldth}$ 为高云判识阈值,参考值为 240K。

2)高云混合像元:在高云区附近的一些含有高云信息的混合像元,不满足 $T_{10.8} \leqslant T_{10.8\_cldth}$ 条件,但由于混合像元辐亮度平均的影响,其 8.5 μm 通道亮温仍较高,因而其 MIDI 值也较高。可以利用 6.2 μm 和 10.8 μm 通道光谱在云区的不同响应特点判识高云混合像元。对于纯高云像元,6.2 μm 通道和 10.8 μm 通道的亮温相近,而在陆地或中低云像元,10.8 μm 通道亮温大于 6.2 μm 通道亮温约 30 K,因而,含有高云信息的高云混合像元,10.8 μm 通道亮温与 6.2 μm 通道亮温的差异不到 30 K。可以利用 10.8 μm 通道与 6.2 μm 通道的亮温差异判识高云混合像元,即当:

$T_{10.8} - T_{6.2} \leqslant T_{10.8-6.2\_cldth}$ 时,认为是高云混合像元,此处 $T_{10.8-6.2\_cldth}$ 参考值为 20 K。

3)云带边缘:在一些云带中,8.5 μm 通道的云带宽度较 10.8 μm 通道的窄,因而在云带周边的 8.5 μm 通道的亮温明显高于 10.8 μm 通道的亮温,达到高于 3 K 以上,造成云带周围的 MIDI 值明显增高。由于在沙尘天气时,如果 8.5 μm 通道亮温高于 10.8 μm 通道亮温 3K 以上时,12 μm 通道亮温也将高于 10.8 μm 通道亮温,因此可以用以下条件判识云带边缘信息:

$T_{8.5} - T_{10.8} \geqslant 3$ K 且 $T_{12} - T_{10.8} \leqslant T_{12-10.8\_cldth}$,此处 $T_{12-10.8\_cldth}$ 参考值为 1 K。

4)一般云区判识:一般云区的 10.8 μm 通道亮温大于 12 μm 通道亮温,设定适当的阈值可判识一般云区,即当:$T_{10.8} - T_{12} \geqslant T_{10.8-12\_cldth}$ 时,认为是一般云区像元,此处 $T_{10.8-12\_cldth}$ 参考值为 1.5 K。

根据上节分析得到的沙尘天气 MIDI 值明显高于晴空 MIDI 值特点,同时考虑某些云区的 MIDI 值也可能较高,建立以下基于风云四号红外通道的红外多光谱沙尘判识方法:

排除云区像元

当满足以下条件之一时,判识为云区影响像元:

$T_{10.8} \leqslant 240$ K;

$T_{10.8} - T_{6.2} \leqslant T_{10.8-6.2\_cldth}$;

$T_{8.5} - T_{10.8} \geqslant 3$ K 且 $T_{12} - T_{10.8} \leqslant T_{12-10.8\_cldth}$;

$T_{10.8} - T_{12} \geqslant T_{10.8-12\_cldth}$。

沙尘判识

在排除云区后的像元,当满足以下条件时,判识为沙尘:

$$\text{MIDI}_{\_ct} / \text{MIDI}_{\_bg} - 1 > \text{MIDI}_{\_th} \tag{6.2}$$

式中:

$\text{MIDI}_{\_ct}$ 为当前时次图像的 MIDI 值,

$\text{MIDI}_{\_bg}$ 为背景(晴空条件下)的 MIDI 值,

$\text{MIDI}_{\_th}$ 为沙尘判识阈值,初值为 0.01。

① 去除误判信息

风云四号气象卫星红外多光谱沙尘指数(MIDI)对沙尘判识的主要依据是沙尘区的 MIDI 值明显高于未发生沙尘前的 MIDI 值。但由于云区的 MIDI 也较高,虽然在沙尘判识时已使用了一些云区判识条件,但仍有一些云区未被判识出,在生成的"沙尘二值图"中仍会有一些云区误判信息,需要将其去除。这些误判信息一般呈分散的小片状。

通过对部分个例判识目标的 MIDI 比值分析(即沙尘发生前后 MIDI 的比值),沙尘区、云区、荒漠晴空区的比值具有以下特点:(a)沙尘区一般具有较多数量的 MIDI 比值较高的像元;(b)荒漠晴空区的 MIDI 比值明显低于沙尘区;(c)高云(10.8 μm 亮温低于 240 K)具有较高的 MIDI 比值;(d)一般云区 MIDI 比值高于晴空陆地,低于沙尘区;(e)有时有较多的小片(数个像元)MIDI 比值较高,与沙尘区相当,可能与背景图有关。

根据以上特点,精细化消除沙尘误判信息的主要方法是:(a)利用粗判识生成的"沙尘二值图"对沙尘信息进行分区;(b)去掉面积很小的沙尘区,设初值为 50 个像元;(c)判断具有相当数量沙尘端元像元的沙尘区,作为高可信度沙尘。在高可信度沙尘区中所有像元均被作为沙尘像元,这样将有可能保留其中覆有薄云的沙尘像元;(d)判断其余的非高可信度沙尘区是否在高可信度沙尘区的邻近地区,方法是判断非高可信度沙尘区是否与高可信度沙尘区在同一格点,格点大小设为 2°×2°,若不在同一格点,将被认为是误判。

② 背景 MIDI 制作

背景 MIDI 即晴空条件下的 MIDI,对于风云四号卫星大范围观测区域来说,使用单个时次的数据难以获得整个观测区域的晴空数据,因此使用多个时次的 MIDI 数据进行最小 MIDI 合成,以获得尽可能多的晴空 MIDI 像元,即:

$$\text{MIDI}_{i,j} = \text{Min}(\text{MIDI}_{1\_i,j}, \ \text{MIDI}_{2\_i,j}, \ \text{MIDI}_{3\_i,j}, \ \cdots) \tag{6.3}$$

在用该方法生成最小 MIDI 数据时,发现如果使用大量时次的 MIDI 数据进行最小值合成,会产生很多过小的 MIDI 值,如果将其作为 MIDI 背景用于判识,会造成误判。因此在实际处理中,可使用以下两种方法生成 MIDI 背景数据:

利用在重点沙尘监测区(蒙古国、中国西北部和北部、印度、巴基斯坦等沙漠和荒漠地带)分别为晴空的几个时次 MIDI 数据合成,可保证在重点监测地区有较合理的 MIDI 背景数据;

根据各地区下垫面特点和实际判识效果,设定分地区的背景 MIDI 值,如东亚地区(包括中国、蒙古国、朝鲜半岛、日本等)设为 0.99,印度、巴基斯坦、咸海周边一带设定为 0.985。

(4)方法效果验证

1)生成背景 MIDI 数据

利用 FY-4A/AGRI 2020 年 4 月 5 日至 30 日 7 个时次的数据,生成 MIDI 最小值合成数据,作为中国和蒙古国等地的 MIDI 背景图像数据。

2）判识效果

以下分别讨论不同地区利用 MIDI 最小值合成图作为背景数据判识的情况

① 北方地区沙尘监测（2021 年 3 月 15 日）

下面一组图为利用 FY-4A/ARGI 2021 年 3 月 15 日 04 时（世界时）数据提取我国北方地区沙尘信息过程生成的合成图、红外多光谱沙尘指数图（MIDI 图），及沙尘监测专题图。

（a）沙尘合成图

图 6.9 为利用 FY-4A/AGRI 2021 年 3 月 15 日 04 时（世界时）2.22 μm，0.85 μm，0.65 μm 通道数据的 RGB 合成图。图中可见我国北方地区有较大范围的黄色条带沙尘信息（图中箭头所指处）。

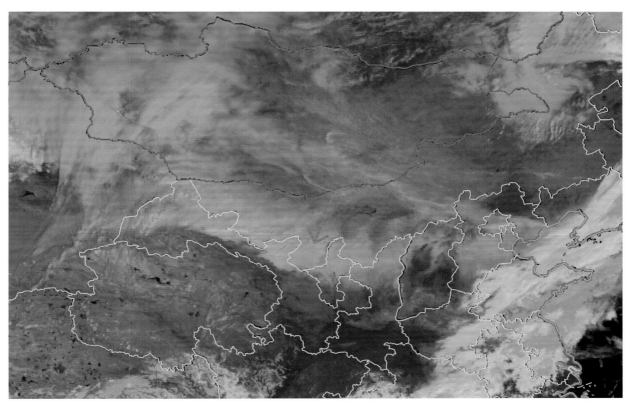

图 6.9　FY-4A 多通道合成图（2.22 μm，0.85 μm，0.65 μm）

图 6.10 为利用 FY-4A/AGRI 2021 年 3 月 15 日 04 时（世界时）10.8 μm，12 μm，8.5 μm 通道数据的 RGB 合成图。由于是用红外通道合成，未显示出明显的沙尘信息。

（b）实时 MIDI 图像制作

图 6.11 为利用 FY-4A/AGRI 2021 年 3 月 15 日 04 时（世界时）数据制作的我国北方等地红外多光谱沙尘指数图（MIDI）。图中可见，我国北方地区出现大范围 MIDI 高值区（图中箭头所指处）。

（c）沙尘监测专题图

图 6.12 为利用 FY-4A/AGRI 2021 年 3 月 15 日 04 时（世界时）数据使用 MIDI 指数法提取的沙尘信息（经过去除云区等处理）与多通道合成图的叠加，图中黄色专题色为提取的沙尘信息。与图 6.9 对比可见，提取沙尘信息与合成图显示的沙尘区范围十分接近。

② 蒙古国入境沙尘监测（2020 年 5 月 11 日至 12 日）

图 6.13 为利用 FY-4A/ARGI 数据提取白天和夜间蒙古国入境沙尘信息。其中上排图像为沙尘信息与多通道合成图的叠加，下面一排图像为多通道合成图。四个时次图像的观测时间分别为 2020 年 5 月 11 日 16 时、22 时，5 月 12 日 03 时、09 时（北京时）。对比可见，两幅白天图像（0511/16:00，0512/

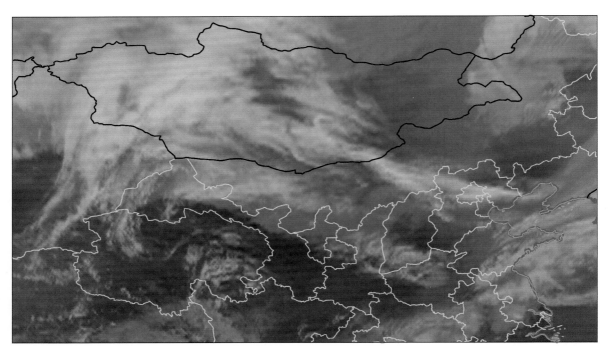

图 6.10　FY-4A 多通道合成图(10.8 μm,12 μm,8.5 μm)

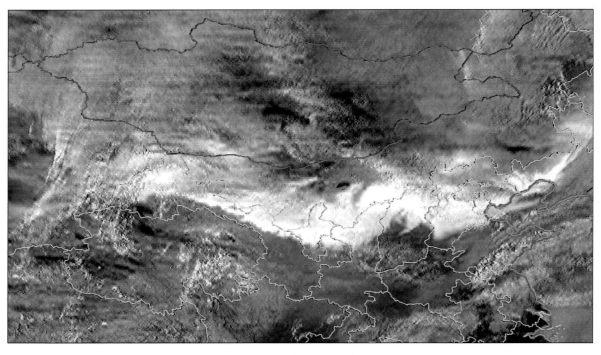

图 6.11　MIDI 图(2021 年 3 月 15 日 04 时(世界时)

09:00)提取的沙尘信息与合成图沙尘区范围基本吻合;而两幅夜间图像(0511/22:00,0512/03:00)提取的沙尘信息虽然在红外通道合成图上没有明显反映,但根据两个白天图像沙尘区范围变化,两幅夜间沙尘信息的范围是符合这一沙尘区的发展趋势的,因而表明,用 MIDI 法可以有效提取夜间沙尘信息。

　　以下为利用设定 MIDI 值为背景的判识结果,包括咸海沙尘(位于哈萨克斯坦等国)、印度沙尘和沙特

图 6.12　MIDI 法沙尘判识信息与多通道合成图叠加

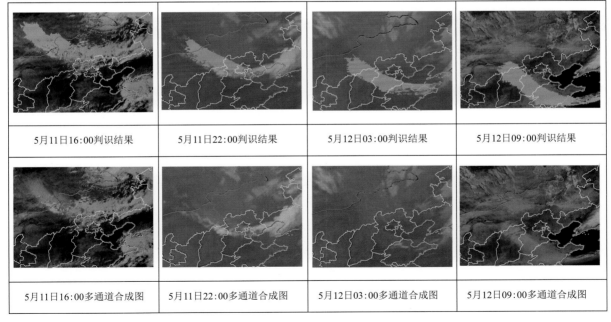

图 6.13　MIDI 法判识结果与多通道合成图

阿拉伯沙尘监测。由图 6.14—图 6.16 中可见,判识的沙尘信息与实况符合较好。

①咸海沙尘 2020 年 3 月 24 日 09 时(世界时)

②沙特沙尘 2018 年 4 月 23 日 12 时(世界时)

③印度沙尘 2018 年 6 月 13 日 08 时(世界时)

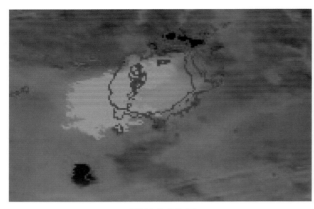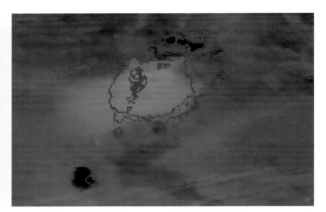

咸海沙尘叠加图　　　　　　　　　　　咸海多通道合成图

图 6.14　MIDI 法判识咸海地区沙尘(2020 年 3 月 24 日 09 时(世界时))

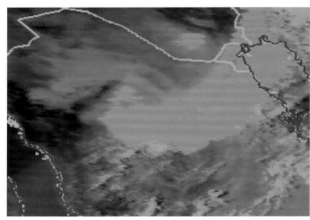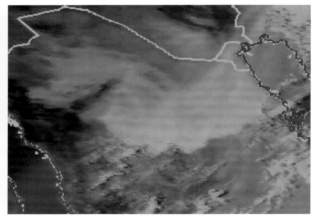

沙特沙尘叠加图　　　　　　　　　　　沙特多通道合成图

图 6.15　MIDI 法判识沙特地区沙尘(2018 年 4 月 23 日 10 时(世界时))

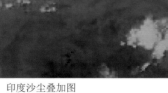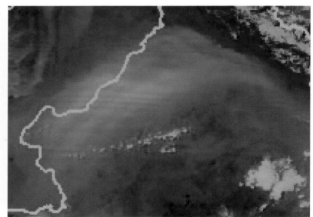

印度沙尘叠加图　　　　　　　　　　　印度合成图

图 6.16　MIDI 法判识印度沙尘(2018 年 6 月 13 日 08 时(世界时))

(5)MIDI 方法特点

本节提出的基于风云四号气象卫星红外通道的红外多光谱沙尘判识方法可自动提取大范围区域的沙尘信息,且不受白天和夜间时段影响。但使用该方法还需注意以下情况:

① 背景 MIDI 数据的制作对于判识沙尘精度十分重要;

② 消除云区干扰可进一步提高该方法的沙尘判识精度；

③ 由于各种原因的组合，会存在一些"碎片"误判信息，即小范围的非沙尘目标满足 MIDI 的沙尘条件，需要去除。

6.1.1.3　FY-4/AGRI 多波段沙尘判识方法

多光谱综合分析方法即利用不同的光谱波段对沙尘气溶胶不同的表现，综合利用这些特征表现，可实现对沙尘的识别和变化分析（陆文杰 等，2011）。主要包括：

① 在可见光波段和近红外波段（0.5～1.25 μm），沙尘气溶胶有较高的反射率，高于周边陆地。

② 在短波红外波段（1.3～1.9 μm），沙尘气溶胶的反射率高于可见光波段和近红外波段，而且明显高于中高云的反射率，而在该波段水体反射率很低，地表植被反射率较低，裸土反射率较高，沙漠反射率最高。

③ 在中红外波段（3.5～3.9 μm），沙尘气溶胶散射辐射的绝对能量低于可见光、近红外、短波红外波段，但远高于热红外波段。沙尘区的中红外通道和热红外窗区通道的亮温差值比其他目标亮温差值大，亮温差可有效地区分沙尘区和地面背景。

④ 在热红外通道（10.3～12.5 μm），沙尘气溶胶的吸收较强，沙尘的等效黑体亮温与水体、地表植被、裸土和沙漠有一定的温度差异。根据米散射理论，干燥沙尘气溶胶在小粒径情况下，对 10 μm、12 μm 红外波段辐射有不同的消光，其中对 10 μm 波长消光略强于 12 μm 波长，使得 12 μm 通道的亮温值大于 10 μm 通道，但在大粒径情况下消光差异不大，此方法称为红外分裂窗法。但是，当沙尘十分浓厚时，分裂窗的差异就会变小，红外分裂窗法对强沙尘不敏感。

FY-4A AGRI 多波段沙尘判识主要根据可见光、近红外以及红外光谱波段反射率和亮温对沙尘、云、地物和其他类型气溶胶的不同响应特征，采用多通道阈值法提取沙尘气溶胶信息，从而获取沙尘气溶胶覆盖范围和影响面积等信息。

（1）不同地表类型光谱反射率（亮度温度）光谱变化特性分析

图 6.17 给出了 FY-4A 典型的不同探测目标，包括云、沙尘、裸地表以及植被地表的平均光谱反射率以及红外亮温的光谱变化特性。

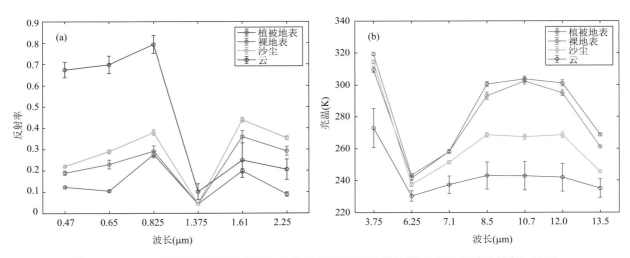

图 6.17　FY-4A 典型不同探测目标（云、沙尘层、亮地表以及暗地表）的平均光谱反射率（a）以及热红外亮温（b）的光谱变化

从图中可以发现，相对于其他探测目标而言，沙尘在近红外波段具有较高的反射率而在蓝光波段的反射率较低。沙尘的光谱反射率随着波长的增加而增加，在 1.61 μm 波长左右达到最高值，而在 2.25 μm 处稍有减少。因此，沙尘在蓝光波段（如 0.47 μm）和短波红外（如 1.61 μm）处反射率的较大差异表明基于可见光和短波红外反射率特性能够提供沙尘的信息。

不同探测目标下，红外波段亮温的光谱变化特征表明，在几乎全部的通道下，云具有较低的亮温，而地表的亮温较高。对于地表和云,在 10.7 μm(BT11 μm)处的亮温大于在 12 μm 处的亮温,但是对沙尘而言,在 10.7 μm 处的亮温小于在 12 μm(BT12 μm)处的亮温。同时,沙尘气溶胶在 8.5 μm(BT8.5 μm)与 10.7 μm 处的亮温差要大于地表和云在 8.5 μm 与 11 μm 处的亮温差。此外,相对于其他探测目标而言,沙尘颗粒在 3.85 μm(BT3.85 μm)和 11 μm 处的亮温具有较大的差异。水汽在 10.7 μm 和 12 μm 波段上存在吸收和发射,当大气沙尘存在时,与晴空大气相比,将会减少 BT11 μm-BT12 μm 的差值。沙尘气溶胶在 12 μm 处比在 11 μm 处具有更强的吸收,因此,沙尘气溶胶在 12 μm 处具有较高的发射率和较低的透过率。而且 BT11 μm-BT12 μm 的差值与沙尘气溶胶的浓度存在相关性,当沙尘气溶胶浓度升高时,BT11 μm-BT12 μm 的差值将会向负值方向增加。同时,随着沙尘气溶胶浓度的增加,8.5 μm 处与 11 μm 处亮温的负的差值将变小。

(2)陆地区域沙尘判识

1)采用 15 d 内最小反射率或 11 μm 处的最大亮温,建立每小时每个卫星格点的参考反射率和亮温(RR 和 RBT)。

2)陆面雪、冰以及云的判别:

地面雪和冰的判别:

$$BT_{10.7} \leqslant BT_{阈值} \; 且$$
$$(R_{0.83} - R_{1.61})/(R_{0.83} + R_{1.61}) > R_{阈值}$$

云的判别:

$$BTD_{11,12} > RBTD_{11,12} + a \; 或$$
$$BT_{3.7} < RBT_{3.7} + b \quad 或$$
$$R_{0.47} > RR_{0.47} + c$$

3)陆地沙尘判别:

$$BTD_{11,12} < RBTD_{11,12} + d \; 且$$
$$BTD_{8.5,11} > RBTD_{8.5,11} + e \; 且$$
$$BTD_{3.7,11} < RBTD_{3.7,11} + f$$

式中:

$BTD_{11,12}$ 为卫星观测的 11 μm 与 12 μm 处亮温差,

$RBTD_{11,12}$ 为晴空(参考)的 11 μm 与 12 μm 处亮温差,

$BTD_{8.5,11}$ 为卫星观测的 8.5 μm 与 11 μm 处亮温差,

$RBTD_{8.5,11}$ 为晴空(参考)的 8.5 μm 与 11 μm 处亮温差,

$BTD_{3.7,11}$ 为卫星观测的 3.7 μm 与 11 μm 处亮温差,

$RBTD_{3.7,11}$ 为晴空(参考)的 3.7 μm 与 11 μm 处亮温差,

a、b、c、d、e、f 为常数。

(3)海洋区域沙尘判识

1)海面云的判别:

$$BTD_{11,12} > RBTD_{11,12} + a \; 或$$
$$BT_{3.7} < RBT_{3.7} + b \; 或$$
$$R_{0.47} > RR_{0.47} + c \; 或$$
$$R_{1.38} > RR_{1.38} + d。$$

2)海面沙尘判识:

$$BTD_{3.7,11} \geqslant BTD_{阈值} \; 且$$
$$BTD_{11,12} \leqslant BTD_{阈值} \; 且$$
$$R_{0.47}/R_{0.65} < R_{阈值}。$$

式中:

$BTD_{11,12}$ 为卫星观测的 11 μm 与 12 μm 处亮温差,

$RBTD_{11,12}$ 为晴空（参考）的 11 μm 与 12 μm 处亮温差，

$BT_{3.7}$ 为 3.7 μm 处亮温，

$RBT_{3.7}$ 为晴空（参考）的 3.7 μm 处亮温，

$R_{0.47}$ 为卫星观测的 0.47 μm 处反射率，

$RR_{0.47}$ 为晴空（参考）的 0.47 μm 处反射率，

$R_{1.38}$ 为卫星观测的 1.38 μm 处反射率，

$RR_{1.38}$ 为晴空（参考）的 1.38 μm 处反射率，

$BTD_{3.7,11}$ 为卫星观测的 3.7 μm 与 11 μm 处亮温差，

$R_{0.65}$ 为卫星观测的 0.65 μm 处反射率；

a、b、c、d、$BTD_{阈值}$、$R_{阈值}$ 分别为常数。

（4）沙尘判识算法阈值确定

在沙尘气溶胶判别中，关键的问题在于各种沙尘判别指数的阈值。算法针对陆地和海洋下垫面采用了不同的阈值方法。

1）固定阈值法：基于多个典型沙尘事件，分析不同沙尘监测指标对沙尘气溶胶以及云的不同特性，建立固定的沙尘监测阈值，对海洋上空沙尘气溶胶进行探测。

2）动态阈值法：动态阈值法考虑了阈值在不同时间和区域内的变化。动态阈值法首先确定卫星格点范围内参考反射率和亮温值，其代表晴空无云以及沙尘条件下的值。本算法采用 15 d 内 11 μm 处的最大亮温，建立每小时每个卫星格点的参考反射率和亮温（RR 和 RBT）。由于陆地下垫面特性较大的不均一性，陆地上空沙尘的探测主要采用动态阈值法。

6.1.2　沙尘气溶胶光学厚度计算

FY-4A AGRI 沙尘气溶胶光学厚度的计算采用了 MOD09 A1 8 d 合成的地表反射率产品，建立了高亮地表晴空反射率库，即首先利用 MODIS 和 FY-4A 的光谱响应函数建立 FY-4A 蓝（红）光波段与 MODIS 蓝（红）光波段地表反射率转换模型，然后通过 FY-4A 蓝、红光波段地表反射率利用 6S（Second Simulation of the Satellite Signal in the Solar Spectrum）沙尘气溶胶类型的查找表反演沙尘 AOD。

6.1.2.1　FY-4A/AGRI 蓝光波段地表反射率库的构建

气溶胶反演的过程实际是地-气解耦的过程。随着地表反射率的增高，气溶胶对辐射贡献逐渐降低，并且随着地表反射率的增加，地表反射率误差对 AOD 反演带来的误差也随之增大，因此，获取高精度的地表反射率数据集是实现高地表反射率地区 AOD 精确反演的前提。本算法参考目前精度较高的深蓝（Deep Blue，DB）气溶胶反演算法，利用地表反射率库支持的方法实现 AOD 的反演。

为了降低外界条件对地表反射率反演的影响，利用 MODIS 8 d 合成高精度地表反射率数据（MOD09 A1）获取地表反射率信息，从而降低太阳高度角和相对方位角对结果的影响。表 6.2 为 MOD09 A1 数据波段参数信息，其中误差是经过长时间序列不同空间区域地面实测站点的验证误差，从表中可以看出其地表反射率误差较低，在蓝光波段和红光波段误差均小于 0.01。

表 6.2　MOD09 A1 数据波段参数信息

波段	波段范围（μm）	空间分辨率（m）	误差
1	0.620～0.670	500	0.005
2	0.841～0.876	500	0.014
3	0.459～0.479	500	0.008
4	0.545～0.565	500	0.005
5	1.230～1.250	500	0.012

续表

波段	波段范围（μm）	空间分辨率（m）	误差
6	1.628～1.652	500	0.006
7	2.105～2.155	500	0.003

光谱响应函数作为描述传感器性能的物理参数，不同的传感器以及同一传感器不同通道之间均存在差异。图 6.18 为 MODIS 和 FY-4A 蓝光通道的光谱相应函数。MODIS 蓝光通道与 FY-4A 蓝光波段之间具有较大光谱差异，为降低传感器差异对气溶胶反演的影响，本算法利用实测地物光谱曲线构建了地表反射率转换模型。

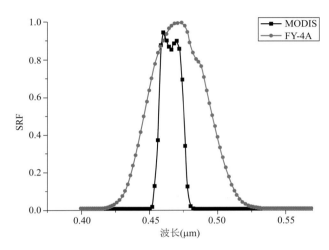

图 6.18　FY-4A 与 MODIS 蓝光波段波谱响应函数对比

受地表类型复杂度的影响，特别是中低分辨率影像，混合像元现象尤为严重。因此，光谱转换时将复杂的混合像元近似成不同比例的植被和土壤的混合，利用 USGS 以及 JPL 光谱库中实测的 100 多条植被和 500 多条裸土光谱作为端元，通过改变植被覆盖度的方法模拟混合像元：

$$\rho = \rho_s \times S_s + \rho_v \times S_v \tag{6.4}$$

式中：

ρ 为混合像元的光谱反射率，

ρ_s 和 ρ_v 分别为土壤和植被的光谱反射率，

S_s 和 S_v 分别为土壤和植被的单个像元面积占比，并且有：$S_s + S_v = 1$。

利用光谱响应函数进行积分获取不同通道的地表反射率：

$$\rho_i = \frac{\int_{\lambda_1}^{\lambda_2} P(\lambda)S(\lambda)\mathrm{d}\lambda}{\int_{\lambda_1}^{\lambda_2} S(\lambda)\mathrm{d}\lambda} \tag{6.5}$$

式中：

ρ_i 为第 i 波段地表反射率，

S 为第 i 波段波普响应函数，

P 为反射率光谱曲线。

利用上述两个公式分别计算了 MODIS 和 FY-4A 蓝光波段的地表反射率。研究表明了不同传感器之间反射具有一定的关系。图 6.19 为 MODIS 和 FY-4A 蓝光波段地表反射率散点分布图，从图中可以看出，二者具有较好的线性关系，因此本文采用线性拟合的方式构建了 MODIS 和 FY-4A 地表反射率模型。公式（6.6）和公式（6.7）分别为 FY-4A 与 MOD09 A1 蓝光波段和红光波段地表反射率转换的计算公式。

$$\rho_{\text{FY-4A}} = 1.00156 \times \rho_{\text{MODIS}} + 0.00238 \tag{6.6}$$

$$\rho_{\text{FY-4A}} = 0.98724 \times \rho_{\text{MODIS}} + 0.00922 \tag{6.7}$$

式中：

ρ_{MODIS} 为 MODIS 地表反射率，

$\rho_{\text{FY-4A}}$ 为 FY-4A 地表反射率。

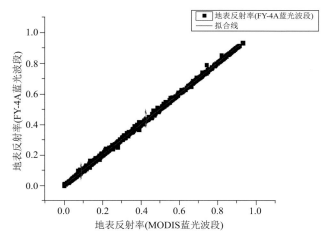

图 6.19　FY-4A 与 MODIS 蓝光波段地表反射率拟合关系

6.1.2.2　沙尘气溶胶反演

为简化辐射传输方程，加快 AOD 计算速度，本算法利用 6S 模型构建了 AOD 反演查找表。假定在无云大气的情况下，6S 模型可以模拟地气系统中太阳辐射的传输过程并计算卫星入瞳处的辐射亮度，有效地考虑了 H_2O、CO_2、O_3 和 O_2 的吸收、分子和气溶胶的散射。6S 模型输入参数包括：观测几何（太阳天顶角、卫星天顶角和相对方位角）、大气及气溶胶模式、传感器的光谱特性以及地表反射率。基于气溶胶光学参数，利用 6S 模型构建了气溶胶反演查找表，具体参数如表 6.3 所示。

表 6.3　沙尘 AOD 反演 6S 查找表具体参数

参数	LUT(Look-Up Table)
太阳天顶角	0,6,12,18,24,36,42,48,54,60,66,72
卫星天顶角	0,6,12,18,24,36,42,48,54,60,66,72
相对方位角	0,12,24,36,48,60,72,84,96,108,120,144,156,168,180
地表反射率	0.00,0.01,0.02,0.03,0.04,0.05,0.06,0.07,0.08,0.09,0.1,0.11,0.12,0.13,0.14,0.15,0.16,0.17,0.18,0.19,0.20
AOD	0.0,0.02,0.05,0.1,0.2,0.3,0.4,0.5,0.6,0.7,0.8,0.9,1.0,1.2,1.5,2.0
气溶胶模式	沙尘型
大气模式	中纬度冬季和中纬度夏季

根据沙尘 6S 查找表反演的沙尘气溶胶结果详见图 6.20。6.20a 为 2018 年 3 月 6 日北京时间 14 时的假彩色合成（R:3,G:2,B:1）影像；6.20b 为对应时刻反演的沙尘 AOD 结果。

6.1.3　载沙量提取

Cachorro 等（1997）通过地面太阳光度计（CE318）观测数据计算垂直气柱沙尘总量（载沙量），即沙尘载沙量：

$$M = \rho V = \rho \frac{4}{3} \pi N_c \int_{r_1}^{r_2} r^3 \eta_c(r) \, \mathrm{d}r \tag{6.8}$$

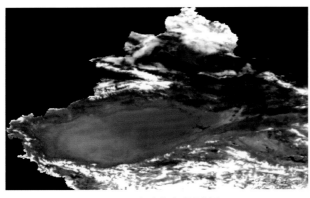

(a) FY-4A假彩色合成影像图　　　　　　　　　(b) FY-4A沙尘AOD反演结果图

图 6.20　FY-4A 假彩色合成影像图及沙尘 AOD 反演结果图(2018 年 3 月 6 日,06:00 世界时)

式中:

ρ 为平均沙尘粒子密度,

V 是垂直气柱内沙尘气溶胶的体积谱分布,

$\eta_c(r)$ 为 Junge 分布函数,

r_1 和 r_2 为粒子谱分布半径。

利用 3—5 月的沙尘天气地面站点 CE318 观测的沙尘气溶胶与观测参数计算的垂直气柱沙尘总量进行统计分析,得到了沙尘载沙量与沙尘气溶胶光学厚度 AOD 之间存在线性关系,详见图 6.21。

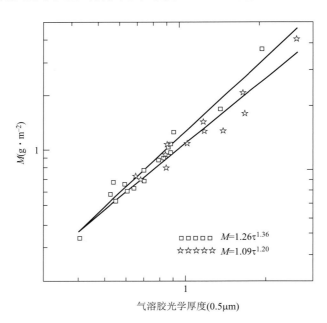

$$M=1.26\tau^{1.36}$$
$$M=1.09\tau^{1.20}$$

气溶胶光学厚度(0.5μm)

图 6.21　沙尘 AOD 与沙尘载沙量之间的经验关系

本算法采用 Cachorro 等人的研究成果作为经验公式反演沙尘载沙量,公式为:

$$M = 1.09 \times \tau^{1.2} \tag{6.9}$$

式中,τ 为沙尘气溶胶光学厚度,M 为垂直气柱沙尘总量(g·m⁻²),即沙尘载沙量。

根据沙尘气溶胶光学厚度与沙尘载沙量之间的经验关系反演的沙尘载沙量结果详见图 6.22。图 6.22a 为 2018 年 3 月 6 日北京时间 14 时的假彩色合成(R:3、G:2、B:1)影像;图 6.22b 为对应时刻算法反演的沙尘载沙量结果,可以看出本次强沙尘天气的沙尘载沙量基本为 2.0 g·m⁻² 左右。

(a)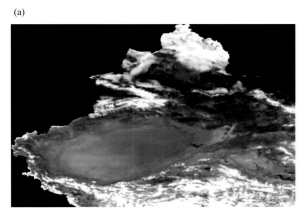

(b)

图 6.22 FY-4A 假彩色合成影像图(a)及载沙量反演结果图(b)(2018 年 3 月 6 日,06:00 世界时)

6.1.4 沙尘高度提取

随着卫星遥感探测技术的不断发展,搭载正交偏振云—气溶胶激光雷达(Cloud-Aerosol Lidar with Orthogonal Polarization,CALIOP)的云和气溶胶激光雷达和红外探索卫星观测平台(Cloud-Aerosol Li-dar and Infrared Pathfinder Satellite Observation,CALIPSO)为研究全球范围气溶胶粒子的垂直光学特性提供了可能。CALIOP 具备识别不同类型的云与气溶胶的能力,作为首颗应用型的星载云和气溶胶激光雷达,其观测结果优异。利用 CALIPSO 开展全球长时间序列沙尘气溶胶垂直特征研究十分有必要。

气溶胶垂直廓线数据来自 CALIOP Level2 气溶胶廓线及垂直特征层(Vertical Feature Mask,VFM)产品。CALIOP VFM 产品可覆盖全球范围,并将气溶胶分为烟尘、清洁海洋型、沙尘、污染沙尘、清洁大陆型及污染大陆型等六种类型。图 6.23a 和图 6.23b 分别为 CALIOP Level2 长时间序列气溶胶廓线及垂直特征层在全球及中国及周边区域的沙尘垂直分布,图中颜色表示探测到沙尘的次数。

利用 CALIPSO 垂直观测能力分析全球主要沙尘源区和重点监测区域。研究 4 个区域长时间序列沙尘消光系数垂直分布(图 6.24 红框区域),有利于认识不同区域沙尘气溶胶的高度分布。图 6.25 显示了全球四个主要沙尘源区和重点监测区域在四个季节的沙尘消光系数垂直分布,消光系数大的层代表沙尘含沙量大。

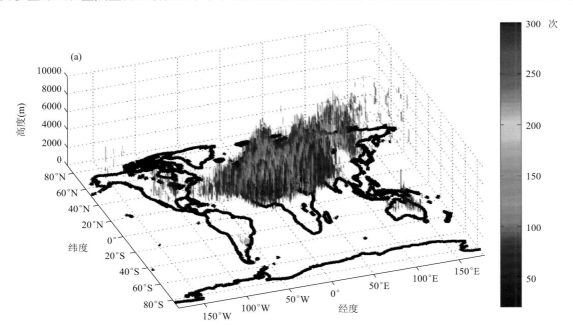

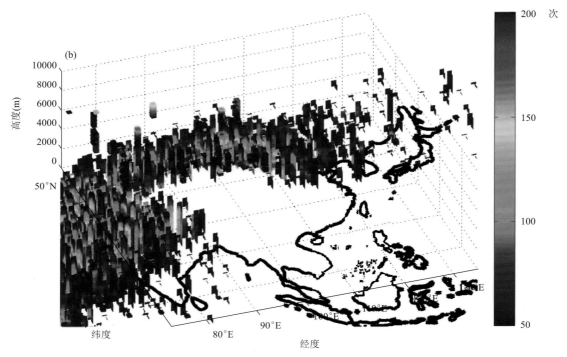

图 6.23　CALIPSO 观测沙尘垂直分布图（a）全球；（b）中国及周边区域
（图中颜色表示探测到沙尘的次数）

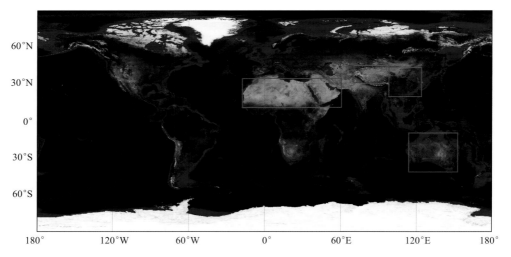

图 6.24　全球主要沙尘源区和重点监测区域

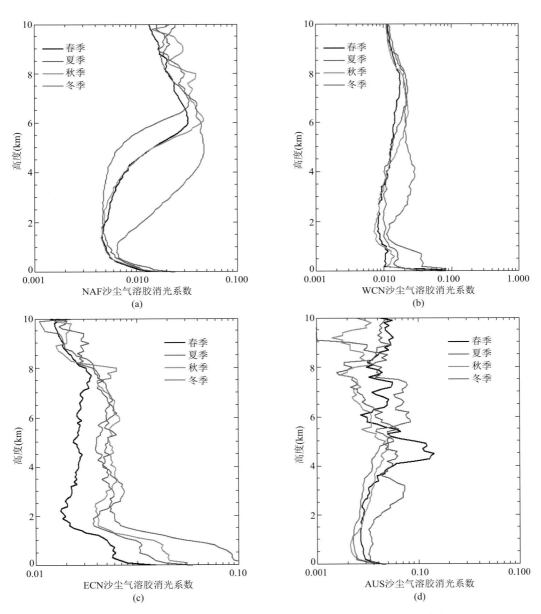

图 6.25　全球主要沙尘源区和重点监测区域沙尘消光系数垂直分布

6.2　沙尘灾害监测方法

6.2.1　沙尘区的能见度计算方法

6.2.1.1　反演方法

（1）可用于确定沙尘能见度的沙尘指数

当前，沙尘指数与地面能见度没有明确的物理关系，因此基于沙尘指数反演地面能见度的研究较少，且存在着很大的不确定性。前人的研究依据不同的方法，建立了不同的沙尘指数来确定沙尘事件的强度。采用的沙尘指数包括：

1）$D*$ 参数

$D* = \exp[(BTD_{11,12} - a)/(BTD_{8.6,11} - b)]$，其中 $a = -0.5, b = 15$，该指数随沙尘强度的增加而增大。

2）调整的亮温沙尘指数（BADI）

BADI＝2/π×arctan(BDI/BDI$_{0.95}$)，其中 BDI＝BTD$_{3.7,11}$×a×BTD$_{12,11}$，a＝2；BDI$_{0.95}$ 为 BDI 的 95％ 的百分比值。BADI 值随着沙尘强度的增加而增加。

3）归一化的差值沙尘指数（NDDI）：

NDDI＝$(R_{0.47}-R_{2.13})/(R_{0.47}+R_{2.13})$，其主要依据为沙尘的反射率从 0.47 到 2.13 μm 逐渐增加，因此，沙尘的反射率在 0.47 μm 处最小，在 2.13 μm 处最大。

4）红外差值沙尘指数（IDDI）

IDDI＝BT$_{ref}$-BT$_{bb}$，其中 BT$_{ref}$ 为晴空时（无云与沙尘）卫星观测到的亮温，BT$_{bb}$ 为卫星观测的瞬时亮温值。

5）辐射亮温差 BTD$_{3.7,11}$

图 6.26 为两个站点卫星探测的 IDDI 与地面能见度的相关性图（Hu et al.，2008）。由图可见，IDDI 与地面能见度存在一定的指数关系，但该相关性随着站点的不同而存在明显差异。相对于传统的统计模型（线性回归，指数回归等），非参数、非线性、多参数的机器学习方法，被认为能够更好地表达多种相关参数的相关性。利用随机森林模型，以地面能见度、沙尘指数、地面常规气象资料（温度、压强、相对湿度、风速和风向）以及观测的经纬度信息为输入资料，建立相应的模型。

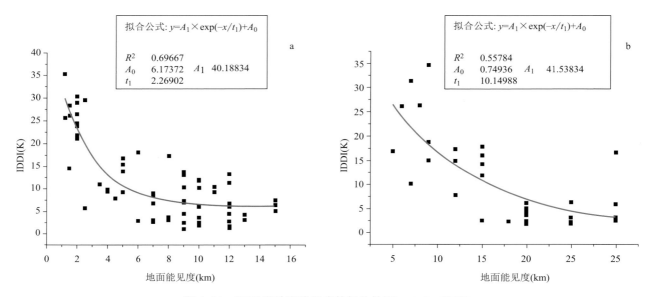

图 6.26　IDDI 和地面能见度的相关性（Hu et al.，2008）

（2）模拟结果

基于 2018 年 3—5 月 FY-4 沙尘探测结果，计算沙尘强度指数 IDDI，并利用随机森林模型建立沙尘强度指数和地面能见度关系模型。利用模型模拟计算地面能见度，并与地面观测资料进行比较。

图 6.27 为基于卫星沙尘指数（IDDI）和随机森林模型计算的地面能见度与地面站点观测的能见度的比较，由图可见，在 2018 年 3—5 月的沙尘天气区域中，6123 个样本点的地面能见度观测资料与模拟结果的相关系数为 0.79，明显优于之前文献调查的精度。

6.2.1.2　成灾指标建立方法

参照国标《沙尘暴天气等级》（表 6.4）的能见度等级范围，建立卫星遥感沙尘半定量参数 IDDI、地面常规气象资料（温度、压强、相对湿度、风速和风向）与地面能见度的回归模型，建立沙尘暴天气强度（浮尘、扬沙、沙尘暴、强沙尘暴、特强沙尘暴）估算模型。如以下公式所示，其中 D 表示地面能见度（km），IDDI 表示卫星遥感沙尘半定量参数，T 为温度，P 为压强，M 为相对湿度，W 为风速。

$$D=f(\text{IDDI},T,P,M,W) \tag{6.10}$$

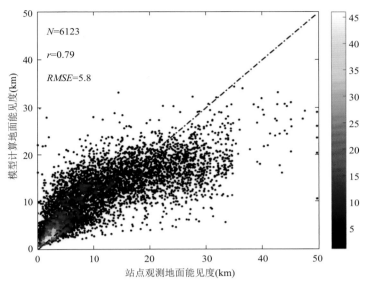

图 6.27　基于卫星沙尘指数(IDDI)和随机森林模型计算的地面能见度与地面
站点观测的能见度的比较(2018 年 3—5 月)

表 6.4　沙尘暴天气等级

能见度	沙尘等级
<10 km	浮尘
1～10 km	扬沙
<1 km	沙尘暴
<500 m	强沙尘暴
<50 m	特强沙尘暴

6.2.2　沙尘暴灾害危险指数

6.2.2.1　沙尘灾害危险指数计算公式

沙尘灾害危险指数反映沙尘区可能造成灾害影响的风险程度,由沙尘致灾因子和承灾体信息确定。有两种沙尘灾害危险指数的计算公式,一种是直接用沙尘判识信息计算,另一种是基于沙尘反演能见度的计算。

(1)基于沙尘判识信息的沙尘灾害危险指数计算

$$DSDZ = DS_{in} \times P_P \times P_G \qquad (6.11)$$

式中:

DSDZ 为沙尘灾害危险指数,取值范围为 0～1;

DS_{in} 为判识的沙尘像元信息,值为 1;

P_P 为人口系数,参考暴雨子课题的定义,以像元(1 km^2)为单位,

当人口小于 800 人时,$P_P = P_d/800$,当人口大于等于 800 人时,$P_P = 1$;

P_d 为像元的人口数;

P_G 为社会经济(GDP)系数,参考暴雨子课题的定义,

以像元(1 km^2)为单位,

当 GDP 小于 50 时,$P_G = GDP/50$,

当 GDP 大于等于 50 时，$P_G=1$，

此处 P_G 为 GDP 因子，GDP 为像元的 GDP。

2）基于沙尘能见度的沙尘灾害危险指数计算

$$DSDZ = DS_{VB} \times P_P \times G_D \qquad (6.12)$$

式中：

DSDZ 为沙尘灾害危险指数，取值范围：0～1；

DS_{VB} 为沙尘能见度系数，计算公式为：

当 DS_{VSBT} 小于 50m 时，$DS_{VB}=1$

当 DS_{VSBT} 大于 10km 时，$DS_{VB}=0$

当 50 m≤DS_{VSBT}≤10km 时，$DS_{VB}=1-DS_{VSBT}/10$ km

P_P 为人口系数，

P_G 为社会经济（GDP）系数，参考暴雨子课题的定义同上文。

6.2.2.2 沙尘灾害危险指数等级划分

根据沙尘灾害危险指数将沙尘灾害危险程度分为 5 级（表 6.5）。

表 6.5 沙尘灾害危险程度等级划分

等级	程度	灾害危险指数	赋色
0	无影响	0	白色
1	轻度	0～0.2	蓝色
2	中度	0.2～0.6	绿色
3	重度	0.6～0.9	土黄色
4	特重度	≥0.9	红色

6.2.3 沙尘暴动态监测产品制作

沙尘暴是时空动态变化较快的气象灾害，利用风云四号气象卫星高观测频次数据提取的沙尘信息，可以制作定量反映沙尘天气动态变化的图像产品，包括沙尘观测信息时序图和沙尘持续时间图。其中沙尘观测信息时序图可反映沙尘过程的各时次的沙尘区位置，沙尘持续时间图体现沙尘天气过程在不同地区的持续时间，可反映不同地区的受影响程度。

6.3 沙尘灾害监测方法应用个例

本节介绍利用 FY-4A/AGRI 数据，使用 MIDI 指数法监测蒙古国入境沙尘个例，并介绍利用 FY-3 数据监测阿富汗、非洲北部以及印度等地沙尘的应用个例。

6.3.1 MIDI 指数法监测沙尘应用个例

6.3.1.1 FY-4A 蒙古国入境沙尘天气过程动态监测（2020 年 5 月 11—12 日）

2020 年 5 月 11—12 日，我国内蒙古中部、华北、黄淮东部发生了一次由蒙古国沙尘入境从北向南发展的大范围沙尘天气，利用 FY-4A/AGRI 数据，使用 MIDI 指数法对此次沙尘进行昼夜连续的全过程监测。

（1）沙尘判识信息序列图

图 6.28 显示此次沙尘过程从 5 月 11 日 20 时（北京时，下同）至 5 月 12 日 12 时的 2 h 间隔沙尘信息序列图。图中可见，蒙古国东部沙尘入境后在 5 月 11 日晚上 20 时向东南移动，已影响到我国华北北部和中部一带，后逐渐向南发展，影响到黄淮北部等地。至 12 日 12 时有所减弱。

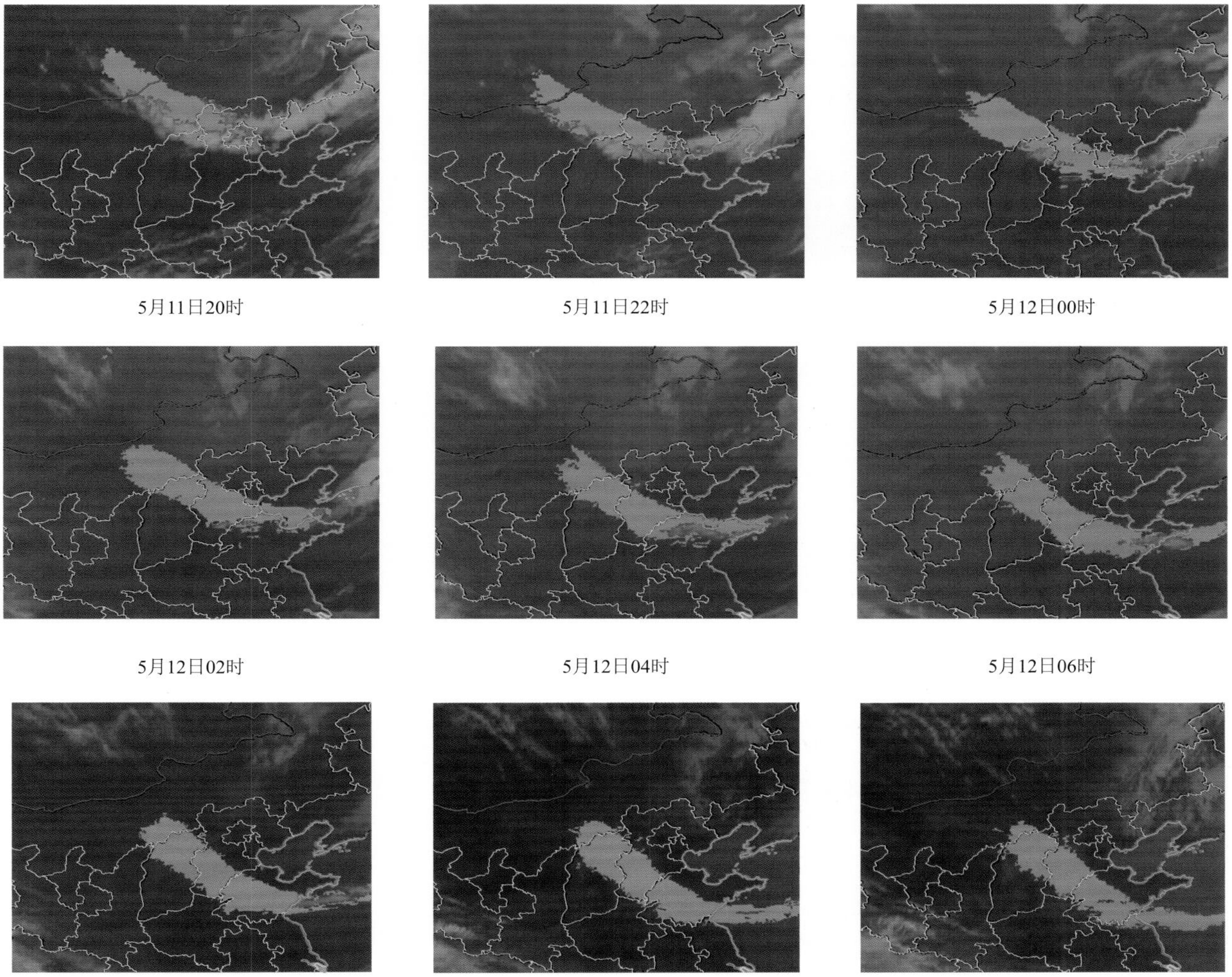

5月11日20时	5月11日22时	5月12日00时
5月12日02时	5月12日04时	5月12日06时
5月12日08时	5月12日10时	5月12日12时

图 6.28　FY-4A/AGRI 红外多光谱沙尘监测时间序列专题图
(2020 年 5 月 11 日 20 时—5 月 12 日 12 时(北京时))

(2)沙尘观测时序图

图 6.29 为利用 FY-4A 卫星多时次沙尘观测信息(2020 年 5 月 11 日 04 时至 12 日 03 时(北京时))制作的沙尘监测时序图。图中蓝色到红色表示观测时间先后顺序。图中可见,此次沙尘最开始(5 月 11 日 04 时(北京时),蓝色部分)在蒙古国中东部发生,至 24 h 后(5 月 12 日 03 时(北京时),红色部分),已经过内蒙古、河北、山东,并扩散至黄海北部。

(3)沙尘持续时间图

图 6.30 为利用 FY-4A 卫星多时次沙尘观测信息(2020 年 5 月 11 日 04 时至 12 日 03 时(北京时))制作的沙尘持续时间图,图中黄色到棕色反映沙尘在当地持续时间长短。图中可见,此次沙尘过程在外蒙古南部局部、内蒙古南部、山西北部、河北西部等地持续时间较长(图中棕色),达 6 h 以上。其他地区持续时间较短(黄色),不足 3 h,反映了此次沙尘过程对各地的不同影响程度。

(4)沙尘高度图

图 6.31a、b、c、d 为利用 FY-4A/AGRI 沙尘信息,结合 CALIPSO 数据反演的沙尘高度。

(5)沙尘影响指数图

图 6.32 为利用沙尘判识信息,结合社会经济数据得出的沙尘影响指数图。

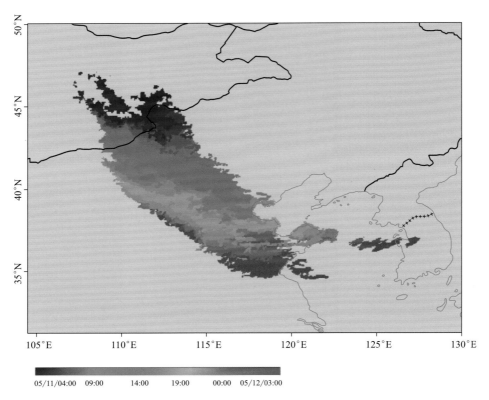

图 6.29　FY-4A 沙尘监测时序图(2020 年 5 月 11 日 04 时—5 月 12 日 03 时(北京时))

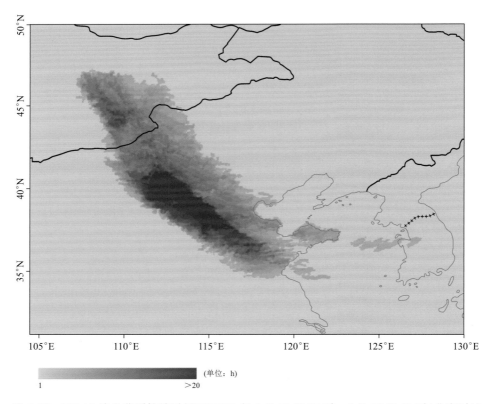

图 6.30　FY-4A 沙尘监测持续时间图(2020 年 5 月 11 日 04 时—5 月 12 日 03 时(北京时))

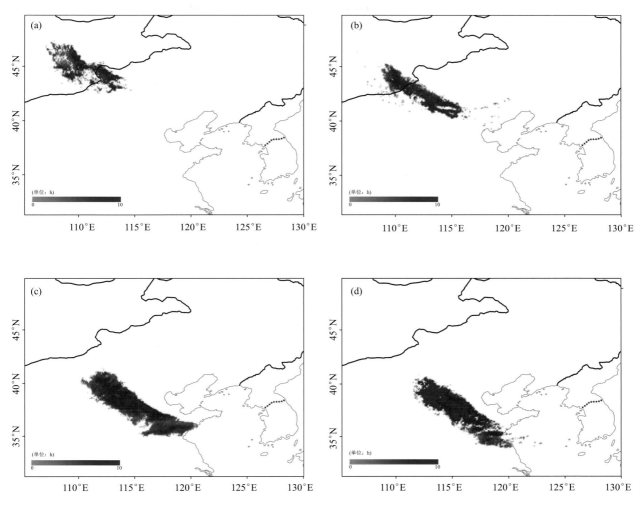

图 6.31　FY4A/AGRI 沙尘高度反演图(2020 年 5 月 11 日 16:00(a),20:30(b),12 日 08:30(c),13:30(d))

6.3.1.2　FY-4A 内蒙古、华北大范围沙尘过程动态监测(2021 年 3 月 15 日)

2021 年 3 月 14—15 日,我国内蒙古中西部、华北、东北南部发生了一次由蒙古国沙尘入境的大范围强沙尘天气,利用 FY-4A/AGRI 数据,使用 MIDI 指数法对此次沙尘进行昼夜连续的全过程监测,并制作了沙尘光学厚度图、载沙量图和沙尘能见度图。

(1)沙尘判识信息图

图 6.33 为 FY-4A/AGRI 2021 年 3 月 15 日 04 时(世界时)沙尘判识信息图,图中可见,我国北方出现大范围沙尘区。

(2)沙尘气溶胶光学厚度图

图 6.34 为利用 FY-4A/AGRI 2021 年 3 月 15 日 04:00(世界时)数据制作的沙尘气溶胶光学厚度图。

(3)载沙量图

图 6.35 为利用 FY-4A/AGRI 2021 年 3 月 15 日 04:00(世界时)数据制作的沙尘载沙量图。

(4)沙尘能见度图

图 6.36 为利用 FY-4A/AGRI 2021 年 3 月 15 日 04:00(世界时)数据制作的沙尘能见度等级图。

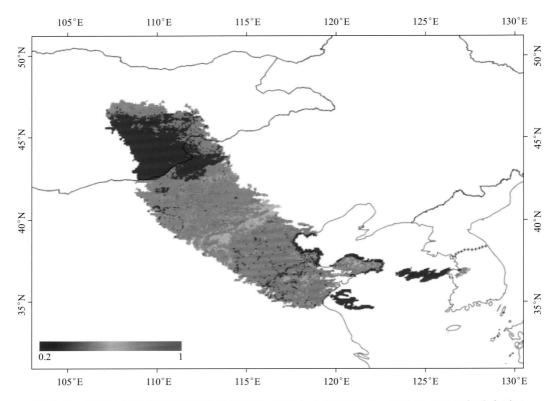

图 6.32　FY-4A 沙尘影响区灾害危险指数图(2020 年 5 月 11 日 04—5 月 12 日 03 时(北京时))

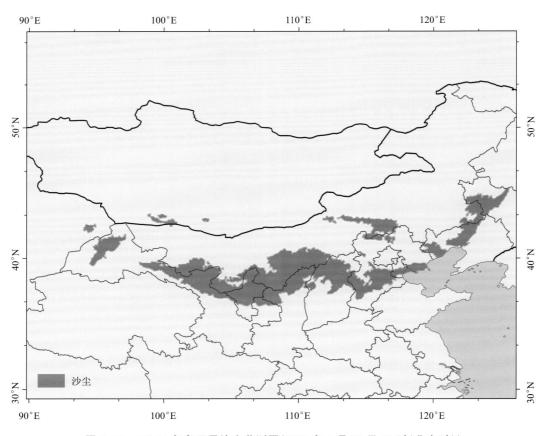

图 6.33　FY-4A 气象卫星沙尘监测图(2021 年 3 月 15 日 12 时(北京时))

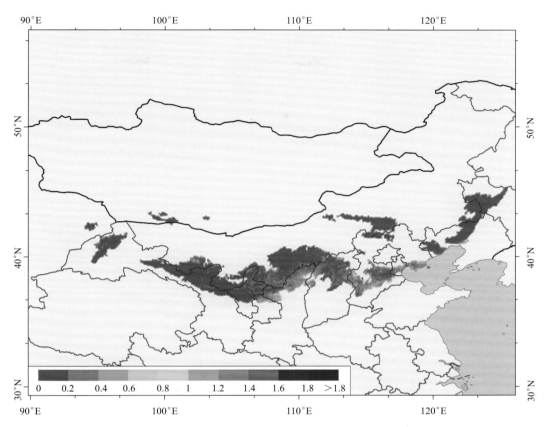

图 6.34　FY-4A/AGRI 沙尘光学厚度图(2021 年 3 月 15 日 12 时(北京时))

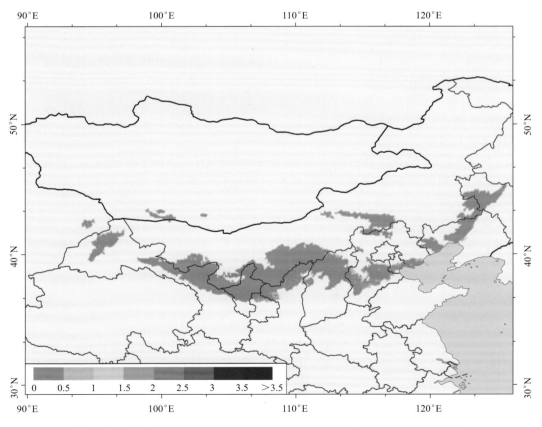

图 6.35　FY-4A 气象卫星沙尘载沙量图(2021 年 3 月 15 日 12 时(北京时))

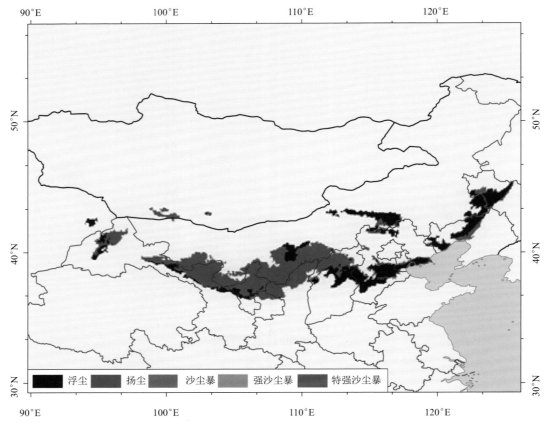

图 6.36 FY-4A 气象卫星沙尘能见度等级图(2021 年 3 月 15 日 12 时(北京时))

(5)沙尘观测时序图

图 6.37 为利用 FY-4A/AGRI 2021 年 3 月 14 日 14 时至 15 日 22 时(北京时)数据,使用 MIDI 法判识的逐小时沙尘信息制作沙尘观测时序图,图中蓝色到红色反映从 14 日 14 时到 15 日 22 时沙尘观测时间,图中可见,沙尘初起在蒙古国西部(图中蓝色),后逐渐向东南移动,至 14 日晚 21 时在我国内蒙古北部入境,后逐渐向南移动,15 日早晨影响到京津地区,下午沙尘区扩大到北方大范围地区。

(6)沙尘持续时间图

图 6.38 为利用 FY-4A/AGRI 2021 年 3 月 14 日 14 时至 3 月 15 日 22 时(北京时)逐小时沙尘信息制作的沙尘持续时序图,图中黄色越深表示沙尘持续时间越长。经估算,本次沙尘过程总的影响面积约 216.15 万 km²。

(7)沙尘灾害危险指数图

图 6.39 为利用 FY-4A/AGRI 2021 年 3 月 14 日 14 时至 3 月 15 日 22 时(北京时)数据制作的沙尘影响区灾害危险指数图。

6.3.2 风云气象卫星全球沙尘监测个例

6.3.2.1 FY3B/VIRR 阿富汗沙尘天气监测(2018 年 8 月 21 日)

2018 年 8 月 21 日,阿富汗西南部出现沙尘天气。19:25(北京时)时的 FY-3B 气象卫星监测显示(图 6.40):沙尘区主要位于阿富汗西南部。据估算,卫星可视的沙尘区面积约为 16.1 万 km²(图 6.41)。

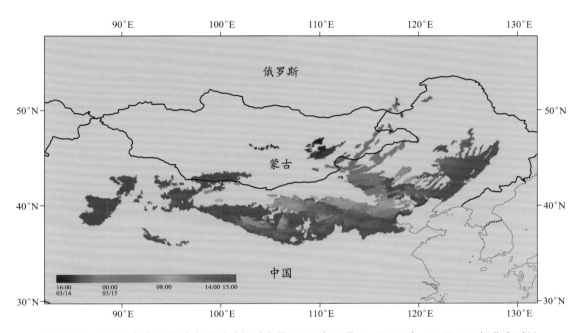

图 6.37　FY-4A 气象卫星沙尘观测时间时序图（2021 年 3 月 14 日 14 时—15 日 22 时（北京时））

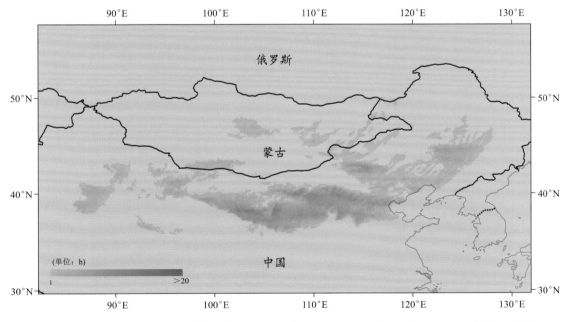

图 6.38　FY-4A 气象卫星沙尘持续时间图（2021 年 3 月 14 日 14 时—3 月 15 日 22 时（北京时））

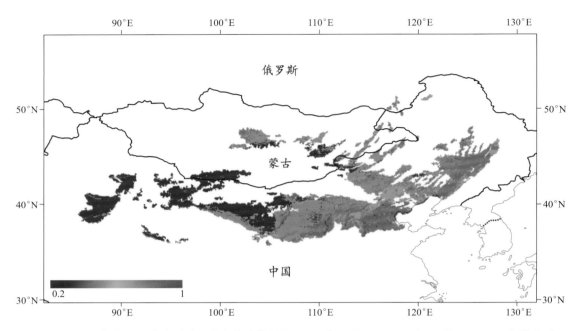

图 6.39　FY-4A 气象卫星沙尘影响区灾害危险指数图(2021 年 3 月 14 日 14 时—3 月 15 日 22 时(北京时))

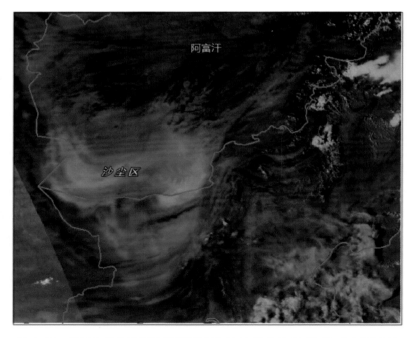

图 6.40　FY-3B 气象卫星沙尘监测图像 2018 年 8 月 21 日 19:25(北京时)

图 6.41　FY-3B 气象卫星沙尘监测示意图像 2018 年 8 月 21 日 19:25(北京时)

6.3.2.2　FY-3D 气象卫星监测北非及西欧沙尘天气(2022 年 3 月 15 日)

2022 年 3 月 15 日,受气旋云系南侧近地面较强偏南风的影响,北非及西欧南部等地出现明显的沙尘天气。FY-3D 气象卫星 2022 年 3 月 15 日 10:50(世界时)的监测图像显示(图 6.42、图 6.43):3 月 15 日欧洲西南部、非洲东北部等地出现沙尘天气。估算沙尘影响面积约为 77 万 km²。

6.3.2.3　FY-4A 印度沙尘天气监测(2022 年 3 月 30 日)

受近地面大风的影响,2022 年 3 月 30 日印度出现沙尘天气,利用 FY-4A/AGRI 对此次沙尘天气过程进行了连续监测。图 6.44 显示了从 30 日 04 时至 10 时(世界时,下同)的逐小时沙尘监测信息,其中第 1 排和第 2 排至 7 排左侧为 FY-4A/AGRI 短波红外(2.25 μm),近红外(0.825 μm),可见光(0.65 μm)通道合成图,第 2 排至 7 排右侧为利用 MIDI 指数法提取的沙尘信息(图中黄色)与合成图的叠加。图中可见:30 日 04 时(世界时,下同),印度西北部未出现沙尘信息;05 时,印度西北部出现小范围沙尘信息;06 时,沙尘区明显扩大;07 时,沙尘区继续迅速扩大,并向西南方向发展;08 时至 10时,沙尘区持续维持较大影响范围。

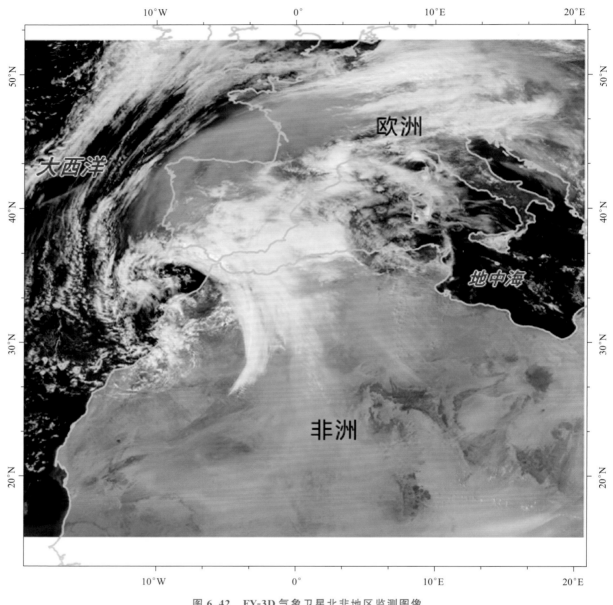

图 6.42 FY-3D 气象卫星北非地区监测图像
(2022 年 3 月 15 日 10∶50(世界时))

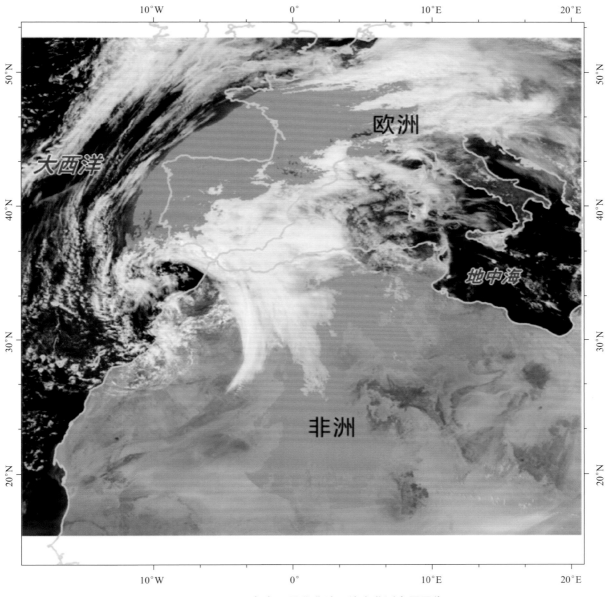

图 6.43　FY-3D 气象卫星北非地区沙尘监测专题图像
(2022 年 3 月 15 日 10:50(世界时))

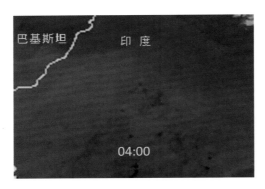

3月30日04时合成图

3月30日05时合成图

3月30日05时合成图叠加沙尘

3月30日06时合成图

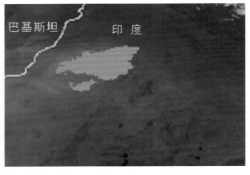

3月30日06时合成图叠加沙尘

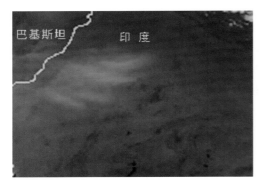

3月30日07时合成图

3月30日07时合成图叠加沙尘

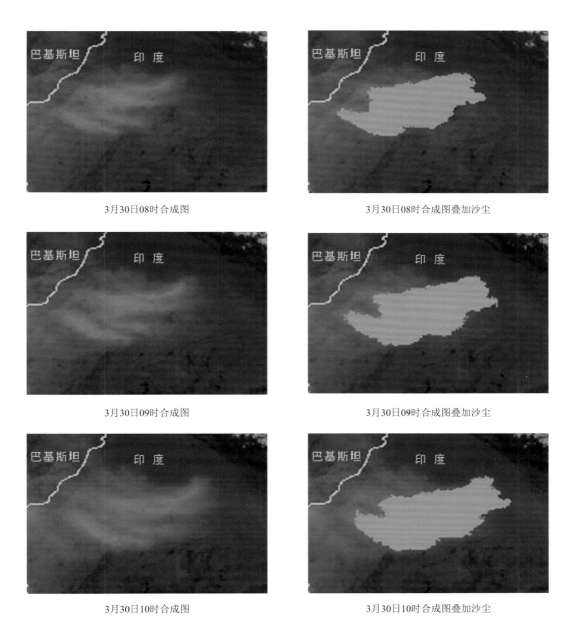

3月30日08时合成图　　　　　　3月30日08时合成图叠加沙尘

3月30日09时合成图　　　　　　3月30日09时合成图叠加沙尘

3月30日10时合成图　　　　　　3月30日10时合成图叠加沙尘

图 6.44　FY-4A/AGRI 印度沙尘暴监测序列图(2021 年 3 月 30 日 04—10 时(世界时))

参考文献

方宗义,张运刚,郑新江,等,2001. 用气象卫星遥感监测沙尘暴的方法和初步结果[J]. 第四纪研究,21
　　(1):48-55.

胡秀清,卢乃锰,张鹏,2007. 利用静止气象卫星红外通道遥感监测中国沙尘暴[J]. 应用气象学报,18
　　(03):266-275.

全国卫星气象与空间天气标准化技术委员会,2011. 卫星遥感沙尘暴天气监测技术导则:QX/T 141-2011
　　[S]. 北京:气象出版社:1-5.

王威,胡秀清,张鹏,等,2019. 白天和夜间通用的卫星遥感沙尘判识算法构建与验证分析[J]. 气象,45
　　(12):1666-1679.

杨妍辰,杨丽萍,2010. 利用气象卫星遥感监测沙尘暴[J]. 内蒙古气象(2):29-31.

章伟伟,过仲阳,夏艳,2008. 利用 MODIS 监测沙尘暴的影响范围[J]. 遥感技术与应用,23(6):682-685.

CACHORRO V E, TANRE D, 1997. The correlation between particle mass loading and extinction: Application to desert dust content estimation[J]. Remote Sensing of Environment, 60(2): 187-194.

PARK S S, KIM J, LEE J, et al, 2014. Combined dust detection algorithm by using MODIS infrared channels over East Asia[J]. Remote Sensing of Environment, 141(2): 24-39.

QU J J, HAO X, KAFATOS M, et al, 2006. Asian dust storm monitoring combining terra and aqua MODIS SRB measurements[J]. IEEE Geoscience & Remote Sensing Letters, 3(4): 484-486.

YUE H, HE C, ZHAO Y, et al, 2017. The brightness temperature adjusted dust index: An improved approach to detect dust storms using MODIS imagery[J]. International Journal of Applied Earth Observation & Geoinformation, 57: 166-176.

ZHANG P, LU N M, HU X Q, et al, 2006. Identification and physical retrieval of dust storm using three MODIS thermal IRchannels[J]. Global and Planetary Change, 52: 197-206.

第 7 章　雪灾监测方法及其应用

近年来,在全球气候变化背景下,暴雪灾害也与其他极端天气气候事件一样,频次和强度逐步增加,对人民生产生活造成了严重影响。客观监测暴雪灾害的发生发展和科学评估灾情程度,对各国政府全面了解受灾情况,及时制定科学有效的抗灾、救灾和灾后恢复措施具有十分重要的意义。

在雪灾监测方面,通常有地面观测和卫星遥感观测两种数据可作为参考。地面观测数据的优点是在观测点的观测精度较高,缺点是呈点状分布,无法获取大范围雪灾分布情况。而遥感观测数据则可以快速获取大范围的积雪分布特征,进而为雪灾的发生、发展提供更加有效的监测结果。因此相比于传统手段,卫星遥感已成为雪灾监测和评估等工作中不可或缺的重要工具。

通过遥感观测,可为雪灾提供积雪覆盖和积雪深度两个方面的信息,而通过长时间的积雪遥感连续监测,又可以得到积雪持续时间信息。光学遥感手段,可以获取积雪覆盖信息,优点是空间分辨率较高,而光学遥感所固有的缺点使之无法获取更加深入全面的雪灾相关信息。这些缺点包括:①夜间无法观测;②有云条件下无法观测;③只能获取积雪覆盖的范围信息,无法获取积雪深度信息。前两个缺点限制了对雪灾地区的时空连续观测能力,后一个缺点影响了积雪信息的全面获取。我国风云一号极轨气象卫星携带的光学仪器在积雪覆盖监测方面发挥了重要作用,但由于缺少微波探测能力,在雪灾全天候监测方面受到限制。

对于暴雪灾害来说,时空连续监测能力显得尤为重要。由于地面积雪状况受多方因素的影响,相隔 24 h 的积雪分布状况就有可能出现较大变化,因此只有获取时空更加连续的积雪监测结果,才能更好地为决策服务。相比于积雪覆盖时空连续监测能力,积雪深度信息同样重要。雪灾发生地区积雪深度分布空间差异极大,从最小深度不足 5 cm 到最大深度超过 100 cm,不同深度的积雪所造成的直接和潜在危害有巨大差异。

我国风云三号极轨气象卫星携带的微波辐射成像仪(FY-3/MWRI)具有被动微波遥感能力,可对积雪进行全天候的时空连续观测和积雪深度的监测。一方面,被动微波遥感不受昼夜影响,能够全天工作,同时还能够穿云透雾,对有云覆盖条件下的地表积雪覆盖状况进行监测;另一方面,由于被动微波遥感的穿透能力,因此可以获取不同区域积雪的深度信息。被动微波遥感积雪监测有其先天优势,但是,它也存在一定不足,主要有两点:①空间分辨率较低;②对湿雪并不敏感。但是,对于雪灾发生地区而言,上述两方面的不足在一定程度上可以被当地自然条件所弥补。虽然被动微波遥感空间分辨率较低,但是雪灾发生期间,地表植被影响较小,因此大部分区域空间一致性较高,即使低空间分辨率的数据也能够获取足够信息。另一方面,存在有暴雪风险的区域,大部分冬季温度都显著低于 0℃,因此积雪在绝大部分情况下都是以干雪的状态存在,有利于被动微波遥感手段进行观测。原有的风云三号 B 星微波积雪深度探测精度在部分地区受到不同地区下垫面和气候特点差异影响有所波动,通过利用地面站点观测数据、积雪地面观测试验数据以及下垫面分类数据,对不同地区积雪深度反演分别建模,明显改进了积雪深度产品精度。

对于雪灾监测来说,长期以来都主要以提供积雪覆盖、积雪深度信息为主。而对于决策服务和公众服务对象来说,最需要的是直接的雪灾灾情信息,这就有必要在积雪覆盖和积雪深度的基础上进一步进行信息加工,提取出与灾情程度强弱直接相关的信息。雪灾的发生是一个有显著时空异质性的问题,同样的降雪条件,在历年降雪量较大的区域,由于针对冬季持续降雪具备充足的社会保障能力、基础设施条件、农牧业经验储备,则很可能并不成灾。而在冬季降雪量较少的区域,由于其针对冬季持续降雪并不具备充足的社会保障预案、相应的基础设施条件,农牧业的经验储备也相对匮乏,则有可能成灾。因此,雪灾监测不仅需要对潜在雪灾发生期间的积雪状况进行连续监测,还需要对该地区长时间序列的同期积雪状况进行收集整理,统计分析,获取先验背景知识,以供雪灾模型的构建。

本章分为三节:第一节为雪灾致灾因子的提取,介绍利用遥感手段获取积雪覆盖、积雪深度方法和改进的风云气象卫星微波积雪深度方法,以及验证结果;第二节为雪灾监测方法,介绍通过积雪覆盖、积雪深度遥感数据作为输入,如何针对雪灾的发生发展特征,建立雪灾模型,获取雪灾的灾情分析结果;第三节为雪灾监测应用个例,通过对全球"一带一路"沿线国家的重点雪灾事件监测结果,展示风云气象卫星遥感全球雪灾监测的应用能力。

7.1 积雪致灾因子的提取

在雪灾的发生发展过程中,主要致灾因子包括积雪深度和积雪覆盖。其中积雪深度表征不同区域地表积雪的厚度信息,单位为厘米(cm),积雪覆盖表征不同区域地表是否覆盖有积雪,为二值结果,分别为有积雪"1"或无积雪"0"。积雪深度的遥感监测通常用星载被动微波辐射计,而积雪覆盖的遥感监测则可以用星载光学传感器,或星载被动微波辐射计。除积雪深度和积雪覆盖之外,雪水当量也是重要的积雪灾害相关因子,它表征地表积雪融化之后形成的水层深度,单位为毫米(mm)。考虑到在实际的遥感反演过程中,积雪深度与雪水当量之间通常用固定的积雪密度(g・cm^{-3})进行转换,因此在本书中采用积雪深度和积雪覆盖作为雪灾致灾因子。

在积雪遥感监测算法的发展过程中,由于积雪分层、积雪密度、积雪粒径等积雪特性与积雪参数反演密切相关,因此通常情况下高精度的积雪反演算法都有比较明显的区域性特征。考虑到我国积雪站点观测数据较为充足,为了获取更高精度的积雪参数反演信息,本书中主要介绍针对我国开展雪灾致灾因子的获取方法,除此之外,也辅以部分"一带一路"沿线国家的致灾因子监测个例。

7.1.1 算法背景

在雪灾发生过程中,积雪可能对交通、电力、农业等领域产生灾难性影响。积雪深度的监测结果在农业、气候、水文、交通、防灾减灾等方面具有重要作用。

利用被动微波遥感手段能够快速获取大范围积雪深度以及雪水当量信息,同时在有云覆盖条件下以及夜间条件下仍能够进行观测。目前,各国针对 SSMIS、AMSR-E 等各种被动微波辐射计发展了多种积雪深度、雪水当量反演算法。

利用微波遥感数据进行积雪深度和雪水当量反演的基础是不同通道之间亮温的差异与积雪深度或雪水当量之间的相关关系。根据中国地区的气候特点、降雪类型、积雪分布等特点,根据我国三大稳定积雪区的分布范围,着重建立和发展三大积雪稳定区的半经验反演算法。

采用目前国际上相对比较成熟的算法(半经验线性算法)作为 FY-3/MWRI 的基本算法。AMSR-E 的传感器参数设置与 FY-3/MWRI 基本一致,因此选用 AMSR-E 雪当量算法作为 FY-3/MWRI 全球算法的基本算法,而中国区域则利用已有台站观测数据来校正半经验算法中的系数,以确保半经验算法在我国区域的精度要好于 AMSR-E。同时,利用已有积雪辐射理论模型基础,开发基于物理模型的雪当量反演算法。

AMSR-E 反演雪水当量的算法沿袭了 SMMR、SSM/I 的反演算法,若考虑植被对微波信号的影响,则用于全球范围内的雪深和雪水当量反演的基本算法如下:

$$\text{SWE} = \frac{a(T_{b18h} - T_{b36h})}{1 - f} \tag{7.1}$$

$$\text{SD} = \frac{\text{SWE}}{\rho \times 10} \tag{7.2}$$

式中:

SWE 为雪水当量(mm),

SD 为雪深(cm),

f 为植被覆盖度(%),

a 为经验参数,取值为 5.8,a 通过研究北美地区和西伯利亚的积雪得到,

ρ 为雪密度(g/cm^3)。

7.1.2　我国积雪分布特征

积雪的分布不仅存在着地区间的显著差异,而且,对同一地区而言,又表现出明显的季节性变化。我国积雪的地理分布相当广泛,有积雪现象出现的地区从北到南均有发生,南界可达北纬 24°左右。季节积雪地区,以年积雪日数 60 d 或两个月作为二级区划指标,划分为稳定季节积雪区与不稳定季节积雪区,不稳定性积雪区是指该地区的年积雪日数少于两个月,后者按积雪能否每年出现,稳定季节积雪区是指该地区的年积雪日数在两个月以上。又分为年周期性与非年周期性两个亚区。对于我国而言,不稳定性积雪区的范围大(秦大河 等,2005),南界到达 24°~25°N;无积雪区包括福建、广东、广西、云南四省南部和台湾省大部分地区。从积雪的观测资料分析和卫星图像均可以看出,我国稳定积雪区达 420 万 km^2(李培基等,1983),包括:①青藏高原地区(藏北高原和柴达木盆地除外),面积 230 万 km^2;②东北和内蒙古地区,面积 140 万 km^2;③北疆和天山地区,面积 50 万 km^2。此外秦岭、贺兰山、六盘山、五台山、峨嵋山等也有零星分布。

我国大部分地区积雪的深度较薄,日平均积雪只有 3.5 cm,深度在 3 cm 以下的地区占到一半。积雪深度的空间分布也不均匀,高度集中在我国的西部和北部山区,而高山地区的积雪储量占全国的半数以上(秦大河 等,2005)。从青藏高原地面观测的积雪日数分布可见(赵平,1999),高原东部的积雪日数比西部大;多积雪地区主要集中在唐古拉山、巴颜喀拉山、阿尼玛卿山、横断山及高原西部山区;青藏高原中部及雅鲁藏布江、金沙江和怒江等河谷地区积雪较少。

从我国积雪的年内变化特征来看:全国积雪期主要出现在冬春季,可达半年左右,但是从积雪量的平均情况来看,积雪量大的时间主要集中在最冷的 12 月—次年 2 月,但对于不同的地区可能有变化。

从上述三个主要稳定积雪区域积雪出现的平均日期可知,青藏高原积雪期开始的最早,于 9 月中旬,可一直延续到 6 月份;新疆地区积雪期于 11 月中旬形成,较青藏高原晚两个月的时间;东北-内蒙古的积雪出现的日期,北部早,于 10 月中旬,4 月下旬结束,南端的积雪开始于 11 月中旬,结束在 3 月底。由此可见,青藏高原积雪期开始的最早,持续时间也最长。

因此,我们在中国区域建立半经验雪深(雪水当量)反演算法主要针对这三大稳定积雪区,根据在这三大区域气象台站测量的雪深、雪压数据与 AMSR-E 亮温数据来修正 FY-3/MWRI 在中国区域的算法系数。下面重点介绍数据资料处理、算法建立与反演算法验证比较,以及结果分析。

7.1.3　积雪判识算法

积雪判识是进行积雪深度反演的前置条件,准确的积雪判识结果才能够保证积雪深度算法的基本精度。FY-3/MWRI 的积雪判识算法,引用了李晓静的积雪深度判识算法,并在此基础上进行了修正。

被动微波反演雪深、雪水当量的算法是利用了积雪在不同频率和极化条件下的散射特性,然而由于地表的复杂性,许多目标物与积雪具有相似的散射特性,例如,沙地、降水过程、冻土、冷荒漠。如果不将这些目标地物在反演过程中剔除,势必会对反演精度造成影响,造成雪深和雪水当量的高估,因此,积雪的判识在整个反演算法中占有重要的地位,判识的精度直接影响着积雪深度的反演精度。

经过对已有研究成果如陈爱军等(2005)在新疆地区得到的积雪判识、李晓静等(2006)对中国及周边地区改进了 Grody,Ferraro 等人的判识方法(见图 7.1),以及与 Grody(1996)的判识方法(为现有国际上卫星传感器 SSM/I,AMSR-E 所采用)的比较与验证,我们发现李晓静等(2006)建立的判别算法能提高中国区域内的积雪判识精度。我们对其中的阈值进行了一些调整,以便该算法能较好地用于 AMSR-E 的亮温数据。调整包括散射体的判识 SCAT 调整为 8K,并去除散射体判识的 TB$_{22v}$-TB$_{85v}$ 判据,TB$_{22v}$ $\leqslant$255K。

李晓静等(2006)使用的 5 个判识因子:

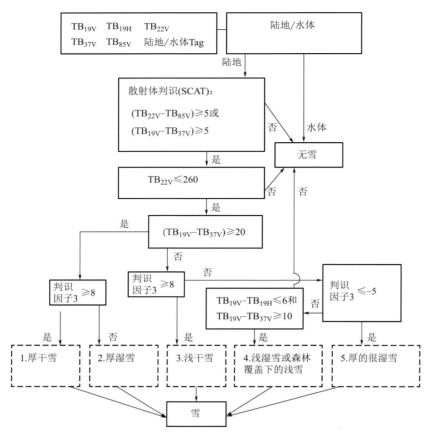

图 7.1　中国区域内雪盖的判识流程图

判识因子 1：$TB_{19V} - TB_{37V}$

判识因子 2：$TB_{22V} - TB_{85V}$

判识因子 3：$(TB_{22V} - TB_{85V}) - (TB_{19V} - TB_{37V})$

判识因子 4：$TB_{19V} - TB_{19H}$

判识因子 5：TB_{22V}

以上判识因子中，TB 为亮温，下标数字为频率，以 GHz 为单位，H 为水平极化，V 为垂直极化。

为了证实以上积雪判识算法的合理性，将目前常用的被动微波遥感积雪判识算法进行了归纳汇总，并利用中国地面观测数据进行横向对比。

主流的被动微波遥感积雪判识算法包括：

① FY-3 判识算法；

② Grody 判识算法；

③ Hall 判识算法；

④ Kelly 判识算法；

⑤ Neal 判识算法；

⑥ Singh 判识算法；

⑦ 中国南部判识算法（Pan 判识算法）。

在比较过程中，对遥感判识结果和地面真实观测数据结果进行交叉比对，分别有以下四种情况：

① 遥感判识有积雪，地面观测有积雪，标为 TP（True positive）；

② 遥感判识有积雪，地面观测无积雪，标为 FN（False negative）；

③ 遥感判识无积雪，地面观测有积雪，标为 FP（False positive）；

④ 遥感判识无积雪,地面观测无积雪,标为 TN(True negative)。

在以上四种情况基础上,采用以下几个指标分别进行判识算法精度对比:

总体精度 OA(Overall accuracy):(TP+TN)/(TP+TN+FN+FP)

漏估误差 OE(Omission error):FP/(FP+TP)

错估误差 CE(Commission error):FN/(FN+TP)

阳性预测 PPV(Positive predictive value):TP/(TP+FP)

根据上述指标,对七种积雪判识算法进行了评估,结果如表 7.1。

表 7.1　积雪判识算法结果评估

算法	算法精度								
	In Situ Measurements				IMS SCA(SCF>50%)				
	OA	OE	CE	PPV	OA	OE	CE	PPV	Node
FY-3 判识算法	0.950	0.384	0.210	0.616	0.902	0.289	0.102	0.711	A[1]
	0.950	0.399	0.201	0.601	0.894	0.319	0.105	0.681	D[1]
Grody 判识算法	0.921	0.268	0.453	0.732	0.853	0.155	0.319	0.845	A[1]
	0.945	0.329	0.291	0.671	0.899	0.207	0.179	0.793	D[1]
中国南部判识算法	0.919	0.173	0.498	0.827	0.958	0.164	0.420	0.836	A[1] and D[1]
Neal 判识算法	0.926	0.606	0.348	0.394	0.782	0.487	0.395	0.513	A[1]
	0.934	0.645	0.187	0.355	0.820	0.531	0.239	0.469	D[1]
Singh 判识算法	0.920	0.855	0.178	0.145	0.745	0.831	0.431	0.169	A[1]
	0.921	0.860	0.040	0.140	0.764	0.860	0.160	0.140	D[1]
Hall 判识算法	0.931	0.492	0.347	0.508	0.848	0.305	0.276	0.695	A[1]
	0.941	0.534	0.197	0.466	0.874	0.382	0.128	0.618	D[1]
Kelly 判识算法	0.895	0.280	0.549	0.720	0.713	0.299	0.526	0.701	A[1]
	0.931	0.344	0.387	0.656	0.754	0.347	0.469	0.653	D[1]

[1] A=ascending data,D=descending data.

由表 7.1 可见,与地面观测站点比较,FY-3 气象卫星积雪判识算法拥有较高的精度,总体精度达到 0.95。相比于其他六种积雪判识算法而言,总体精度最高。对于漏估误差,FY-3 算法与 Grody 算法、中国南部算法、Kelly 算法误差较低;对于错估误差,FY-3 算法与 Singh 算法误差较低;对于阳性预测结果,FY-3 算法与 Grody 算法、中国南部算法、Kelly 算法结果较好。总体而言,FY-3 积雪判识算法的精度相比于其他六种积雪判识算法精度更高。与 IMS 积雪覆盖度产品的对比结果类似,不再赘述。

下面从时间尺度上进一步进行比较分析。图 7.2 为 2014 年至 2015 年期间,基于地面观测数据获取的每月不同算法积雪判识精度。

由图 7.2 可见,在时间尺度上,FY 积雪判识算法仍然具有较高精度。特别是在冬季,FY-3 积雪判识算法的优势更加明显。

对于不同的下垫面类型进行分别统计,可以得到七种积雪判识算法在四种指标上的精度(图 7.3)。由图可见,总体而言,在不同下垫面类型比较中,FY 积雪判识算法仍然拥有最高的判识精度。

7.1.4　积雪深度算法

本章使用了三种类型的数据:①卫星数据,②气象台站观测的积雪资料,③辅助数据。卫星数据包括:AMSR-E L2A 亮温数据和 MYD10C2 每 8 日雪覆盖产品。为了方便水文模型的计算,积雪参数产品一般选用等面投影,同时也为研究方便,有必要将各种不同资料处理到统一的坐标系统下,因此在数据的处理时我们采用统一的投影方式 Lambert 方位等面积投影。辅助数据采用了低分辨率像元大小为 23165.6 m×23165.6 m 的 Lambert 方位等面积投影,投影中心为 45°N,100°E。所有数据均在该投影方式下进行转

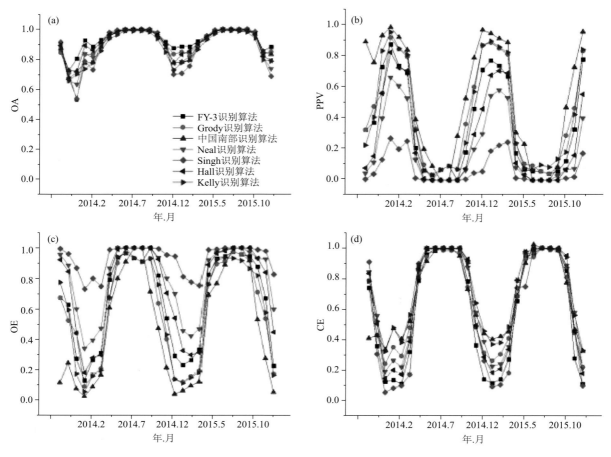

图 7.2　基于地面观测数据获取的每月不同算法积雪判识精度(a. OA,b. PPV,c. OE,d. CE)

换和计算。辅助数据包括:海陆边界掩膜文件、雪密度图、有无降雪记录图、森林覆盖度图、草地覆盖度图、裸露地表覆盖度图、积雪覆盖度图。分别介绍如下。

(1)卫星数据

卫星数据包括:AMSR-E L2A 亮温数据和 MODIS 每 8 日雪覆盖产品 MYD10C2。AMSR-E L2A 亮温数据是轨道产品,由 NSIDC 发布,每天大约有 28 轨,升降轨各 14 条,产品的数据存储格式为层次数据存储格式 HDF-EOS(Hierarchical Data Format-Earth Observing System),覆盖范围为全球 89.24°N～89.24°S,空间分辨率随着频率的不同而变化,从 5.4 km 到 56 km。

MYD10C2 是 MODIS 每 8 d 合成的雪覆盖产品,全球的 0.05°等经纬度投影,分辨率大约为 5 km。产品用于提高积雪的判识度,这里采用 8 d 的产品,主要考虑到 8 d 的雪盖产品受到云的影响较小,并且我们发现在冬季积雪期较长并且比较稳定的新疆地区将积雪覆盖度因子加入算法中可提高算法的精度。

(2)气象台站观测资料

我们采用的地面常规观测资料从中国气象局国家气象中心气象资料室获得,来自全国 354 个气象台站,分布范围从 75.14°～132.58°E 到 16.32°～52.58°N。该资料集包括有:雪深,雪压,地面 0 cm 温度和地面台站信息,选用资料的时间段为 AMSR-E 发射的 2002、2004、2005 年的观测时间段。2003 年的数据用于算法的验证。

在积雪资料中,凡出现月日期位置为"999"时,该月缺测;微量:988;无观测:888。其中积雪的单位为 cm,雪压为 g·cm^{-2}。雪压是非常规观测项目,很多台站没有观测,尤其初冬、初春浅雪较多时,缺失较多,而且考虑到初冬和春末将出现大量的湿雪,所以在建立算法时使用了处于稳定积雪期的 10 月至次年 3 月的资料。

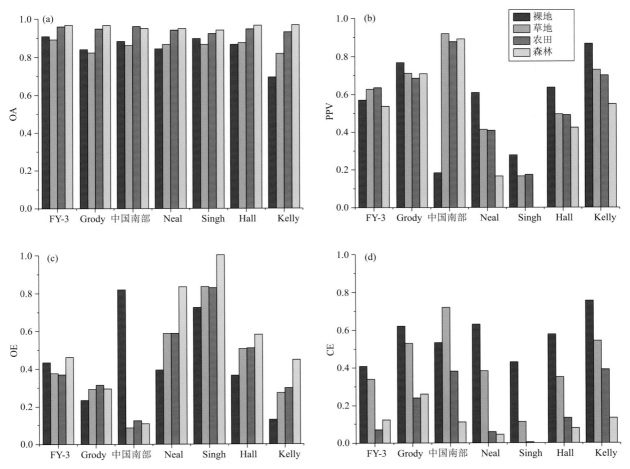

图 7.3　与地面观测站点比对,七种积雪判识算法在不同下垫面类型上的精度统计结果(a. OA,b. PPV,c. OE,d. CE)

地温资料主要用于在建立算法过程中,根据地表温度数据,只选取地温低于 0 ℃的观测结果。字段包括有台站号,观测日期,单位及精度:0. 1 ℃。

地面台站信息文件记录有这 740 个台站的信息,字段包括:区站号,站名,纬度,经度,观测场海拔高度。

(3)辅助数据

地形起伏、地表的大型水体、森林覆盖等强烈的影响被动微波反演雪深、雪水当量的精度。为了尽可能地挑选可信的样本建立算法,需要使用辅助数据来剔出一些不可信的样本,或者按照地表不同类型进行分类来挑选样本以达到更高精度。另外,在反演过程中也需要用到辅助数据去除那些不可反演的像元,比如水体、热带地区等。

辅助数据包括:海陆边界掩膜文件、雪密度图、降雪记录图、森林覆盖度图、草地覆盖度图、灌木覆盖度图、裸露地表覆盖度图、积雪覆盖度图。

(4)中国区域的辅助数据制作与准备

a. 中国区域的积雪密度分布图

我们利用 Brown(1998)和 Krenke(2004)的北半球的气象资料,按 Sturm 等(1995)提出的积雪的分类计算中国区域内的积雪平均密度,并平均到 25 km 的中国区域内的 Lambert 等面积投影中得到中国区域内的积雪密度分布图。利用积雪密度和雪深可以计算雪水当量。

b. 中国区域的森林覆盖度数据

由于植被的存在,植被辐射将增强植被积雪覆盖区域的卫星观测信号,若利用不考虑植被影响的经验算法反演森林区中积雪,可能存在低估。怎样校正森林对微波信号的影响是反演林地积雪的最大挑战。通常利用森林分布图来校正森林对微波信号的影响。Robinson(1985)认为森林密度和表面反照率之间存在反比关系,制作了1°分辨率的最大反照率图,AMSR-E 的 B04 算法通过引进森林覆盖度参数,使用该图用于校正林区的雪深。Kruopis(1998)用低频成功估算森林木材量的数量级,该研究为被动微波遥感研究积雪提供了新的思路。

我们使用 MODIS 1 km 分辨率 IGBP 分类图获取植被覆盖度的信息,选取常绿针叶林、常绿阔叶林、落叶针叶林、落叶阔叶林和混交林等五种类型的树种,计算上述五个树种在 25 km×25 km 像元内的森林覆盖度,用于对林区的积雪进行校正。

c. 中国区域可能降雪图与海陆边界图

当有积雪覆盖的像元内存在较大面积的水域时,混合像元内的吸收特征增强,散射特性减弱,使传感器观测到的辐射亮温急剧下降,导致反演的积雪参数不可信。建立算法时,我们利用海陆标识图去寻找受地表大型水体影响的气象站点,这些影响的站点的观测资料会被去除,并在反演时不计受影响的像元。

d. 数据和资料处理

中国区域的产品设计使用 Lambert 方位等面积投影。Lambert 方位等面积投影是经常使用的投影方式。研究中投影参数设置如下:地球半径 $R = 6370997$ m,投影中心(45°N,100°E),像元的分辨率为:23165.6 m,投影的范围基本覆盖中国国土范围,从 15.5°~51.5°N 到 64.5°~123.5°E。

(5)中国区域半经验反演算法的建立

AMSR-E 的全球积雪深度算法是在研究北美、北欧和西伯利亚地区的积雪得到的。这些地区冬季寒冷漫长,积雪较深,分布广泛,很多积雪区被茂密的针叶林覆盖,而我国大部分降雪区处于中纬度地区,冬季降雪多为季节性降雪,雪层较薄,分布不均,植被覆盖度较低且地形复杂,受霜冻的影响大。因此,AM-SR-E 的雪水当量的全球算法很难直接应用到中国区域内,将会产生很大误差。我们对 AMSR-E 的雪水当量产品与新疆境内的台站观测的积雪资料进行了比较,发现 AMSR-E 在中国新疆区域明显高估地面实测数据。

Aqua 卫星每天两次经过新疆地区,至少有一条升轨覆盖新疆大部分地区,部分地区没有覆盖,亮温数据缺失。去除缺失的数据后得到 147 对数据,比较结果如下:

AMSR-E 反演的雪水当量的均值为 40.35 mm,站点实测的均值仅为 21.57 mm,平均相对误差达 87.1%。AMSR-E 算法的反演误差分布直方图如图 7.4 所示。

AMSR-E 反演的均方根误差(RMSE)为 26.365 mm,见图 7.5,较一般可接受的被动微波反演雪水当量的 RMSE 等于 20 mm(Pullianien et al.,2001)高出 6.3 mm。

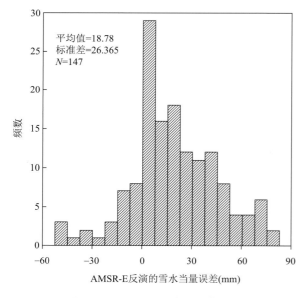

图 7.4 AMSR-E 反演误差直方图

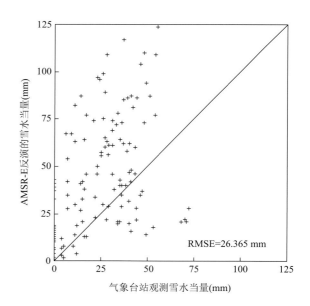

图 7.5 AMSR-E 反演的雪水当量值与站点实测值的比较

可以看出,AMSR-E 的全球雪水当量反演算法总体高估了我国新疆地区的积雪,且局部地区的误差较大。

因此,根据中国地区的气候特点、降雪类型、积雪分布等特点,以及我国三大稳定积雪区的分布范围,我们着重建立和发展这三大积雪稳定区的半经验反演算法。这三大稳定区主要包括:新疆地区、东北、华北和内蒙古地区以及青藏高原地区。我们借助 Derksen 发展加拿大的积雪算法思路:首先建立不同地表类型下的积雪反演算法,根据任一像元下各种地表类型的覆盖度,线性综合得到其像元上的雪水当量。

借鉴 Derksen 的思路,我们建立中国区域的雪深反演算法:

$$SD = F_{berrent} \times SD_{berrent} + F_{grass} \times SD_{grass} + F_{shrub} \times SD_{shrub} + F_{forest} \times SD_{forest} \tag{7.3}$$

其中,$F_{berrent},F_{grass},F_{shrub},F_{forest}$ 为裸地、草地、灌木、森林四种地表类型在像元里的覆盖度(%),$SD_{berrent}$,$SD_{grass},SD_{shrub},SD_{forest}$ 为四种地表类型的算法单独回归得到的雪深。

雪水当量可用下式算出:

$$SWE = \rho_{snowdensity} \times SD \times 10 \tag{7.4}$$

其中,SWE 为雪水当量(mm),$\rho_{snowdensity}$ 为雪密度,SD 为雪深。

在微波低频波段,干雪覆盖的发射主要受雪盖下面地表特性的影响。而在高频波段,由于雪颗粒的体散射起着重要作用,积雪辐射对雪水当量和雪颗粒大小很敏感。当积雪开始融化时,由于冰和液态水在微波波段的介电常数差异很大,而观测信号主要来自近雪层表面,因而雪层发射信号将显著增强。干雪在高频是很强的散射体,但其吸收特性却很弱。因此在高频波段,在积雪的衰减作用中,散射占主导作用(Ulaby et al.,1981),积雪的散射作用大大减弱了积雪的直接辐射。正是利用了干雪随频率增加散射作用增强,从而减弱积雪辐射的特性,可用来探测地表积雪雪深和雪水当量。目前通常采用 18.7 GHz 和 36.5 GHz 这两个频率的亮温差来反演雪深(雪水当量)。考虑到我国积雪普遍分布较浅,因此也加入了对浅雪敏感的高频 89 GHz。利用 89 GHz 与 18.7 GHz,36.5 GHz 的亮温差来探测浅雪雪深。

在全球或区域大气和气候模式中,由于积雪面积的分布影响到反照率进而影响到能量平衡,全球网格或次网格上的积雪面积和雪深直接存在一定的关系,有很多学者开展了雪深与积雪覆盖面积的转换关系研究(Wu et al.,2004;Liston,2004)。因此,我们认为被动微波象元内的积雪空间分布特征与雪深之间有一定的相关性,因而引入积雪覆盖度(MYD10A2 产品)作为一个回归变量,来校正 AMSR-E 雪深(雪当量)的半经验线性关系。

Shuman 等(1993)发现高频的极化差能够反映表面霜和深霜层的信息。Koienig 等(2004)在利用 SSM/I 数据研究阿拉斯加被动微波雪水当量关系时发现,加入高频(37 GHz,85 GHz)的极化差能很好地识别深霜层,这是由于深霜层类似面霜层,它的存在将增加 H 极化的反射率,而 V 极化几乎没什么影响。因此若有深霜层存在时,加入 37 GHz,89 GHz 的极化差将会有助于精度提高。同时,利用 19V 与 37H 的亮温差值更能反映出雪深(或雪当量)的影响。当月平均气温低于−10 ℃,且雪盖较浅时,一般会在雪盖和地表之间形成深霜层(Armstrong,2017)。我国的青藏高原、新疆等地区冬季 12 月至次年 2 月月平均温度通常小于−10 ℃,因此这些地区大部分都存在深霜层。

根据上述辐射特征与雪深之间的关系,用 2002、2004、2005 年三年中每年的 10 月、11 月、12 月、1 月、2 月、3 月数据分析,并用 2003 年的这六个月数据对算法进行验证。根据中国稳定积雪区域的地表类型特征,将地表类型分成四类:森林、灌木、草地、裸地。分别回归得到各个地表类型下的反演关系式,而后通过每一像元植被覆盖类型的百分比加权得到总的雪水当量反演关系式。

选用 18,36 和 89 GHz 的 H,V 极化频率组合反演雪深,18 GHz 可以反映雪下地表信息,36 GHz 频率微波对积雪体散射很敏感。这样差值就可以反映积雪雪深状况,这里加入 89 GHz,因为较高的 89 GHz 频率对薄雪很敏感。因此这里用这三个频率组合寻求更好的反演积雪雪水当量的算法。

当某一像元内各地物类型所占的百分比达到 85% 后即视为纯象元,用于对各地物类型分别反演。然后分别选取不同地表类型的样本,去除受影响的站点和样本,最后得到:

森林:共用 1563 对样本数据建立算法,用 586 对数据验证(塔河站点数据误差较大,雪深 20 cm 左右);

灌木:50 对建立算法,58 对验证;

草地:2715 对数据建立算法,1563 对验证(阿勒泰站点数据误差很大,雪深 40~50 cm);

裸地:3522 对数据建立反演算法,1280 对数据用于验证。

通过回归分析得到如下算法:

$$SD_{forest} = 1.381 + 1.107 \times SC \times (TB_{18H} - TB_{36H}) + 2.807 \times (TB_{89V} - TB_{89H}) \tag{7.5}$$

$$SD_{shrub} = 3.696 + 0.173 \times SC \times (TB_{36V} - TB_{36H}) + 0.014 \times (TB_{89V} - TB_{89H}) \tag{7.6}$$

$$SD_{grass} = 6.495 + 0.531 \times SC \times (TB_{18H} - TB_{36H}) + 0.116 \times (TB_{89V} - TB_{89H}) \tag{7.7}$$

$$SD_{berrent} = 2.990 + 0.417 \times SC \times (TB_{18V} - TB_{36V}) + 0.364 \times (TB_{89V} - TB_{89H}) \tag{7.8}$$

其中,SC 为积雪覆盖度。

通过公式(7.5)—(7.8)就可以获取每日的雪深与雪水当量。

(6)算法的验证

算法是基于地面气象站点数据,通过分析地表类型和积雪覆盖度对像元内积雪辐射有影响。本研究采用中国积雪区域 1,2,3,10,11,12 月六个月的地面台站数据,共 5172 对;2003 年亮温数据(18 GHz、23 GHz、36 GHz、89 GHz 的 V 和 H 极化);中国区域各地表类型的像元覆盖度;以及对应时间,对应站点所在像元的积雪覆盖度。

将各数据投影成统一的中国区域 LAMBORT 方位等面积投影;根据已有气象站点经纬度,定位到各数据的对应经纬度像元内,将所有站点经纬度所在像元的值挑出来,站点实测数据代表地面实测的该像元值,与对应像元的亮温、地表类型覆盖度及积雪覆盖度建立对应关系。这样就可以利用亮温、地表类型覆盖度及积雪覆盖度,通过积雪深度反演算法得到反演值,与地面实测值比较,得出误差,确定反演算法的精度,分析可能原因。

分别在整个中国积雪区以及三大积雪区(新疆地区,青藏地区,内蒙、东北及华北地区)对雪深、雪水当量反演算法进行验证。

在整个中国区域,共用 5172 对验证数据(每日站点观测的雪深、雪水当量值;日产品反演算法计算的对应站点所在像元的雪深、雪水当量值),验证结果如图 7.6 所示;图 7.7 为误差直方图(反演值与站点实测值的不同差值频率情况),在整个中国区域雪深算法的误差(RMSE)为 5.1 cm。

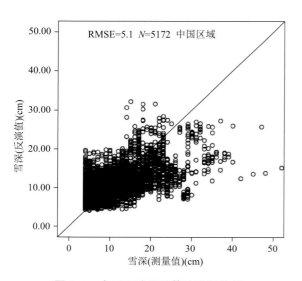

图 7.6　中国区域雪深算法验证结果

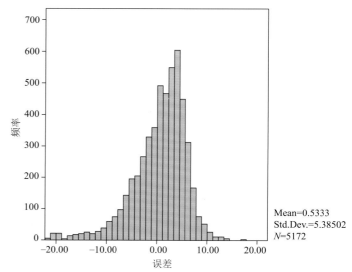

图 7.7　中国区域雪深反演算法误差分布图

对中国的三大稳定积雪区域新疆地区(1467 对验证数据),内蒙、东北及华北地区(3488 对验证数据)、青藏地区(217 对验证数据)分别进行日产品算法验证,其中新疆地区的雪深精度为 5.6 cm,内蒙、东北及华北地区雪深误差(RMSE)为 5.14 cm,青藏地区误差(RMSE)较大,为 8.7 cm。验证结果见图 7.8。

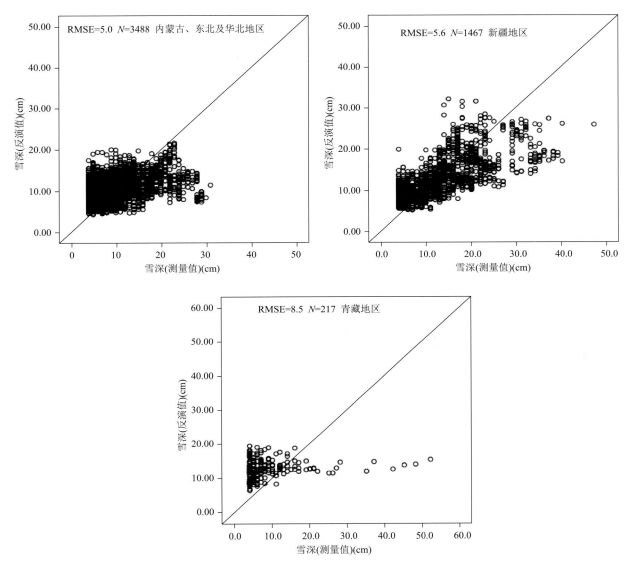

图 7.8　中国三大稳定降雪区的雪深验证结果

经分析,其中误差较大的台站多见于一些位于较大的城市的台站,比如佳木斯(50873),可能的原因是一方面城市的建筑的对微波亮温影响较大,不同于其他地表类型,使得反演值误差较大;另一方面也可能是台站所处地区为较大的城市,台站观测值不具代表性。我们也注意到在 3 月末积雪逐渐融化时,湿雪出现,算法没有判识出湿雪。对湿雪的判识是一个很大的挑战。

从验证结果来看,中国区域雪深的总误差为 5.1 cm。当分地区进行验证时,新疆、内蒙古、东北及华北地区雪深误差也均在 6 cm 以内,而青藏地区,由于验证数据较少,且青藏地区地形起伏大,积雪块零散,因此误差较大为 8.5 cm。

7.1.5　积雪深度算法改进

积雪深度算法及产品发布后,经验证,在部分地区出现结果偏低,或结果不稳定的情况,针对上述情况,开展了算法问题排查,并进行了改进。

首先介绍算法改进中用到的辅助数据,包括地面站点观测数据,以及下垫面分类数据。

下垫面分类数据源为中国科学院地理科学与资源研究所利用 TM 数据所制作的 30 m 空间分辨率分类数据,在此基础上进行了重采样,得到 1 km 空间分辨率的下垫面分类数据,并在此基础上可以进一步获取 25 km 空间分辨率的不同下垫面比例结果。

针对旧版本的风云三号 B 星微波积雪深度反演算法进行分析,发现新疆地区积雪深度结果偏低,而东北地区积雪深度结果不稳定。故针对上述两个区域进行积雪深度算法改进,其他区域算法保持不变。

对于新疆地区,算法改进为:

$$SD = 0.48 \times (TB_{19V} - TB_{37H}) \tag{7.9}$$

其中,SD 为积雪深度,TB_{19V} 为 18.7 GHz,垂直极化通道亮温,TB_{37H} 为 36.5 GHz,水平极化通道亮温。在新疆地区,由于积雪深度较深,因此积雪底层与土壤接触的区域很容易形成大粒径的深霜层,由于 V 极化通道拥有更强的穿透能力,因此两个极化通道相比于同极化通道来说,可以更好地获取具备深霜层的较深积雪。经验证,上述两个通道组合在新疆地区可以更准确地描述积雪深度分布。

对于东北地区,算法改进为

$$SD = 0.38 \times (TB_{19H} - TB_{37H})/(1 - 0.7 \times ff) \tag{7.10}$$

其中,ff 为森林覆盖率。该算法中的系数 0.38,以及森林覆盖率系数 0.7,为地面观测数据及模型模拟优化得到。

首先对五种积雪深度算法的精度进行横向对比,见图 7.9。由图可见,FY-3B 算法及 WESTDC 算法相对精度较高。

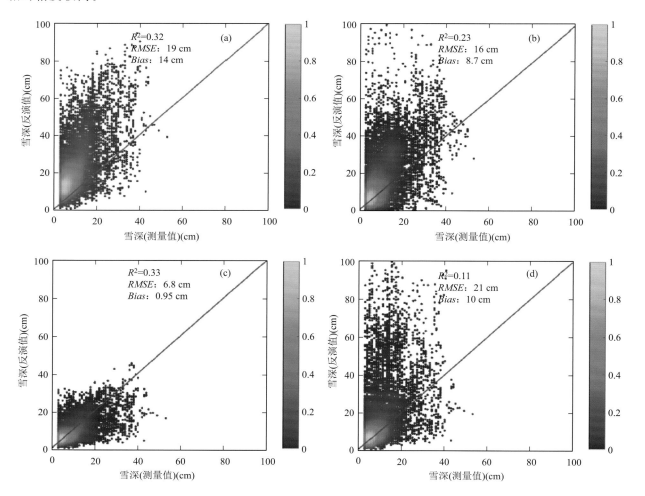

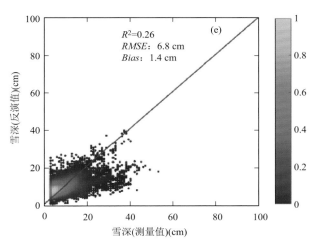

图 7.9　五种积雪深度算法与地面站点比对散点图
(a:Chang 算法,b:AMSR-E 算法,c:WESTDC 算法,d:Foster 算法,e:FY-3B 算法)

分区域对上述结果进行统计,得到结果如图 7.10。

由图 7.10 可见,FY-3B 算法与 WESTDC 算法结果相对精度较高。但两种算法仍然在新疆地区低估雪深,而在其他地区高估雪深。

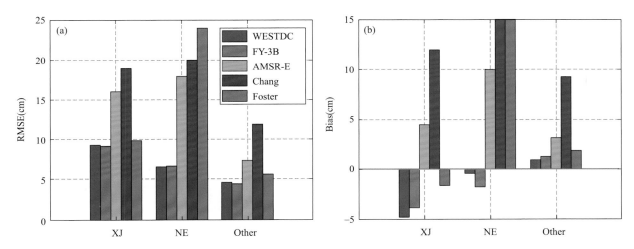

图 7.10　区域验证结果(a)RMSE;(b)Bias,XJ 为新疆,NE 为东北,Other 为其他区域

以下进一步针对 WESTDC 算法、FY-3B 算法(旧算法)、FY-3D 算法(新算法)进行比较。

由图 7.11 可见,FY-3D 算法改进后,精度显著优于 FY-3B 旧算法以及 WESTDC 算法。在 RMSE 方面,相比于 FY-3B 算法的 8.9 cm 以及 WESTDC 算法的 9 cm,新算法提升到 6.6 cm。

在时间尺度上进行分析,新算法相比于旧算法以及 WESTDC 算法,仍具有显著优势,见图 7.12。

由图 7.12 可见,在 RMSE 方面,三种算法的月度变化趋势比较一致,3 月最高,11 月最低,在三种算法中,FY-3D 新算法的 RMSE 最低,而 WESTDC 与 FY-3B 算法则 RMSE 相对较高。在偏差(bias)方面,WESTDC 算法与 FY-3D 算法的变化趋势比较一致,而 FY-3D 算法的偏差也相对最低。

综上可见,改进后的 FY-3D 积雪深度算法精度显著提升。

7.1.6　积雪覆盖监测方法简介

积雪覆盖遥感监测通常使用光学遥感仪器作为输入数据。在利用光学遥感仪器开展积雪覆盖监测的过程中,基础的原理是不同地物目标在光学传感器不同波段上的响应有明显差异(图 7.13)。

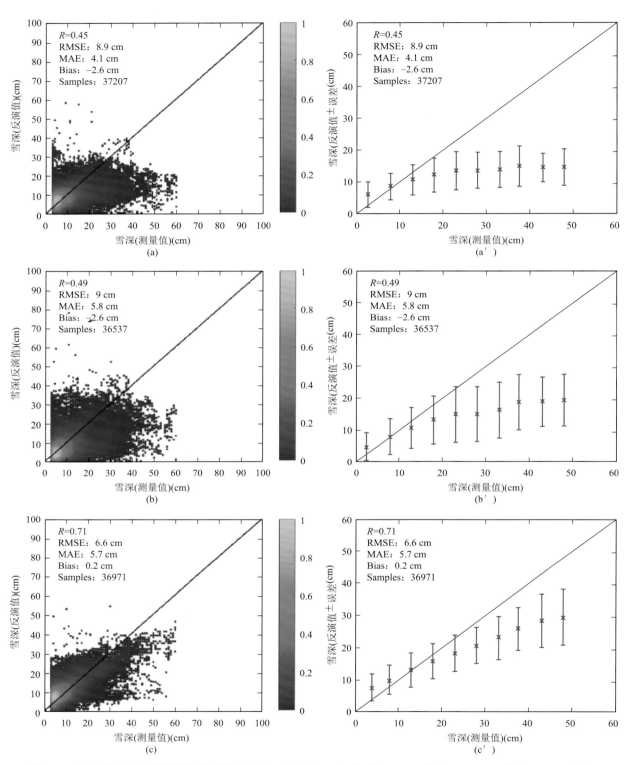

图 7.11　不同算法与地面观测数据对比散点图，由上到下三行分别为 FY-3B 算法、WESTDC 算法、FY-3D 算法，左列为散点图，右列为散点统计分布图（x 点为均值，蓝色竖条对应标准差）

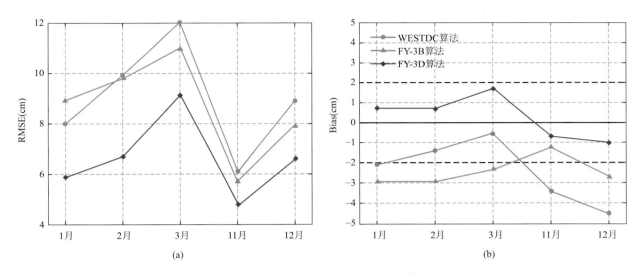

图 7.12 三种积雪深度算法的月度统计结果,不同颜色代表不同算法,左图为 RMSE,右图为 Bias

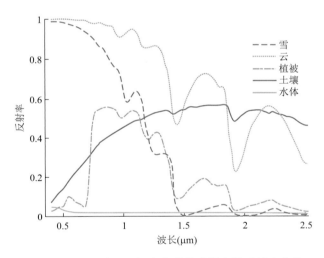

图 7.13 不同地物目标在光学传感器上的反射率差异

由图 7.13 可见,积雪、云、植被、土壤、水体等主要的陆表特征目标在光学传感器不同波段上的响应有显著差异,其中,利用 0.38~0.76 μm 之间的可见光波段,即可将植被、土壤、水体等三类目标与积雪、云等两类目标进行区分,而在可见光波段,积雪和云则很难区分,需要引入第二个波段。由图可见积雪和云的反射率在可见光波段相近,而在短波红外波段(1.6 μm)差异很大。因此,可以用可见光和短波红外两个波段的组合来作为积雪判识的一个基本依据,归一化积雪指数(Normalized Difference Snow Index,NDSI)就是基于上述原理发展出来的积雪判识指数:

$$NDSI = (VIR\text{-}SIR)/(VIR + SIR) \tag{7.11}$$

其中,NDSI 为归一化积雪指数,VIR 为可见光波段,SIR 为短波红外波段。通过 NDSI,可以有效将积雪与云盖进行区分。

然而除了典型云盖之外,部分比较薄的云层仍然很难与积雪进行区分,因此针对这种情况,不同传感器的积雪覆盖产品团队采用不同的算法进行积雪覆盖判识,其中决策树算法是比较常用的一类。本研究使用基于上述积雪指数,以及决策树算法所反演得到的积雪覆盖产品作为雪灾致灾因子之一。

在本研究中,考虑到积雪覆盖数据受云盖影响较为明显,有针对性地开展多日合成积雪覆盖产品的开发。初步考虑以 8—10 日为多日合成的基线时间,若满足需求,则采用较小的 8 日合成,与 MODIS 积雪覆盖产品相对应,如果不满足需求,则逐步提升积雪覆盖多日合成的日数,直到满足研究区的积雪覆盖监测需求。

多日合成积雪覆盖产品以多日积雪覆盖最大值为主要提取要素,其他辅助要素包括:云覆盖范围、裸露地表范围、植被覆盖范围、水体覆盖范围、山地地形等。考虑到积雪覆盖产品对地形的依赖性,以及雪灾监测在山区的重要性,开展山区积雪覆盖产品的针对性开发,将积雪覆盖产品与坡度、坡向数据进行结合,提取地形与积雪覆盖融合信息(见图7.14)。

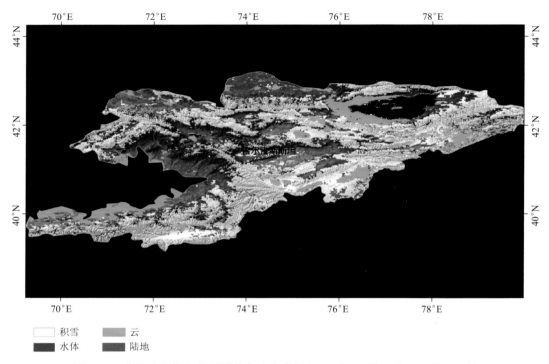

图例
☐ 积雪 ▨ 云
■ 水体 ▨ 陆地

图 7.14 吉尔吉斯斯坦积雪覆盖多日合成图(2021 年 11 月 6 日—11 月 15 日)

由图7.14可见,经过多日合成后的积雪覆盖产品,基本消除了云盖的影响,可以与积雪深度产品进行配合,开展雪灾监测与应用。

7.2 雪灾监测方法

上节介绍了雪灾致灾因子的监测方法,包括积雪深度和积雪覆盖。而通过遥感手段获取大范围积雪深度和积雪覆盖后,我们仍无法立即获取相关区域的雪灾情况。

对于某个特定区域来说,一段时间内形成的陆表积雪是否致灾,主要由以下四方面因素决定:

① 积雪深度是否超过特定阈值;

② 积雪覆盖时间是否超过特定阈值;

③ 与历史同期相比,积雪深度和积雪覆盖时间是否显著偏多;

④ 相关区域的人口经济特征是否满足雪灾形成条件。

而在以上四方面的因素中,积雪深度和积雪覆盖时间所对应的阈值是时空异质性非常明显的参数。对于强降雪频发区域来说,形成雪灾所需要的积雪深度和积雪覆盖阈值较高,而对于强降雪事件较少的区域来说,形成雪灾所需要的积雪深度和积雪覆盖阈值则明显较低。因此,单独的积雪深度和积雪覆盖阈值难以直接用于雪灾监测。

而第三个因素,"与历史同期相比,积雪深度和积雪覆盖时间是否显著偏多",则可以通过长时间序列的遥感观测数据进行分析,通过对目标区域长时间序列积雪深度、积雪覆盖的连续监测,获取具备气候特征的该区域陆表积雪特征,再针对监测时段内该区域积雪深度和积雪覆盖的监测结果,结合上述陆表积雪气候特征,分析得到积雪深度和积雪覆盖时间是否显著偏多的结论,再进行进一步的定量计算,得到研究区内每个陆表单元的雪灾危险因子,并最终计算得到雪灾分级结果。

因此,在本研究中,主要针对第三个因素来开展雪灾监测模型的研究。

对于第四个因素,考虑到人口、经济等因素是雪灾实际影响的重要指标,本研究将在雪灾危险因子的基础上,进一步考虑人口和经济因素,得到考虑实际经济分布情况的雪灾分级结果。

7.2.1　成灾指标与因子异常

在气候尺度上,当某一个或某几个变量显著偏离平均状态的情况下,就很可能带来相应的天气或气候异常,并随之带来相关灾害。对不同的参数,这样的异常通常在时间和空间分布上都有其显著特征。

对于雪灾来说,积雪分布具备显著的时空特征,图7.15显示了2019年12月1—31日我国各区域积雪持续时间分布情况。

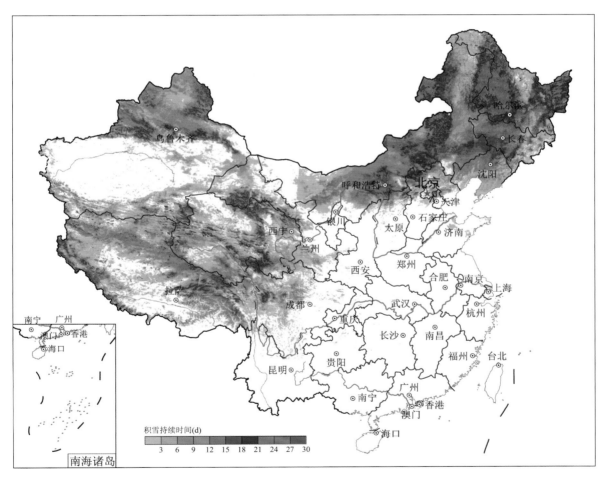

图7.15　2019年12月1—31日我国各区域积雪持续时间分布图

由图7.15可见,对于我国的主要四大积雪区:东北、新疆、青藏高原、华北,大部分区域2019年12月1—31日的积雪持续时间在10~30 d,其中,黑龙江中西部、内蒙古东北部、新疆北部、青海南部、甘肃西部等区域积雪覆盖时间较长。

上述结果与长时间序列监测结果进行对比,可得到图7.16的距平结果。

由图7.16可见,显著偏多的区域包括:黑龙江西部局部、内蒙古中部、青海省中南部局部等地区,而上

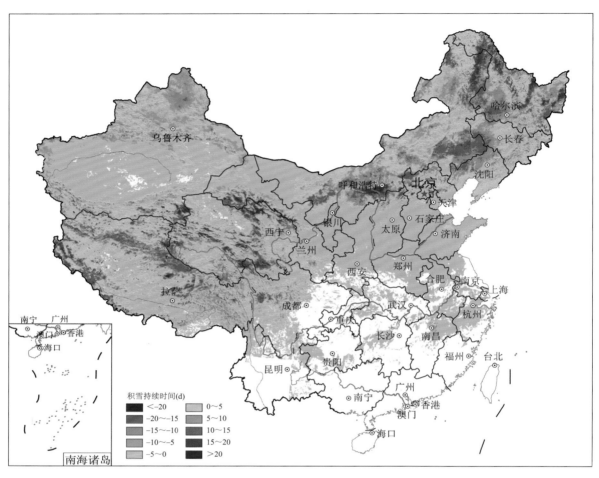

图 7.16　2019 年 12 月 1—31 日我国各区域积雪持续时间距平分布图

述结果与积雪持续时间的空间分布情况并不完全一致。因此，需要针对特定时段与长时间序列监测结果的对比，分析成灾指标是否异常，进而分析积雪分布状况，判断是否成灾。

7.2.2　雪灾危险指数和雪灾分级

雪灾危险指数，可定义为雪灾分级的基础数据，通过特定时段、特定区域的积雪深度、积雪覆盖遥感监测数据，以及相应区域，相应时间范围的长时间序列积雪深度、积雪覆盖遥感监测背景数据计算得到：

$$S_{DF} = f(SD_O, SC_O, SD_B, SC_B) \tag{7.12}$$

其中，S_{DF} 为雪灾危险指数，SD_O 为特定时段、特定区域的积雪深度遥感监测结果，SC_O 为特定时段、特定区域的积雪覆盖持续时间遥感监测结果，SD_B 为相应区域、相应时间范围的长时间序列积雪深度遥感监测背景数据，SC_B 为相应区域、相应时间范围的长时间序列积雪覆盖遥感监测背景数据。

在实际计算中，考虑到积雪分布的时空相关性，以及长时间序列数据的时空连续性，最小计算单元确定为以每个遥感像元为中心的 5×5 区域。

考虑到积雪深度和积雪覆盖时间同时对积雪是否成灾造成影响，因此将上述两个因子进行合并，取其乘积作为新的积雪成灾因子：

$$S_{DI} = SD_O \times SC_O \tag{7.13}$$

其中，S_{DI} 为积雪成灾因子。而根据积雪成灾因子判断每个格点是否成灾，需要利用背景数据计算得到每个格点的积雪成灾阈值：

$$S_{DIT} = SD_B \times SC_B \tag{7.14}$$

按照特定的时间范围，以及特定的空间范围（每个格点及其周边 5×5 像元），计算长时间序列尺度内的所有积雪成灾因子，在此基础上，选取其中最高的 90%、95%、99% 阈值点，分别作为该像元轻灾、中灾和重灾的积雪成灾阈值，即 S_{DITL}、S_{DITM}、S_{DITH}。

再利用每个格点的上述积雪成灾阈值，对每个格点的积雪成灾因子进行分级，得到完整区域的雪灾分级产品。

以 2020 年 1 月巴基斯坦雪灾为例，按照以下步骤对 2020 年 1 月 1 日至 1 月 15 日的巴基斯坦雪灾危险因子进行计算：

（1）从 2020 年 1 月 1 日至 1 月 15 日的全球积雪深度产品中，裁剪出相应时段巴基斯坦每日的积雪深度结果，取 15 日平均，得到每个像元的 SD_O；

（2）从 2020 年 1 月 1 日至 1 月 15 日的全球积雪覆盖产品中，裁剪出相应时段巴基斯坦每日的积雪覆盖结果；

（3）根据上述 15 日的积雪覆盖产品，计算 2020 年 1 月 1 日至 1 月 15 日巴基斯坦每个像元的积雪覆盖日数，即 SC_O；

（4）按照式（8.11），计算每个像元的积雪成灾因子 S_{DI}；

（5）从 2010 年至 2020 年的长时间序列积雪深度全球监测产品中，裁剪出每年 1 月 1 日—1 月 15 日巴基斯坦每日的积雪深度结果，对每年取 15 日平均，得到每个像元的 11 年 SD_B；

（6）对每个像元，选取其周边 5×5 范围像元，11 年的 SD_O，共计 275 个积雪深度 SD_B；

（7）从 2010 年至 2020 年的长时间序列积雪覆盖全球监测产品中，裁剪出每年 1 月 1 日—1 月 15 日巴基斯坦每日的积雪覆盖结果，对每年取 15 日积雪覆盖累积，得到每个像元的 11 年 SC_B；

（8）对每个像元，选取其周边 5×5 范围像元，11 年的 SC_B，共计 275 个积雪覆盖 SC_B；

（9）利用公式（7.12），分别计算 2010—2020 年每年、每个像元的 S_{DIT}，对于每个像元，都有共计 275 个 S_{DIT} 值；

（10）对上述 S_{DIT} 值进行排序，选取其中最高的 90%、95%、99% 阈值点，分别作为该像元轻灾、中灾和重灾的积雪成灾阈值，即 S_{DITL}、S_{DITM}、S_{DITH}；

（11）对每个像元的积雪成灾因子 S_{DI}，按照该像元对应的积雪成灾阈值，即 S_{DITL}、S_{DITM}、S_{DITH}，分别将其划分为不成灾（$S_{DI} < S_{DITL}$）、轻灾（$S_{DITL} \leqslant S_{DI} < S_{DITM}$）、中灾（$S_{DITM} \leqslant S_{DI} < S_{DITH}$）、重灾（$S_{DITH} \leqslant S_{DI}$）。

7.2.3　考虑经济分布的雪灾分级

考虑到不同区域经济、人口的分布差异，相同积雪异常的结果也会带来不同的雪灾结果，因此，有必要考虑经济分布情况后对雪灾分级情况进行进一步的修正。需要说明的是，由于影响雪灾的实际社会经济指标比较复杂，因此在本研究中仅使用 GDP 作为一种归一化的指标，对雪灾最终的分级情况进行修正。在实际的雪灾监测过程中，7.2.2 节中获取的自然条件下的雪灾分级指标可作为客观定量结果，提供给政府或公众进行使用，而实际的使用对象则可以根据需求，在此基础上进一步进行加工，针对某种目标进行雪灾分级。如对于农业，可将农作物分布情况作为输入，对于畜牧业，可将载畜量作为输入，对于交通，可将交通路网密度作为输入，等等。

如果将 GDP 作为输入，进行考虑经济分布的雪灾分级修正，可在 7.2.2 节雪灾分级步骤中，做以下调整：

（1）对第（4）步中的每个像元的积雪成灾因子 S_{DI}，计算考虑 GDP 后的修正积雪成灾因子 $S_{DIG} = S_{DI} \times \dfrac{GDP_{AREA}}{GDP_{AVG}}$，$GDP_{AVG}$ 为评估区整个国家 GDP 平均值，GDP_{AREA} 为每个格点的 GDP 平均值；

（2）再利用每个格点的上述 S_{DIG} 值，进行分级处理。

7.3 雪灾监测方法应用个例

7.3.1 近年"一带一路"沿线国家主要雪灾事件简要

近年来,全球雪灾事件时有发生,在"一带一路"沿线国家,受雪灾影响较大的国家有:中国、蒙古、巴基斯坦、阿富汗、哈萨克斯坦、吉尔吉斯斯坦等国家。针对上述国家,我们整理了近十年来的雪灾事件,见表7.2。

表 7.2　近十年"一带一路"沿线国家主要雪灾事件

灾种	发生时间	地点	灾情报道
雪灾	2020 年 1 月	巴基斯坦巴控克什米尔地区尼勒姆山谷	近期肆虐巴基斯坦的雨雪灾害已导致至少 100 人死亡,超过 200 所房屋被毁。据俄罗斯卫星网报道,巴基斯坦国家灾害管理局表示,在过去几天里,巴基斯坦雪灾地区死亡总人数已跃升至 100 人。预计从 17 日开始,该地区将迎来更恶劣的天气。巴基斯坦官员表示,当局已经关闭了当地的学校,巴基斯坦北部山区各地的多条高速公路及道路也被封闭。
雪灾	2017 年 2 月 2 日	阿富汗全国	2017 年阿富汗雪灾是指阿富汗全国大雪、极寒天气造成的死亡人数已升至 119 人,80 多人受伤。大雪和雪崩还导致 200 多所房屋损毁。在阿富汗首都喀布尔,部分地区积雪厚度达到 2.5 m;受大雪天气的影响,首都喀布尔国际机场已经关闭,多条高速公路被封。
雪灾	2018 年 1 月至 2 月	阿富汗大部分地区	1 月初以来,寒流和冰雪席卷阿富汗大部分地区。据了解,此次雪灾为阿近 20 年来最严重的一次。阿富汗抗灾部门官员 16 日说,阿富汗今年遭遇严重雪灾,一个多月来持续的降雪和严寒已导致各地 926 人死亡、231 人受伤。这名官员表示,人员伤亡主要发生在西部的赫拉特省,而北部的朱兹詹、萨尔普勒和法里亚布等省也有相当数量的人员伤亡。持续的冰雪天气还造成阿富汗全境近 32 万头牲口死亡。
雪灾	2015 年 2 月	阿富汗大部分地区	连日来发生在阿富汗各地的暴雪和雪崩已造成至少 216 人死亡、27 人受伤。该国大量房屋依山而建,容易受到雪崩、泥石流等自然灾害的影响。
雪灾	2012 年 1 月	阿富汗大部分地区	阿富汗东北发生雪灾造成至少 29 人死亡、40 人伤中新网 1 月 21 日电,据联合国网站报道,联合国人道主义事务协调厅 1 月 20 日表示,入冬以来,阿富汗东北部的巴达赫尚省(Badakhshan)连降暴雪并引发雪崩,据官方估计,目前雪灾已造成至少 29 人死亡、40 人受伤。由于地面积雪厚达两米,当地陆路交通中断,人道援助行动严重受阻。
雪灾	2008 年 1 月	阿富汗大部分地区	阿富汗今年遭遇严重雪灾,一个多月来持续的降雪和严寒已导致各地 926 人死亡,231 人受伤。人员伤亡主要发生在西部的赫拉特省,而北部的朱兹詹、萨尔普勒和法里亚布等省也有相当数量的人员伤亡。持续的冰雪天气还造成阿全境近 32 万头牲口死亡。自今年 1 月初以来,寒流和冰雪席卷阿富汗大部分地区。据了解,此次雪灾为阿近 20 年来最严重的一次。
雪灾	2019 年 1 月	哈萨克斯坦	2019 年 1 月 7 日哈萨克斯坦近日的暴风雪天气给当地民众出行带来诸多不便,西哈萨克斯坦州紧急情况部门当地时间 6 日一天中营救了 36 名被风雪所困的民众及 79 部受困车辆。

续表

灾种	发生时间	地点	灾情报道
雪灾	2012 年 3 月	吉尔吉斯斯坦	吉尔吉斯斯坦今冬雪灾严寒和饲料短缺已导致 1.8 万头牛羊死亡,而南部山区 3 月以来的强降雪可能使这一数字上升至 1.95 万。
雪灾	2010 年 3 月 5 日	蒙古国	今冬大雪寒潮天气引起的数十年来罕见雪灾已造成蒙古国 300 万头牲畜死亡。未来两个月,大部分灾区灾情将持续加重,预计到 5 月中旬死亡牲畜有可能达到 500 万头。 据蒙古国官方 4 日表示,今冬大雪寒潮天气引起的数十年来罕见雪灾已造成蒙古国 300 万头牲畜死亡。
雪灾	2015 年 1 月	蒙古国	蒙古国气候与环境分析部门依据蒙古国政府 2015 年度第 286 号决定,1 月 12 日对发生雪灾的可能性作出了预测分析。据蒙古国紧急情况总局通报指出,根据分析预测结果,有 6 个省的 23 个县遭遇雪灾。"白月"期间,13 个省的 46 个县可能会遭遇雪灾。
雪灾	2011 年 1 月 10 日	蒙古国	蒙古国多地区雪灾严重,已有两人被冻死。
雪灾	2013 年 1 月	蒙古国	蒙古国出现极度寒冷天气,一些地区最低温度降至零下 50℃度且大雪成灾。 蒙古国紧急情况委员会通报说,截至 1 月 4 日,蒙古国 80％多的土地被冰雪覆盖,全国有 12 个省 48 个县的冰雪厚度在 20 cm 到 60 cm 之间,一些重灾区积雪厚度达 60 cm 至 130 cm;全国有 15 个省的 55 个县的牲畜已经无法在草场上觅食,只能靠储备饲草度日。
雪灾	2016—2017 年	蒙古国	蒙古国 2016—2017 年冬季发生了雪灾,当时最冷的时候,部分地区降至 −50℃以下。2016 年入冬以来,气温严寒,降雪多,蒙古政府及国际组织都在观察,该国会否连续三年出现雪灾。
雪灾	2019 年 3 月	尼泊尔	因雪灾关闭,一外国游客死于雪崩。
雪灾	2012 年 1 月下旬—2 月中旬	欧洲大部分国家和亚洲北部的哈萨克斯坦、蒙古国、中国、日本	2012 年 1 月下旬至 2 月中旬,欧洲大部分国家和亚洲北部的哈萨克斯坦、蒙古国、中国、日本等国家发生了极端寒冷事件,给人们的生命财产造成了严重损失,引起了人们广泛关注。

下面针对蒙古国 2012—2013 年的典型雪灾事件,介绍我们的雪灾监测成果。

7.3.2　蒙古国雪灾事件监测

2012 年 12 月下旬至 2013 年初,蒙古国北部暴发了一次大范围雪灾过程。据报道,2013 年 1 月蒙古国出现极寒天气,一些地区最低温度降至 −50℃且大雪成灾。据蒙古国紧急情况委员会通报,截至 1 月 4 日,蒙古国 80％多的土地被冰雪覆盖,全国有 12 个省 48 个县的冰雪厚度为 20～60 cm,一些重灾区积雪厚度达 60～130 cm;全国有 15 个省 55 个县的牲畜无法在草场上觅食,只能靠储备饲草度日。

针对此次事件,我们利用 FY-3B/MWRI 的积雪深度产品进行了全过程的监测。通过对整个雪灾过程的日平均积雪深度变化进行分析,选取 2012 年 12 月为过程初期、2013 年 1 月为过程中期、2013 年 2 月为过程后期、2013 年 3 月为过程末期,每个过程选取 15 天作为评估时段。

7.3.2.1　雪灾过程初期监测

雪灾过程初期(2012 年 12 月)平均积雪深度分布图见图 7.17。由图可见,2012 年 12 月,蒙古国北部部分地区积雪深度超过 20 cm,西部部分地区积雪深度超过 50 cm。

综合考虑每日积雪分布,雪灾风险因子指数计算结果见图 7.18。由图可见,雪灾风险因子较高的地区主要包括蒙古国西部、蒙古国西北部等部分地区。

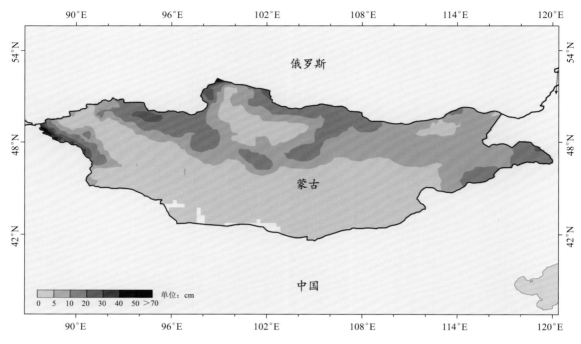

图 7.17　蒙古国 2012—2013 年雪灾初期 15 d 平均积雪深度分布图

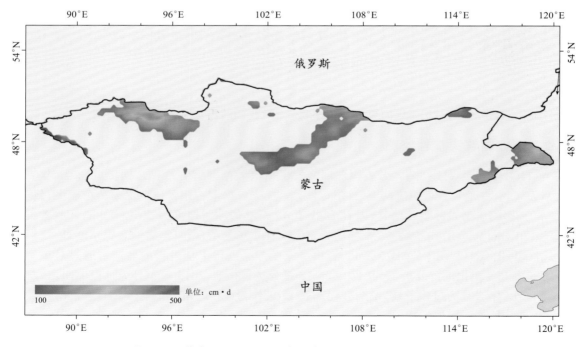

图 7.18　蒙古国 2012—2013 年雪灾初期雪灾风险因子分布图

　　根据上述雪灾风险因子计算结果,得到雪灾分级图如图 7.19。由图可见,2012 年 12 月份,重度雪灾主要出现在蒙古国西部、中北部和东部的部分地区。灾情面积统计表见表 7.3。

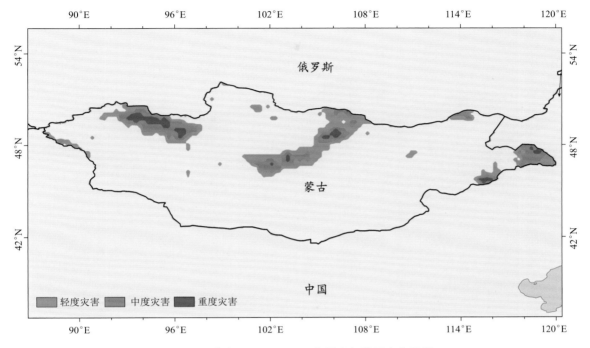

图 7.19　蒙古国 2012—2013 年雪灾初期雪灾分级图

表 7.3　2012—2013 年蒙古国雪灾初期灾情面积统计表

监测时间	2012 年 12 月				区域	蒙古国
产品名	雪灾				单位	km²
统计类型	森林	草地	耕地	水域	城乡、工矿、居民用地	未利用土地
轻度灾害	14733	54814	26953	2849	4	11549
中度灾害	4330	35508	17990	580	0	9572
重度灾害	745	12174	4111	39	0	3217
总面积	19808	102496	49054	3469	4	24338

7.3.2.2　雪灾过程中期监测

2013 年 1 月的雪灾过程中期平均积雪深度分布见图 7.20。

　　由图 7.21 可见,相比于雪灾初期,积雪深度超过 20 cm 的面积进一步扩大,蒙古国北部也出现了超过 40 cm 的积雪区域。

2012—2013 年蒙古雪灾中期的灾害风险因子指数计算结果见图 7.21。

　　由图可见,雪灾风险因子在雪灾初期较高的水平上进一步提高。基于雪灾中期的雪灾风险因子,分级得到雪灾分级结果,见图 7.22。

　　由灾情分级图(图 7.22)和灾情分级表(表 7.4)可以看到,雪灾过程中期,重度雪灾区域的面积进一步增加。

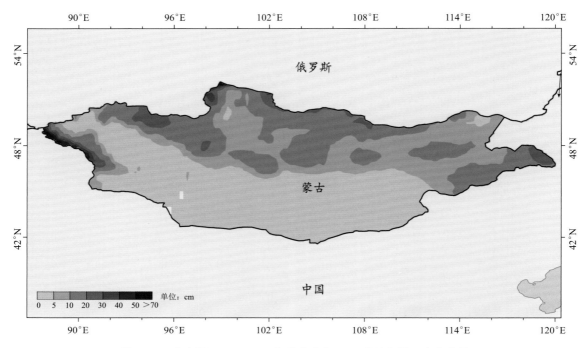

图 7.20　蒙古国 2012—2013 年雪灾中期 15 d 平均积雪深度分布图

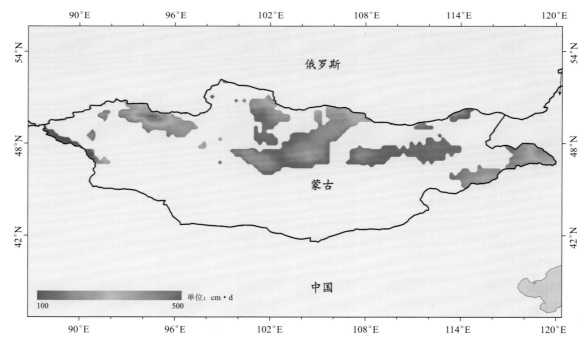

图 7.21　蒙古国 2012—2013 年雪灾中期雪灾风险因子分布图

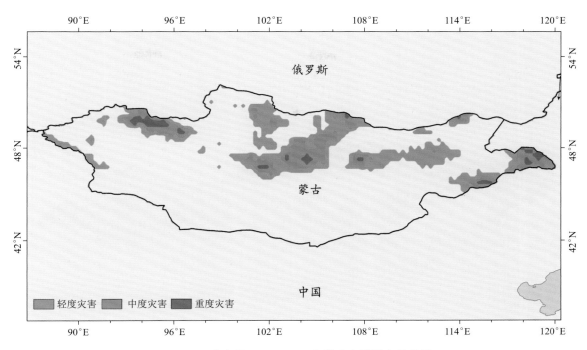

图 7.22　蒙古国 2012—2013 年雪灾中期雪灾分级图

表 7.4　2012—2013 年蒙古国雪灾中期灾情面积统计表

监测时间	2013 年 1 月				区域	蒙古国
产品名	雪灾				单位	km²
统计类型	森林	草地	耕地	水域	城市用地	未利用土地
轻度灾害	23349	105822	70501	1521	8	14078
中度灾害	5541	56892	28056	593	1	7115
重度灾害	891	13416	5809	98	0	2121
总面积	29782	176130	104366	2212	9	23314

7.3.2.3　雪灾过程后期监测

2013 年 2 月,蒙古国平均积雪深度分布见图 7.23。由图可见,积雪深度超过 40 cm 的区域基本保持稳定。

灾害风险因子指数分布见图 7.24。

在雪灾风险因子的基础上,计算得到 2012—2013 年蒙古雪灾后期的灾害分级结果,见图 7.25。

由雪灾分级图(图 7.25)和雪灾分级统计表(表 7.5)可见,相比雪灾中期,重度雪灾的面积范围有所减小。

表 7.5　2012—2013 年蒙古国雪灾后期灾情面积统计表

监测时间	2013 年 2 月				区域	蒙古国
产品名	雪灾				单位	km²
统计类型	森林	草地	耕地	水域	城市用地	未利用土地
轻度灾害	15112	121483	66084	1922	8	31106
中度灾害	4297	62733	36980	785	1	9100
重度灾害	569	8196	4301	13	0	2047
总面积	19979	192412	107365	2720	8	42254

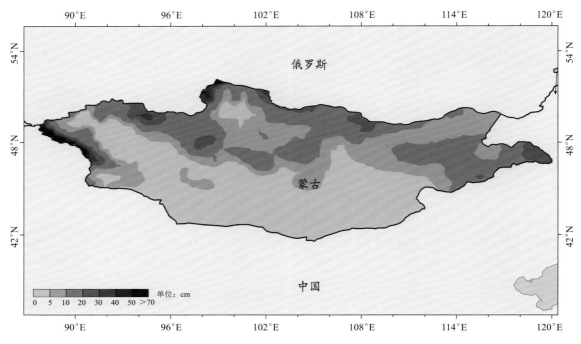

图 7.23　蒙古国 2012—2013 年雪灾后期 15 d 平均积雪深度分布图

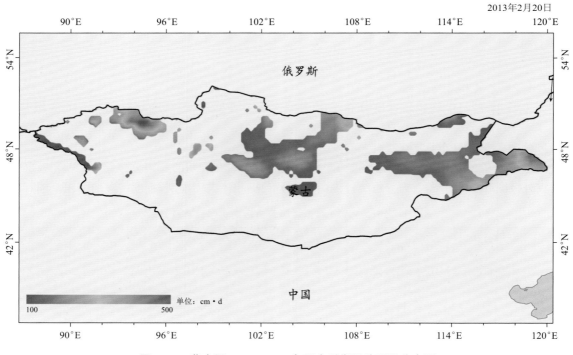

图 7.24　蒙古国 2012—2013 年雪灾后期风险因子分布图

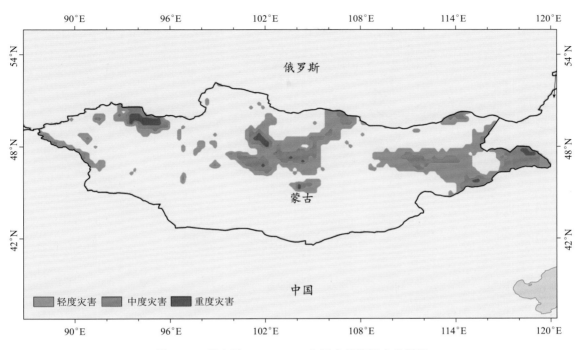

图 7.25　蒙古国 2012—2013 年雪灾后期雪灾分级图

7.3.2.4　雪灾过程末期监测

2013 年 3 月蒙古雪灾过程末期平均积雪深度分布见图 7.26。由图可见,积雪深度超过 20 cm 的区域显著减小,但积雪深度超过 40 cm 的区域变化并不明显。

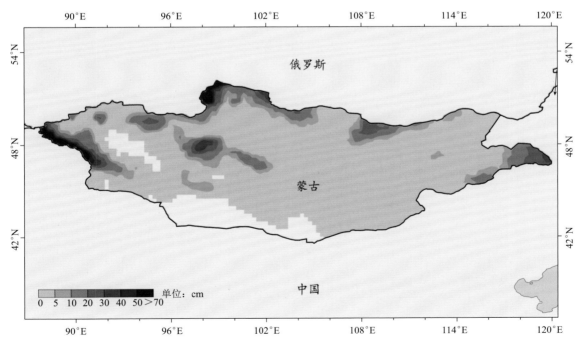

图 7.26　蒙古国 2012—2013 年雪灾末期 15 d 平均积雪面积分布图

此次雪灾过程末期的灾害风险因子指数分布见图 7.27。

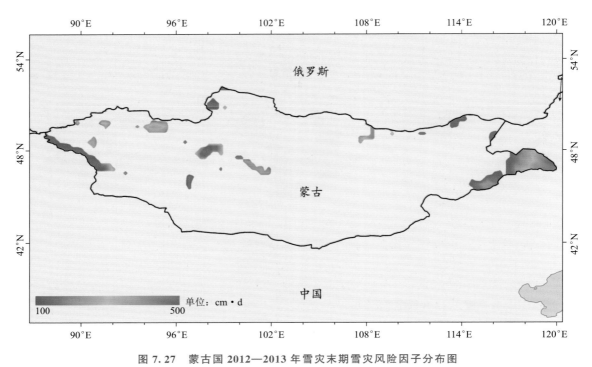

图 7.27   蒙古国 2012—2013 年雪灾末期雪灾风险因子分布图

由图 7.27 可见，2013 年 3 月的雪灾末期，蒙古国处于雪灾高风险因子的区域面积显著降低。根据以上雪灾风险因子结果，进行灾害分级，见图 7.28。

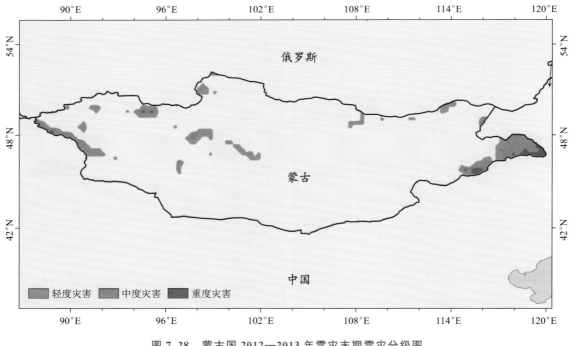

图 7.28   蒙古国 2012—2013 年雪灾末期雪灾分级图

由 2013 年 3 月的蒙古雪灾末期雪灾分级图(图 7.28)和雪灾分级统计表(表 7.6)可以看到，重度雪灾的面积进一步减少，本次雪灾过程已趋于结束。

表 7.6　2012—2013 年蒙古国雪灾末期灾情面积统计表

监测时间	2013 年 3 月				区域	蒙古国
产品名	雪灾				单位	km²
统计类型	森林	草地	耕地	水域	城市用地	未利用土地
轻度灾害	8697	27949	13999	513	2	9623
中度灾害	2289	16947	12136	264	0	2127
重度灾害	688	3316	4085	5	0	102
总面积	11673	48212	30220	782	2	11852

参考文献

陈爱军,2003. 应用 AMSU 资料监测中国地区积雪的初步研究[D]. 南京:南京气象学院.

陈爱军,刘玉洁,杜秉玉,2003. AMSU 资料监测新疆雪盖范围的初步应用[J]. 南京气象学院学报,(6): 759-767.

晋锐,李新,2002. 被动微波遥感监测土壤冻融界限的研究综述[J]. 遥感技术与应用,17(6):370-375.

李培基,米德生,1983. 中国积雪的分布[J]. 冰川冻土,5(04):9-18.

李晓静,刘玉洁,朱小祥,等,2007. 利用 SSM/I 数据判识我国及周边地区雪盖[J]. 应用气象学报,18(1): 12-20.

秦大河,陈宜瑜,李学勇,等,2005. 中国气候与环境演变(上卷)[M]. 北京:科学出版社.

赵平,1999. 青藏高原热源状况及其与海气关系的研究[D]. 北京:中国气象科学研究院.

ARMSTRONG R L,CHANG A,RANGO A,et al,1993. Snow depth and grain size relationships with relevance for passive microwave studies[J]. Annals of Glaciology,17:171-176.

CHANG A T C,FOSTER J L,HALL D K,2016. Nimbus-7 SMMR derived global snow cover parameters[J]. Annals of Glaciology,9:39-44.

DERKSEN C,WALKER A,GOODISON B,2005. Evaluation of passive microwave snow water equivalent retrievals across the boreal forest/tundra of western Canada[J]. Remote Sensing of Environment, 96(3-4):315-327.

JIANG L,SHI J,TJUATJA S,et al,2007. A parameterized multi-scattering model for microwave emission from dry snow[J]. Remote Sensing of Environment,111(2-3):357-366.

LISTON,GLEN E,2004. Representing subgrid snow cover heterogeneities in regional and global models [J]. Journal of Climate,17(6):1381-1397.

PULLIAINEM J T,GRANDELL J,HALLIKAINEN M T,1999. HUT Snow Emssion Model and its Applicability to Snow Water Equivalent Retrival[J]. IEEE Transactions on Geoscience & Remote Sensing,37(3):1378-1390.

STURM M,HOLMGREN J,LISTON G E,1995. A seasonal snow cover classification system for local to global applications[J]. Journal of Climate,8(5):1261-1283.

TSANG L,1989. Dense media radiative transfer theory for dense discrete random media with particles of multiple sizes and permittivities[J]. Prog. Electromag. Res. ,6(5):181-225.

WU T W,WU G X,2004. An Empirical Formula to Compute Snow Cover Fraction in GCMs[J]. Advances in Atmospheric Sciences,21(4):529-535.